자연채광 디자인

(사)일본건축학회 편　　김정태 김 곤 김원우 역

기 문 당

머리말

주광이 주목되는 시기

oil shock, pleasantness, CO_2, productivity, and –

건축물에서 주광을 이용하는 것이 다시금 주목을 받고 있다. 그동안 주광을 이용하는 것이 폭발적인 인기를 얻은 적은 없지만 완만한 붐을 이루며 그때마다 재인식되었다. 어떤 붐이든 사람들이 해석하기에 달렸지만 주광은 항상 논의의 대상이 되었다.

전기에 의한 조명(전등조명[1])의 역사는 인간의 역사에 비하면 길지 않다. 그러나 전등조명은 눈부신 발전을 거두어 밤뿐만 아니라 낮에도 조명계획의 중심이 되었다. 건축에서 '채광'이 재인식되어 보다 적극적인 '자연채광'이 필요시된 것은 1970년대의 2차 오일쇼크가 계기였고, 에너지 절감법이 성립된 시기이기도 했지만 석유의 공급 상황이 안정화되자 '자연채광기술'은 더 이상 보급되지 않았으며 '오일쇼크시의 절약'이라는 반동도 나타났다.

1980년대 후반부터는 '어메니티'나 '컴포트' 같은 쾌적성과 관련된 말이 자주 사용되기 시작했다. Hewitt는 '조명에 요구되는 것은 시대가 흐르면서 Useful에서 Comfortable, 그리고 Pleasant로 변화되고 있다'고 인용했다.[2] 사물을 볼 수 있게 한다는 조건이 최고의 목표였던 시대에서 불편함이 없는 상태(Comfort), 나아가서는 적극적인 쾌감(Pleasantness)을 요구하는 시대가 되었다는 것이다. 버블 경제의 영향도 있어서인지 Pleasantness를 추구하는 시대가 되면서부터는 주광을 이용한 아트리움이 앞다투어 만들어졌다.

그러나 경제 호황이 사라진 후 90년대 후반에는 다시 에너지 절감이 주류를 이루게 되었고, 70년대처럼 산유국의 국제정세 문제가 아닌 지구환경파괴라는 보다 크고 심각한 문제가 제기되었다. 그래서 70년대에 개발 도중 방치되었던 형광램프의 조광기술이

1) 용어로는 '인공조명'이 맞지만 전기를 사용하는 조명이라는 의미에서 일부러 '전등조명'이라고 했다.

2) Hewitt H : The study of pleasantness, Light and Lighting, 56(6), pp.154~164(1963)

다시 주목을 받아 실용화되었다.

오늘날의 건축물은 이미 단순한 건물이 아닌 각종 설비와 제어기기가 내재되어 있어서 건물 자체가 정밀기계라고 할 수 있다. 그런 가운데 자연채광은 인공조명 제어, 자동블라인드 제어, 그리고 공조제어 등 시스템 전체와 관련되어 있다.

지구환경 문제는 계속해서 관심의 대상으로 대두되고 있다. 1997년에는 '교토의정서' 비준으로 큰 관심을 모았고, 2005년 2월에는 '교토의정서'가 발효되었고, 2007년에는 영화 '불편한 진실(An inconvenient truth)'이나 서밋(주요국 수뇌회의) 등에서 지구환경 문제가 다루어졌다. 건축물에 대해서도 '건축물의 종합 환경 성능평가 시스템(CASBEE : Comprehensive Assessment System for Building Environmental Efficiency)'이 정착되게 되었다.

한편, 최근 들어 환경문제 이상으로 설득력을 갖춘 '오피스의 생산성productivity'에 대한 연구도 활발하게 이루어지고 있으며 여기서도 주광의 효과가 검토되고 있다.

자연채광은 CO_2 배출 억제에 어느 정도의 영향력을 갖는가?

'환경 문제'는 귀에 못이 박힐 정도로 많이 듣는 말인데 정말로 그에 대한 해결을 하고 있는 것일까? CO_2 배출량을 줄이기 위한 결정적 해결책은 아직까지 없으며 모든 분야에서 조금씩 노력해 나가야 한다. 그런 상황에서 자연채광은 건축의 중요한 에너지 절감 수법으로 고려되고 있다.

일본 전체의 CO_2 배출량 중 1/3은 주택 및 업무빌딩의 건설 · 보수 및 운용에 따른 것이 차지하고 있으며, 그 중 60%가 조명 · 가전 · OA · 공조 · 급탕 등에 기인한 것이라고 한다. 조명에 의한 CO_2 배출량은 그 중 10~20% 정도로 예상되며 전체 CO_2 배출량의 2~5%가 된다. 앞으로 몇 %의 삭감을 목표로 한다는 식으로 말하지만 사실 숫자로 판단하는 삭감은 그리 크다고 할 수 없다. 하지만 '모든 분야에서 조금씩'이라고 생각한다면 결코 무시할 수 없는, 아니 시도해볼 만한 가치가 충분히 있는 숫자라고 할 수 있다.

자연채광의 본래 목적

자연채광의 가치는 소비에너지 삭감량만으로 측정할 수는 없다.

'건축의 역사는 창의 역사'라고 말할 정도로 창은 건축물의 가장 중요한 요소이며, '채광'은 창이 가진 중요한 기능 중 하나이다. 한편, 앞에서도 언급했지만 전등조명의 역사는 에디슨 시대부터 시작되어 약 120년에 지나지 않는다. 역사적 관점에서 볼 때 인간에게 보다 친숙한 것은 자연채광이다.

'주광은 광원으로서의 장점을 인정한다 해도 조명으로서는 제한이 많고 전등조명을 이길 수 없다.' '보다 나은 조명'을 추구하면 할수록 이러한 결론에 도달하게 되기 쉽다. 그러면 '보다 나은 조명'이란 어떤 것일까? 자연채광에 요구되는 것은 전등조명에 요구되는 것과는 다른 것이 아닐까? 동일한 척도로 비교할 수 있는 것만 보더라도 본질적인 차이는 찾을 수 없다. 전등조명에는 없는 자연채광의 가치는 자연채광 공간에 의해 나타내야 한다.

이 책의 특색 · 이용방법

앞서 말한 바와 같이 사회 정세 등에 따른 변덕스러운 붐의 여파가 있지만 건물에서 주광이 없어지는 일은 없을 것이다. 그렇다면 자연채광에 의한 이상적인 환경을 목표로 한 가이드가 필요할 것이다. 이 책 '자연채광 디자인'에서는 자연채광에 관한 최신 기술과 상황에 맞는 설계 자료를 정비함과 동시에 미래를 대비하고, 자연채광의 가능성을 넓히기 위해 근본적인 의의와 기본적인 이론에 대해 정리하였다.

이 책은 자연채광 설계의 흐름을 고려하여 구성하였다. 우선 제1장에서는 현재의 사례를 건물 용도별로 나타냈다. 제2장에서는 설계순서 전체를 나타내고 순서에 따라 각각의 단계에서 유의해야 할 사항에 대해 설명했다. 제3장에서는 자연채광에 없어서는 안 될 재료로 주광도입장치, 일사차폐장치와 유리에 대해 소개하고 있다. 제4장에서는 자연채광의 쾌적성을 파악하는 포인트에 대해 설명했다. 참고가 될 만한 예를 들고 해설을 덧붙였다. 제1장부터 제4장까지 자연채광 설계에 대한 대부분의 내용을 정리하였다.

제5장부터 제7장까지는 기초편(이론편)이다. 제5장에서는 광원으로서의 주광과 인공광에 대해, 제6장에서는 주광과 인간의 관계에 대해 이론적인 해설을 하고 있다. 이 책의 독자가 학생이라면 제5장부터 읽기 시작하는 것이 이해하기 쉬울 것이다. 또한 실무에 있는 분이라도 새로운 기술에 대응하기 위해서 기초 지식을 확실히 해둘 필요가 있을 것이다. 제7장에서는 자연채광의 에너지 흐름에 대해 해설했다.

이 책은 아직 자연채광의 출발점에 있다. 이 책이 앞으로의 자연채광 설계를 촉진시키는데 도움이 되기를 기대한다.

저자 대표

이와타 이에

역자서문

빛을 얻기 위한 노력과 밤에 불을 밝히기 위하여 많은 양의 빛을 얻으려는 노력은 인류의 역사와 함께 계속 되어왔다. 19세기 후반 에디슨이 전구를 발명한 이래 인간은 충분한 양의 빛을 얻을 수 있게 되었으며, 이에 따라 자연채광의 중요성은 점점 소홀히 취급되었고, 1970년대 오일 쇼크가 발생했을 때 에너지절약의 일환으로 잠시 자연채광에 대한 관심이 증가되었으나 이내 관심 밖으로 밀려 났다.

그러나 21세기로 들어서면서 자연채광의 중요성이 다시 대두되고 있다. 건축물에 자연채광을 적극적으로 도입하는 것이 에너지 절약을 통한 지구온난화에 대응하는 녹색성장일 뿐만 아니라 인류의 웰빙과 건강을 지속하기 위한 하나의 대안이 될 수 있기 때문이다. 그러나 이러한 시점에서 체계화된 자연채광 설계기법이 없다면 자연채광을 건물에 효과적으로 도입하기가 매우 어려울 것이다.

다행히도 그동안 뜻있는 학술단체와 연구소에서 1970년대 오일 쇼크가 지난 이후 자연채광에 대한 연구를 끊임없이 수행하였기 때문에 지금은 자연채광시스템 설계에 관한 충분한 기술이 축적되어 있다. 이전에는 자연채광에 관한 지식이 건축계획의 한 장 분량에 지나지 않았으나, 지금은 '자연채광 디자인'이라는 단행본을 낼 수 있을 정도로 많은 양이 되었다.

이 책에 소개된 자연채광시스템들은 기존 건물이나 신축건물에 쉽게 적용할 수 있는 것들이다. 지금까지 연구되어 왔고 그 효과가 검증된 자연채광시스템들이 조명이론과 함께 소개되어 있기 때문에 설계자가 자신이 설계하고자 하는 건물에 어떤 자연채광시스템을 적용할 것인가를 결정할 때 매우 도움이 될 것이다.

부디 이 책을 읽는 독자들이 자연채광 디자인을 쉽게 이해하고 실제 건축물에 잘 응용할 수 있길 바란다. 다만, 시간적인 제약으로 인하여 일본관련 법규 및 규정을 우리나라 실정에 맞도록 편집하지 못한 것을 유감으로 생각하며, 추후 개정판에는 우리나라에서 시행되고 있는 관련 제도가 충분히 반영될 수 있도록 노력할 것이다.

2009.8

역자 일동

차 례

제 2 장

제 3 장

제 4 장

제 5 장

제 1 장 자연채광의 현 상황

자연채광뿐만 아니라 현대의 건축환경 설계에 있어서 '에너지 절감'과 '쾌적성'은 중요한 과제이다. 그러나 이는 상반된 관계에 있는 경우가 많으며, 특히 자연채광에서는 '빛'과 '열'이 '에너지 절감'과 '쾌적성' 모두에 관련되어 있어서 그 과제를 더욱 복잡하게 하고 있다.

이 장에서는 이러한 현 상황에서 자연채광의 '에너지 절감'과 '쾌적성'의 가능성을 알아본다. 또한 건물의 용도(사무소, 박물관 · 미술관, 학교, 병원, 주택)별로 사례를 들어가면서 자연채광의 현 상황을 파악해보기로 한다.

1-1 자연채광의 가능성

1.1.1 에너지 절감

(1) 빛과 열의 밸런스

자연채광의 이점은 에너지 절감에만 국한되지 않으며(6.3~6.5 참조), 지구환경문제에 대한 대책이 절실히 요구되고 있어서 에너지 절감에 대한 대처를 피할 수 없다.

그림 1-1-1에 건물의 1차 에너지 소비량의 내역을 나타낸다. 이 그림에 따르면 조명용 에너지는 전체 에너지 사용량의 25%로 높은 비율을 보이고 있다. 따라서 조명용 에너지의 삭감은 건물 전체의 에너지 절감면에서 봐도 충분한 효과가 있다고 할 수 있다.

자연채광에 의해 에너지 절감을 달성하기 위해서는 주광 도입량에 따라 인공조명의 출력을 삭감하는 것이 필요하다. 그러나 자연채광은 동시에 일사열 취득이 된다. 특히 오피스에서는 냉방부하가 공조용 에너지에서 차지하는 비율이 높기 때문에 자연채광과 일사차폐라는 상반된 제어를 할 필요가 있다. 일본 오피스의 경우 대부분의 지역에서 일사차폐에 의한 냉방부하를 경감하는 것이 공조용 에너지 삭감을 위한 중요한 열쇠가 되고 있다.

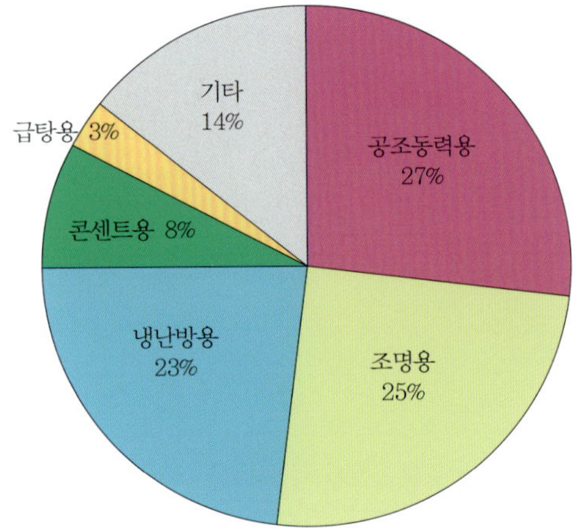

그림 1-1-1 건축물의 1차 에너지소비량 내역
조명용 에너지는 건물 전체 소비에너지의 25%로 높다.

또한 자연채광에 의한 인공조명의 소등·감광은 조명 발열에 의한 냉방부하를 삭감할 것으로 기대한다. 그러나 도입된 주광도 최종적으로는 열이 되기 때문에 소등·감광에 의한 조명 발열의 감소분이 그대로 냉방부하면에서 유리하게 되는 것은 아니다. 오피스에서 주로 사용되는 형광램프의 발광효율(5.7.1 참조)은 최근 더욱 향상되어 80~120lm/W 정도에 이르고 있다. 그에 비해 천공광의 발광효율은 110~125lm/W이며(대기권 외의 직사일광 발광효율에 대해서는 5.4.2 참조), 같은 양의 빛을 얻었을 때의 열의 양은 형광램프에서나 주광에서나 그다지 다르지 않다. 따라서 실제로 자연채광으로 에너지 절감을 얻게 되는 것은 소등·감광에 의한 조명용 에너지 삭감분이며, 설계조도를 훨씬 넘는 과잉된 주광은 그대로 냉방부하의 증대를 초래하게 된다.

자연채광에 의해 오피스 내에서 소비하는 에너지를 종합적으로 저감시키기 위해서는 식(1-1-1)에 나타낸 관계를 성립시켜야 한다. 단, 주택이나 소규모 오피스 또는 한랭지에 세운 건축물에 대해서는 자연채광에 의해 겨울철 난방부하가 저감되는 경우도 있으므로 이 식을 따르지 않을 수 있다.

(인공조명용 에너지의 감소분)+(인공조명 발열처리용 에너지의 감소분)
> (자연채광에 따른 입사열처리용 에너지의 증가분) (1-1-1)

(2) 블라인드에 의한 에너지 절감 검토 예

여기서는 현재 자연채광에서 가장 널리 사용되고 있는 수평 블라인드를 예로 들어 에너지 절감 가능성을 검토하고 한다. 그림 1-1-2는 블라인드 슬랫의 개폐 상황에 따른 주광조도, 일사열 수입과 인공조명의 출력 관계를 개념적으로 나타낸 것이다. 블라인드의 슬랫을 열면 창가의 인공조명용 에너지는 삭감되지만 일사열처리용 에너지는 증가한다. 그림 1-1-3에 실제 사무소 빌딩에서 측정한 수평 블라인드의 슬랫 각도와 공조용·조명용 에너지 소비량의 관계를 직달일사량별로 나타냈다. 그림에 나타낸 공조용 에너지는 실내에 입사한 일사열량과 감광된 인공조명기구에서 나오는 발열량을 함께 처리하는 데 필요한 냉방부하를 1차 에너지량으로 환산한 것이다. 창에 입사하는 직달일사량에 상관없이 수평블라인드의 슬랫을 연 만큼 인공조명용 에너지를 삭감할 수 있음을 알 수 있다. 공조용 에너지에 관해서는 창에 입사한 직달일사량이 작을 경우는(그림 1-1-3 오른쪽) 블라인드의 개폐상태에 상관없이 거의 일정해지며, 블라인드를 연 만큼 방 전체에서 에너지 절감이 된다는 것을 알 수 있다. 한편 창에 입사한 직달일사량이 큰 경우는(그림 1-1-3 왼쪽) 블라인드를 연 만큼 일사량이 유입되어 공조

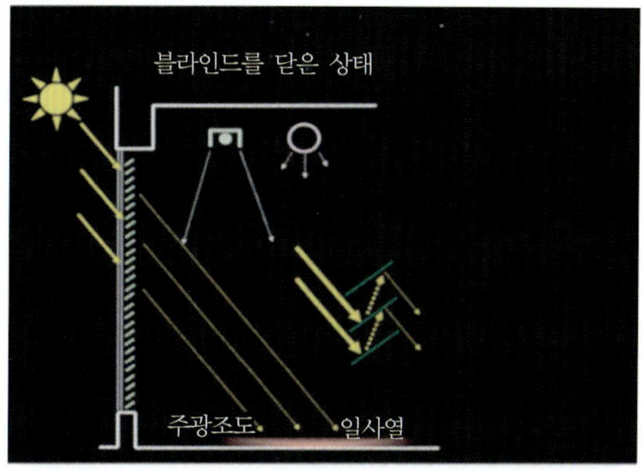

슬랫이 닫힌 경우

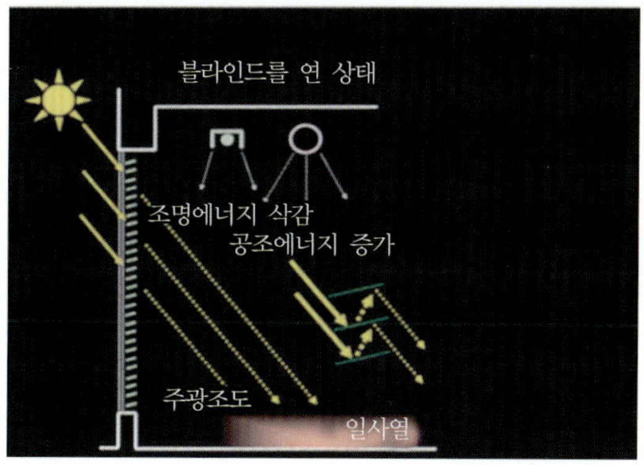

슬랫이 열린 경우

그림 1-1-2 블라인드 슬랫의 개폐상태와 에너지 수수의 관계

블라인드 슬랫 각도에 따라 주광조도, 입사일사열량이 다르다. 슬랫을 열면 조명용 에너지는 삭감되지만 공조용 에너지는 증가한다.

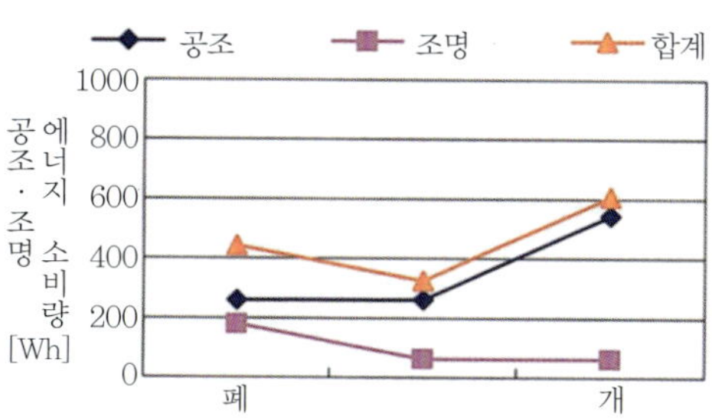

직달일사량이 큰 경우

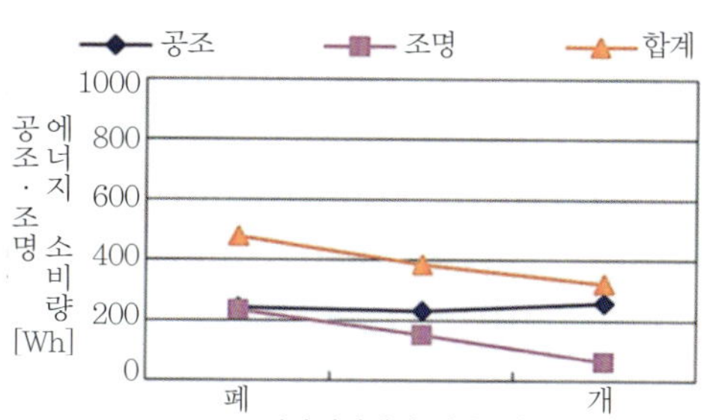

직달일사량이 작은 경우

그림 1-1-3 블라인드 슬랫 각도와 공조용·조명용 에너지 소비량의 관계

직달일사량에 따라 에너지소비량이 최소가 되는 슬랫 각도는 다르다. (그리기)

용 에너지가 증대하게 되며, 이는 블라인드를 개방해서 인공조명용 에너지를 삭감했더라도 이것이 방 전체의 에너지 절감효과로 이어지지는 않는다.

이와 같이 방 전체에서 에너지 절감효과를 도모하기 위해서는 공조용과 인공조명용 에너지를 함께 검토해야 한다. 예를 들어 수평 블라인드로 이를 달성하기 위해서는 태양의 위치와 일사량 · 조도의 관계로 방 전체의 에너지 소비량을 최소화하기 위한 최적의 슬랫 각도를 실시간으로 산출하여 제어하는 것이 필요하다(블라인드의 슬랫 각도 제어에 관한 자세한 내용은 4.2.3 참조).

1.1.2 쾌적성

(1) 자연채광에 의한 쾌적성

자연채광의 목적은 에너지 절감을 위해서만은 아니다. 공간의 용도에 따라 자연채광에 요구되는 사항은 다르다. 공간에 따라 일반적으로 불쾌한 요소로 정의되는 직사일광이나 그로 인해 일어날 수 있는 글레어나 변동은 '주광다움'이기 때문에 꼭 배제할 필요는 없다. 오히려 배제하면 자연채광의 의미가 없어지는 경우도 있다. 또한 실내 위생에 대해서는 주광에 의해 살균효과를 기대할 수 있다. 그리고 나중에 설명할 사례에서도 언급하겠지만 실내에 있으면서도 실외에 있는 듯한 느낌을 주거나(이후 '옥외감'이라 함), 자연스러움을 연출하는 등 자연채광 공간에서는 실내에서도 자연을 느낄 수 있다. 앞으로 고령화가 진행됨을 고려할 때 실내에서 보내는 시간이 더욱 늘어날 것이 예상됨으로써 자연채광을 필요로 하는 건축도 더 늘어날 것으로 예상된다. 자연채광의 근원적인 의의에 대해서는 제6장, 제7장에서 좀더 자세히 설명하므로 꼭 참조하기 바란다.

(2) 시각적 불쾌감의 저감

한편, 작업성이 중시되는 공간이나 균질한 빛 환경이 요구되는 공간에서는 자연채광에 의한 불쾌감을 최대한 피해야 한다. 자연채광이 재실자에게 미치는 불쾌감으로 가장 먼저 고려해야 할 것은 눈부심(글레어)이며, 특히 직사일광은 주의가 필요하다. 눈에 직사일광이 비치는 상태는 시야 내에 태양이 존재한다는 것이다. 글레어는 시야 내의 고휘도 부분에 의해 생긴다(4.3.1 참조). 태양의 휘도는 $18 \times 10^8 cd/m^2$로 매우 높고, 이러한 고휘도는 예를 들어 시점을 벗어나도 눈에 들어오면 참기 어려울 정도로 눈부시다.

또한 이렇게 고휘도를 발생하는 직사일광은 반사면에서도 글레어를 일으킨다. 경면반사는 물론 확산반사에서도 반사율이 높고 면적이 커지면 글레어를 일으킨다. 또한 확산투과도 글레어를 증가시키는 경우가 있다. 투과율은 1보다 작으므로 양적으로는 확실히 감소하며 또한 확산시킴으로써 휘도를 내릴 수 있어 글레어를 줄일 수 있다고 생각하기 쉽지만 실은 그렇지 않다. 오히려 평행광선이었던 직사일광을 확산시킴으로써 보는 각도에 상관없이 고휘도가 되는 면을 만들어 이것이 시선의 이동에서 피할 수 없는 글레어 광원이 된다.

그리고 또 하나의 자연채광의 불쾌요인으로 '변동' 특히 '큰 광량 변동'을 들 수 있는데, 이것은 구름에 의해 태양이 가려짐에 따라 발생하는 경우가 많다. 직사일광조도가 변동되는 날의 조도변동 폭은 안정된 조도를 요하는 공간에서는 너무 크다. 재실자의 불쾌감을 줄이기 위해서는 직사일광의 적절한 제어가 반드시 필요하다.

또한 자연채광 환경의 시각적 쾌적성에는 많은 과제가 있다. 글레어, 변동을 포함하여 이러한 과제와 그 대책에 대해서는 제4장에서 설명하기로 한다.

1-2 사무소의 자연채광

1.2.1 자연채광의 의의와 유의점

사무소 건축은 밤낮 상관없이 많은 사람들이 이용한다. 최근 사무소 내에서 하는 작업들을 보면 OA기기를 사용하는 것이 주를 이루고 있어서 발열량이 많기 때문에 냉방부하가 매우 큰 건물이라 할 수 있다. 1.1.1에서도 설명했듯이 사무소 건축 내의 조명용 에너지소비량은 건물 전체 소비에너지의 1/4을 차지하고 있으며, 조명기구에서 나오는 발열에 의한 냉방부하를 줄인다는 의미도 포함하여 인공조명 출력을 저감시키는 것은 에너지계획상 매우 중요하다.

또한 사무소 건축의 자연채광은 에너지 절감에 대해서뿐만 아니라 생산성 향상에도 공헌해야 한다. 생산성 향상을 위해서는 집무자의 시환경이나 건강도 배려해야 한다. 본 절에서는 모두 4건의 사례를 예로 들어 자연채광의 구체적인 설계방법과 그 효과에 대해 언급하겠다. 특히 집무실을 대상으로 자연채광을 한 사례를 보자.

1.2.2 사례 1 : T빌딩

(1) 건물 · 시스템의 개요

T빌딩은 자연채광에 의해 에너지 절감을 이룬 선구적인 건물로 볼 수 있다. 준공한 지 10년 이상이 경과된 지금도 자연채광으로 인한 에너지 절감효과는 여전히 뛰어나다. 표 1-2-1에는 이 건물 개요를, 그림 1-2-1에는 이 건물의 외관을, 그리고 그림 1-2-2에는 기준층의 평면도를 나타냈다. 남쪽과 북쪽 양쪽에 주개구부를 둔 양측 코어형 건물로 기준층 남면은 슬랫 각도를 자동으로 제어할 수 있는 블라인드를 내장한 에어플로윈도(3.2.2(3) 참조)가 설치되어 있다. 창 근처의 천장조명은 연속조광이 가능한 시스템으로 되어 있으며 창과 천장조명을 일체화시킨 시스템으로 구축하여 제어하고 있다.

이 시스템은 그림 1-2-3에 기술한 스텝 1~4로 제어되며 재실자의 시환경과 온열환경을 쾌적하게 유지하면서 천장조명용 에너지 및 냉방부하의 대폭적인 삭감을 가능하게 한다. 천장조명의 연속조광 제어는 오피스의 사용형태 및 표 1-2-2에 나타낸 조광 제어범위와 조명용 전력량의 삭감률 관계(건물 준공 당시의 평가)를 검토한 후 집무실 전체가 아니라 창가에서 2째 줄까지를 제어범위로 하는 방식을 이용하고 있다.

표 1-2-1 T빌딩의 건물 개요

건물 용도	사무소
소재지	가나가와현 요코하마시
준공년월	1994년 9월
규모	지하 1층, 지상 11층
바닥연면적	약 28,500㎡
기준층 면적	약 2,100㎡
자연채광의 목적	에너지 절감
자연채광 방법 및 관련설비	에어플로윈도(자동 제어 블라인드 내장) 천장인공조명의 자동조광

그림 1-2-1 T빌딩의 외관

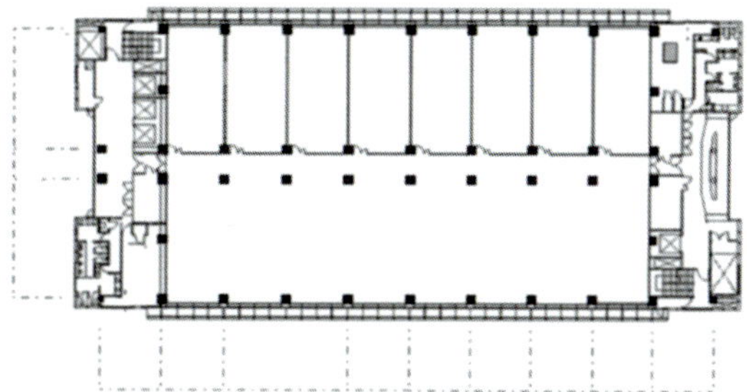

그림 1-2-2 T빌딩의 기준층 평면도

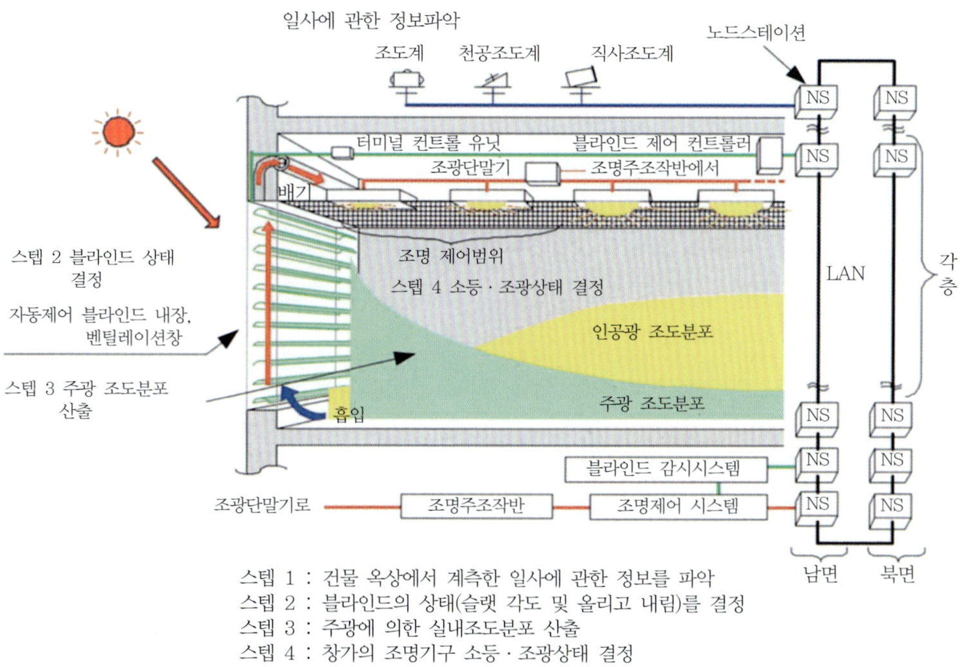

그림 1-2-3 블라인드와 천장조명 일체 제어 시스템

표 1-2-2 조명제어범위와 에너지 삭감효과(남면)

비교 항목	조명전력량[kWh/㎡년]	소비에너지 비율
제어를 하지 않을 경우	72.5	100%
첫째 줄만 제어할 경우	56.5	77.9% (−22.1%)
둘째 줄까지 제어할 경우(채용)	42.2	58.2% (−19.7%)
셋째 줄까지 제어할 경우	32.6	45.0% (−13.2%)

주) 기상데이터는 HASP-L에 따름

(2) 시스템의 운용상황과 효과

그림 1-2-4에 겨울철의 맑은 날을 기준으로 블라인드의 제어상황과 조명용 에너지의 삭감효과를 나타냈다. 하루 종일 블라인드로 일사를 차폐했는데, 최적 슬랫 각도로 제어함으로써 충분한 주광조도를 얻을 수 있었으며 창가 첫째 줄의 천장조명은 소등, 둘째 줄도 오전 중에는 최저단계의 제어가 계속되는 등 조명출력을 낮게 억제했다. 오후 2시 이후는 실외조도의 변동에 따라 조광 제어를 하고 해가 질 때까지 실외조도와 블라인드의 제어 상황에 따라 서서히 창가의 천장조명 출력을 높이는 등 적절한 제어를 하고 있음을 알 수 있다. 창가의 수평면 조도는 창면 조도에 따라 변동하고 있는데 창가에서 첫째 줄의 천장조명이 소등되어도 하루 종일의 설정치(750lx)가 확보되어 있다. 한편 그림 1-2-4의 창면 조도란 법선면 직사일광 조도로 산출한 창면 방위의 연직면 직사일광 조도이다.

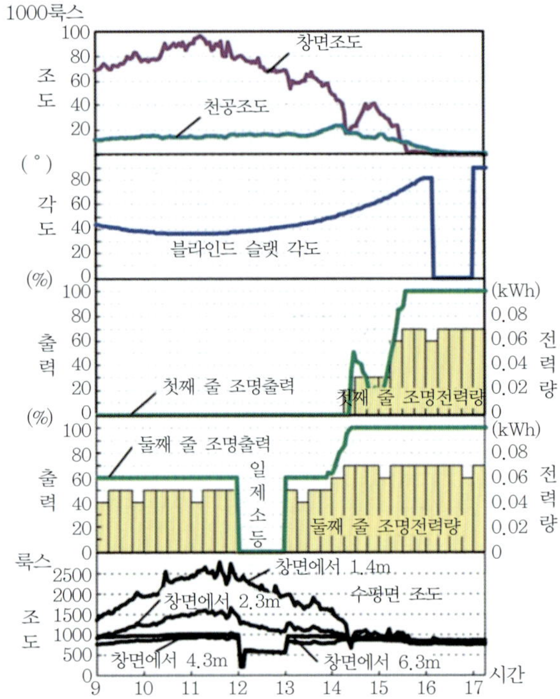

그림 1-2-4 블라인드의 제어 상황과 조명용 전력량의 삭감효과

낮에는 블라인드로 일사를 차폐하면서 창가에 있는 전등을 소등할 수 있다.

그림 1-2-5는 기준 스팬의 조명용 전력량 실측치를 기준으로 각종 조명기구에 의한 소비전력량을 시뮬레이션으로 산출한 결과이다(각 조명기구의 특징에 대해서는 5.8 참조).

FLR 형광등을 Hf(에너지 절감형) 형광등으로 바꾼 결과 약 19%, 적정조도(여기서는 750lx로 설정)로 조광하여 다시 약 17%의 조명용 전력량을 삭감할 수 있음을 알았다. 하루 종일 주광을 이용한 조명 제어를 하면 일조시간의 차이와 해당 월에 따라 효과의 증감은 있지만 5% 정도 조명용 전력량을 더 삭감할 수 있음을 알 수 있다.

이렇게 조명기구나 자연채광 시스템 도입뿐만 아니라 운용면에서도 조명용 에너지를 삭감할 수 있다. T빌딩의 경우 조명을 일제히 소등하겠다는 내용을 방송한 후 점심시간(12:00~13:00)은 모두 소등하고 업무시간 후(19:00와 22:00의 2회)는 통로부분을 제외하고 일제히 소등하였으며 이후는 집무자가 스스로 리모콘으로 필요한 곳을 점등하며 자리를 비우거나 귀가시에는 리모콘으로 소등하도록 했다. 이렇게 함으로써 다시 약 8%의 조명용 전력량을 삭감할 수 있었다. 각종 시스템과 운용면에 대한 연구를 거듭하여 준공 후부터 현재에 이르기까지 계속해서 약 반절 정도의 조명용 소비전력을 삭감할 수 있었다.

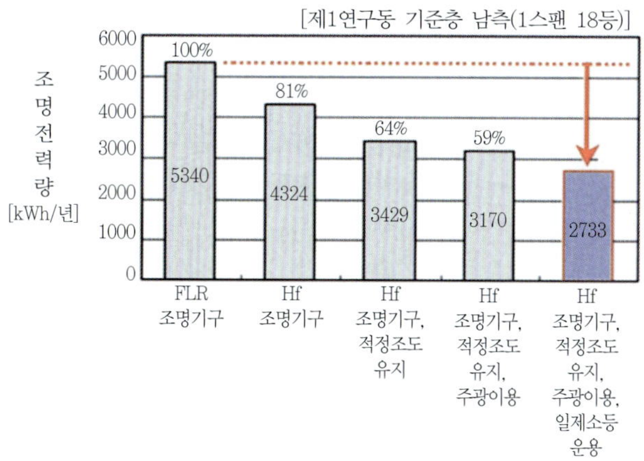

그림 1-2-5 각종 조명기구를 사용했을 경우의 조명용 전력량 삭감효과

주광을 도입하고 적절한 조광제어, 소등을 신중하게 함으로써 조명용 전력량을 약 반으로 삭감할 수 있다.

1.2.3 사례 2 : N빌딩

(1) 건물 · 시스템의 개요

N빌딩은 동서쪽 양면에 외부 블라인드가 있는 큰 개구부를 가진 도심의 오피스 빌딩이다. 기준층 사무실은 약 20m×50m이며 실깊이가 깊은 평면계획으로 되어 있다. 표 1-2-3에 건물 개요를, 그림 1-2-6에 기준층 단면도를, 그림 1-2-7에 동서쪽 양 개구부에 장착된 외부 블라인드를 나타냈다. 이 외부 블라인드는 일사를 차폐하고 건축 파사드에서 유입되는 열에 의한 냉방부하를 저감하는 것인데, 슬랫 각도를 조정하여 효과적으로 주광을 도입할 수 있다.

외부 블라인드의 슬랫 각도는 글레어 억제를 목적으로 한 제어가 이루어지고 있다(4.3.2, 4.3.3 참조). 창면 입사 일사량과 창면 연직면 조도에서 PGSV식으로 글레어를 예측하고 미리 설정된 PGSV의 제한값 이하가 되도록 슬랫 각도를 실시간으로 조정하고 있다.

그림 1-2-8은 N빌딩 기준층의 조광구분도이며 계통 1~24는 조광제어계통이다. 사무소 내에 설치되어 있는 조명기구는 출력 25~100%까지 조광이 가능하며 기준설정조도는 800lx로 되어 있다. 조명용 에너지 삭감에 대한 시스템은 외부 블라인드의 슬랫 각도 제어에 의한 자연채광뿐만 아니라 점심시간(12:00~13:00)의 일제(一齊) 감광, 집무자가 항상 있는 곳이 아닌 구역에서는 센서를 이용한 연동감광 등 각종 제어를 하고 있다.

표 1-2-3 N빌딩의 건물 개요

건물 용도	사무소
소 재 지	도쿄 치요다구
준공년월	2003년 3월
규 모	지하 1층, 지상 14층, 옥탑 1층
바닥연면적	약 20,000㎡
기준층 면적	약 1,000㎡
자연채광의 목적	글레어 억제, 에너지 절감
자연채광방법 및 관련 설비	외부 자동제어 블라인드 천장인공조명의 자동조광

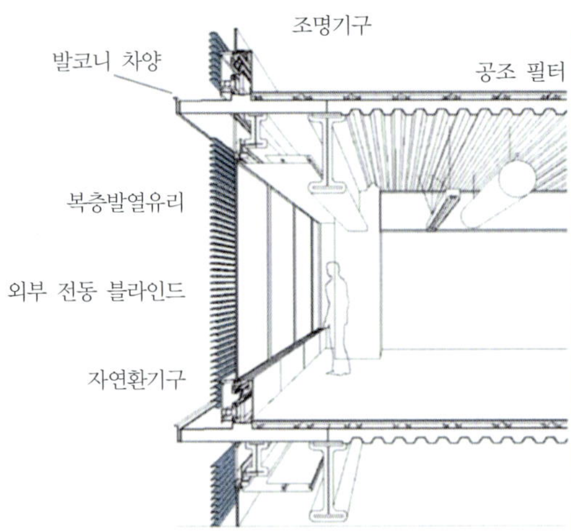

그림 1-2-6 N빌딩의 기준층 단면도

그림 1-2-7 동서 개구부의 외부 블라인드

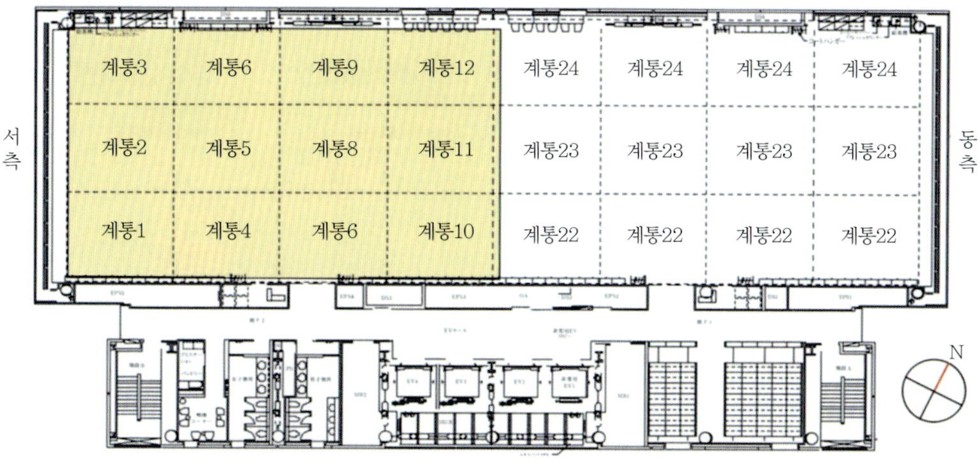

그림 1-2-8 N빌딩의 기준층 조광구분

(2) 시스템의 운용상황과 효과

그림 1-2-9는 서쪽 창면에 입사된 일사량과 조명기구의 조광률 관계를 나타낸 것으로, 그림 1-2-8에서 나타낸 서쪽 창면의 계통열별로 나타낸 것이다. 여기서 조명기구 조광률이란 조명기구의 최대 출력에 대해 실제로 출력된 비율로 했다. 또한 측정은 2004년 4월~2005년 3월의 평일 근무시간대(09:00~18:00)에 했다.

서쪽과 가장 가까운 계통 1~3은 서쪽 창면의 입사일사량 증가에 의해 조명기구 조광률이 현저히 감소되고 있으며, 창 근처에서는 주광이 충분히 입사되고 있음을 확인할 수 있다. 또한 창가에서 둘째 줄인 계통 4~6에 관해서도 계통 1~3보다는 전체적으로 조광률이 높지만 입사일사량의 증가에 의해 조광률이 감소되었고 주광이 입사된 것을 확인할 수 있다. 그 외 계통 7~12에 관해서는 입사일사량이 증가해도 조광률은 감소되지 않으며 창에서 12m 이상 떨어진 위치에서는 주광이 거의 입사되지 않았다는 것을 알 수 있다. 그러나 초기 조도 보정, 인공감지센서에 의한 연동감광제어에 의해 창에서 먼 위치에서도 전체적으로 조광률이 낮게 억제되고 있다.

그림 1-2-10은 조명기구 조광률의 각월 평균치를 계통별로 구한 것이다. 이 결과에서도 창가의 조명기구 조광률은 다른 계통보다 낮아 주광의 입사를 확인할 수 있다. 계통 10~12의 위치에서는 주광의 입사가 없다고 가정하고 이때의 조광률을 100%, 즉 방 전체를 인공조명으로만 조명했을 때 필요로 하는 조명용 전력량으로 고려했을 경우 방 전체의 조명기구 조광률은 약 96.7%가 된다. 자연채광에 의해 방 전체에서 약 3.3%의 조명용 전력량을 삭감할 수 있음을 알았다.

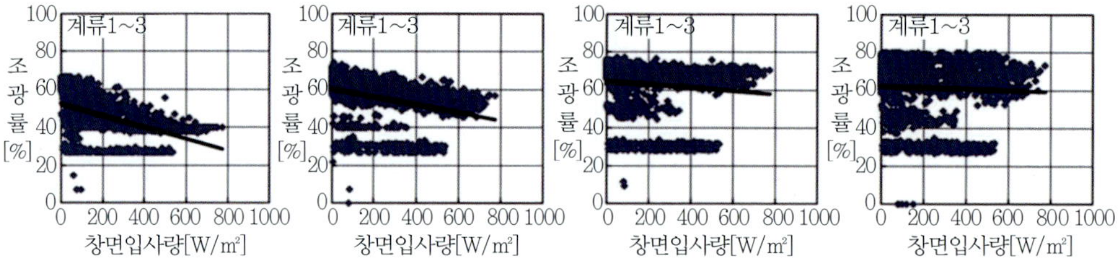

그림 1-2-9 제어계열별 창면입사일사량과 조광률 관계

창가는 입사일사량에 따라 조광률이 저하되지만 창에서 멀어지면 입사되는 일사가 없기 때문에 조광률이 변하지 않는다.

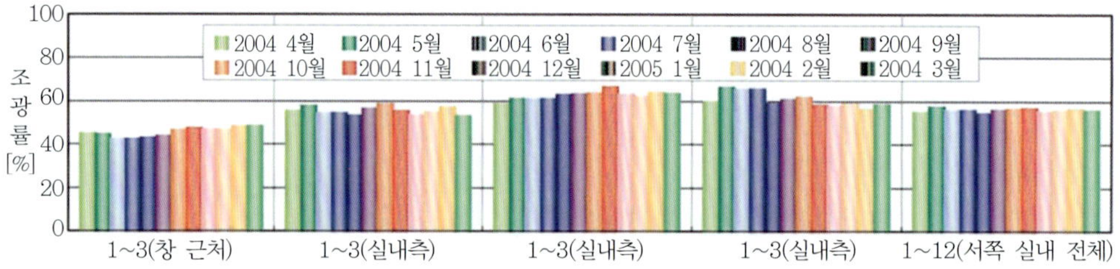

그림 1-2-10 각월의 조명기구 조광률 평균치

창과 가까울수록 조광률이 낮게 억제되고 있다.

1.2.4 사례 3 : J빌딩

(1) 건물 · 시스템의 개요

J빌딩은 기준층이 약 20m×40m인 실깊이가 깊은 건물로, 수평형 광덕트 시스템을 사용하여 실 안쪽까지 주광을 도입시켰다. 표 1-2-4에 건물 개요를, 그림 1-2-11에 외관을, 그림 1-2-12에 기준층의 단면도와 평면도를 나타냈다(광덕트 시스템의 기본 개념에 대해서는 3.3.3(2)a 참조). 이 건물의 경우는 그림 1-2-13에 나타낸 것처럼 창으로부터의 거리에 따라 광덕트 확산부의 유효개구율을 바꾸어(창가 7~8%, 방 안쪽 100%) 창에서 직접 입사되는 주광이 많은 곳에서는 광덕트 확산부로부터의 주광입사가 적어졌다. 또한 확산부에는 보조 인공조명도 병설되어 있어 창으로부터 직접 입사되는 주광, 광덕트 확산부에서 입사되는 주광과 합해 조도가 일정해지도록 보조인공조명의 출력을 조정하고 있다.

표 1-2-4 J빌딩의 건물 개요

건물 용도	사무소
소 재 지	이바라키현 츠쿠바시
준공년월	2003년 2월
규 모	지상 10층, 옥탑 1층
바닥연면적	약 13,700m²
기준층 면적	약 1,498m²
자연채광의 목적	에너지 절감, 균제도 향상(4.5 참조)
자연채광방법 및 관련 설비	광덕트시스템 (자동조광의 인공조명 내장)

그림 1-2-11 J빌딩 외관

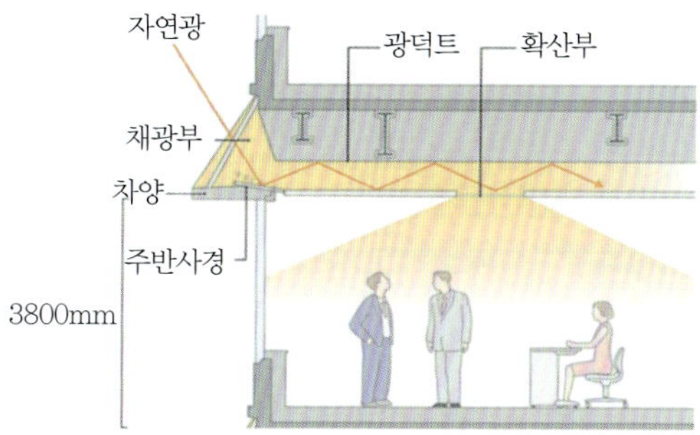

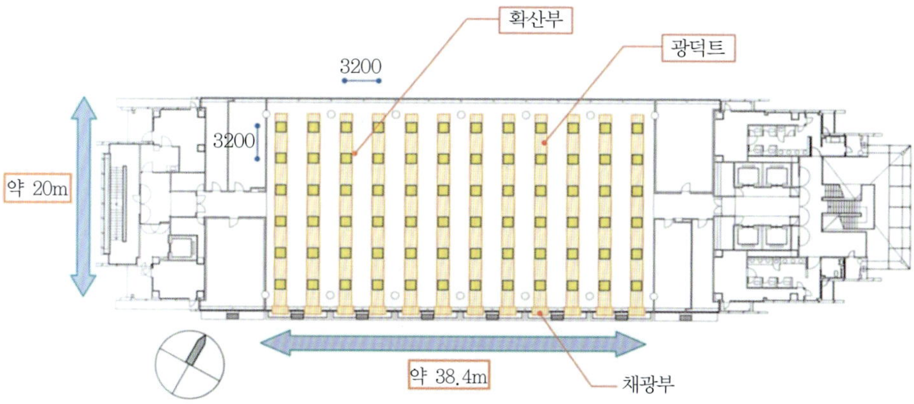

그림 1-2-12 J빌딩의 기준층 단면도와 평면도

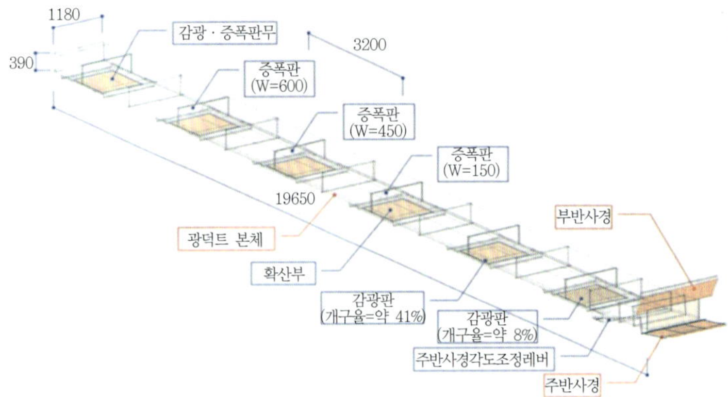

그림 1-2-13 광덕트 시스템의 확산부 개구율
창에서 멀어짐에 따라 확산부의 개구면적을 크게 하여 주광도입량을 증가시킨다.

(2) 시스템의 운용상황과 효과

그림 1-2-14에 2003년 각월의 조명용 전력량 실적치(평일 09:00~18:00 적산)를 나타냈다. 원래는 탁상면조도 500lx로 계획했었는데, 집무자에게서 조도가 부족하다는 의견을 들어 실제로는 탁상면조도 800~1,000lx가 되도록 조광제어를 했다.

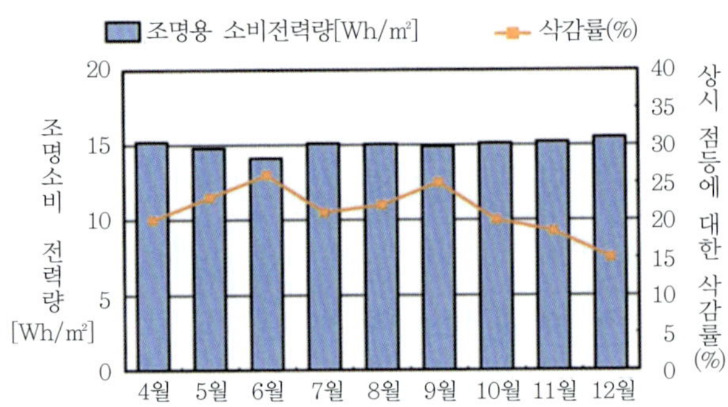

그림 1-2-14 월별 조명용 전력량
겨울을 제외하고 매월 20% 이상의 조명용 전력량을 삭감할 수 있다.

11~12월을 제외하고 FLR 조명기구(Hf32 W×4개/3.2m×3.2m) 상시 점등에 비해 매월 20% 이상의 조명용 전력량을 삭감할 수 있었다.

1.2.5 사례 4 : H빌딩

(1) 건물 · 시스템의 개요

사무소는 바닥연면적이 4,000m²도 채 안 되는 소규모인 것도 많다. 그런 사무소에서는 자동제어 블라인드 같은 고가의 시스템은 도입하기 어려우며 블라인드나 인공조명의 조정을 재실자가 수동으로 제어할 수밖에 없다.

한편 소규모 사무소에는 대규모 사무소에 비해 자연채광에 있어서 유리한 점도 있다. 우선 창에서 실 안쪽까지의 거리가 짧아 실 안쪽에서도 주광을 받기 쉽다는 점을 들 수 있다. 또한 많은 사람이 사용하는 대규모 사무소 공간에서는 블라인드나 인공조명 조정이 여러 사람의 광환경에 영향을 미치기 때문에 쉽게 조정하기 어렵지만 소규모 사무소 공간에서는 개인의 수동제어가 영향을 미치는 범위가 작기 때문에 조금만 조정을 하면 에너지 절감을 달성하기 쉬운 환경이 될 수 있다.

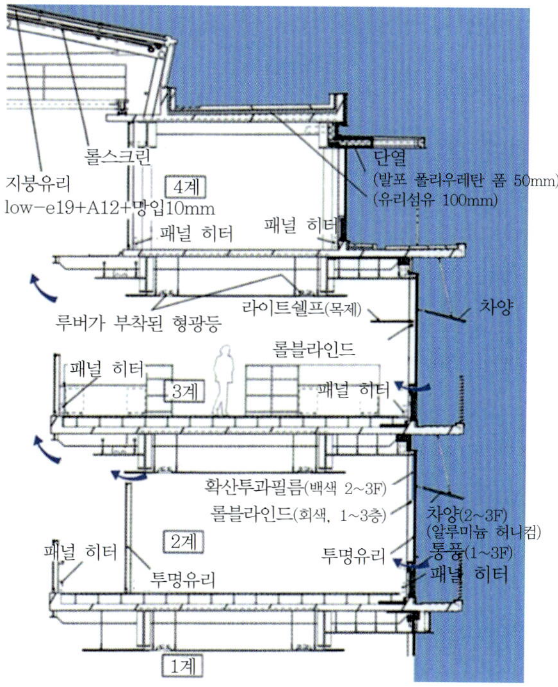

그림 1-2-15 H빌딩의 단면도

블라인드, 조명 점등 등의 환경조정을 개인이 하도록 되어 있다.

H빌딩은 설비의 수동제어에 의해 자연채광을 함으로써 에너지 절감화를 시도한 예이다. 표 1-2-5에 건물 개요를, 그림 1-2-15에 H빌딩의 단면도를 나타냈다. 각층에는 라이트쉘프(광 선반)(3.2.3(1)d 참조)가 설치되어 있으며, 창면 유리에는 확산필름과 롤스크린(3.2.3(2)c 참조)이 설치되어 있다. 롤스크린을 사용해 겨울철 설면으로부터 반사되는 글레어를 억제할 수 있도록 되어 있다. 롤스크린 조정 및 천장조명의 점등 · 소등은 모두 재실자가 임의로 조절하도록 되어 있다.

표 1-2-5 H빌딩의 건물 개요

건물 용도	사무소
소 재 지	홋카이도 아사히카와시
준공년월	2002년 3월
규 모	지하 1층, 지상 4층
바닥연면적	약 8,400m²
기준층 면적	약 600m²
자연채광의 목적	에너지 절감 의식 유도
자연채광방법 및 관련 설비	라이트쉘프 롤스크린(수동) 광색이 다른 천장인공조명

(2) 시스템의 운용상황과 효과

H빌딩의 자연채광 시스템은 수동제어로 운용되고 있기 때문에 재실자가 에너지 절감에 대한 의식을 얼마나 갖고 실천하는지가 중요하다. 담천시 외의 주간에는 완전히 소등하도록 하고 다음과 같은 점을 배려하였다.

① 겨울철 라이트쉘프 위에 눈이 쌓이거나 얼음이 생기는 것을 방지하고 일사차폐 효과를 높이기 위해 외부차양(라이트쉘프의 실외측)은 경사지게 한다. 또한 외부 차양과 유리 사이에 150mm 슬릿을 두어 외부차양 상부의 유리를 베란다에서 간편하게 청소할 수 있도록 하였다.

② 롤스크린을 외부차양과 같은 높이로 설치하고, 집무자가 자유롭게 개폐할 수 있도록 하였다.

③ 한랭지이기 때문에 겨울철에는 집무자석이 적은 실 안쪽까지 직달일사를 도입하였다. 집무자가 있는 창쪽에서는 내부차양(라이트쉘프의 실내측)과 롤스크린으로 상부 창에서 들어오는 직사일광을 차폐하였다.

④ 조명기구의 점등, 소등을 창으로부터의 거리에 따라 독립적으로 할 수 있도록 했다. 조명 점등시에는 책상면조도가 약 700lx가 되도록 자동조광된다. 또한 1개의 스위치로 점등 · 소등하는 조명기구수가 3~4대로 적고 필요한 곳만 점등한다.

⑤ 상관색온도 3,000K(5.7.2 참조)의 형광램프를 천장조명으로 사용하여 색이 다른 광원을 병용함으로써 주광과의 위화감을 만들어 소등을 촉진시킬 수 있게 했다.

H빌딩의 집무자를 대상으로 앙케이트 조사를 한 결과 그림 1-2-16에 나타낸 것처럼 필요한 부분만 점등하는 것이 습관화되었음을 알았다. 각종 연구에 의해 집무자에게 에너지 절감에 대한 의식 개혁을 촉진시킬 수 있다.

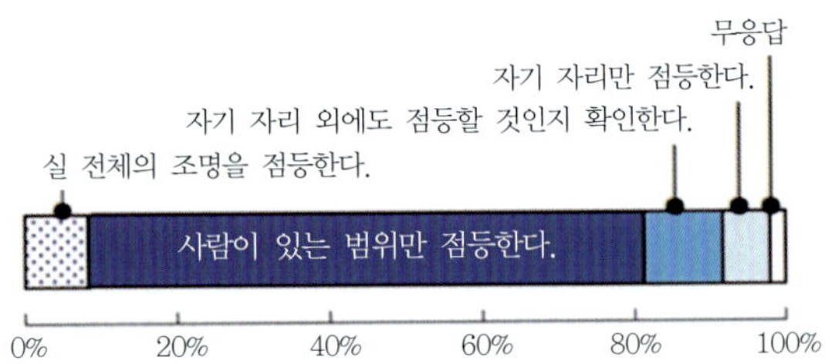

그림 1-2-16 H빌딩의 인공조명 점등에 대한 재실자의 의식
필요한 부분만 점등하는 것이 습관화되었다.

1-3 박물관 · 미술관의 자연채광

1.3.1 자연채광의 의의와 유의점

박물관 · 미술관의 자연채광에 대한 견해는 박물관 · 미술관의 사회적 위치와 깊은 관계가 있다. 서양에서는 18세기말경 특권 계급에 의해 수집된 미술품을 보호하고 전시하기 위한 특별한 건축으로서 박물관 · 미술관이 등장했다. 인공조명이 보급되기까지는 주광을 실내에 효과적으로 도입하는 것 위주로 생각하여 측창, 정측창, 천창(3.2.1 참조)이나 솟을지붕을 두어 자연채광을 해왔다. 이후 방문객이 증가하면서 전시실에 오염, 먼지, 습기가 들어와 미술품에 손상을 준다고 여겨 작품 보호를 위해 미술품에 유리를 씌우게 되었고 유리에 반사되는 것을 막기 위한 창의 위치와 형태를 연구하게 되었다.

미술품의 열화를 막는데 어느 정도의 조명 제어가 필요한지가 입증된 것은 1950~1960년대의 '보존운동' 시대이다. 이 시대의 상세한 연구에 의해 빛에 의한 손상이 미술품 열화에 매우 중요하다는 것이 지적되었기 때문에 미술품의 내광성을 바탕으로 설정 조도가 정해지게 되었다. 이 시대 이후에 지어진 박물관 · 미술관은 주광을 완전히 배제한 것도 많으며 오래된 박물관 · 미술관은 창을 막아버린 것도 많다(그림 1-3-1). 창을 막음으로써 완전한 인공조명 환경을 만들고 미술품의 열화를 조절할 수 있도록 했다. 한편 루버(3.2.3(1) b 참조)나 지향성 유리블록(3.4.2(7) a 참조)을 이용하여 주광조도를 상시 낮은 조도로 억제하는 방법을 많이 이용되었다(그림 1-3-2). 이들은 건축 디자인 면에서 볼 때는 매력적인 것도 많지만 '전시실 전체가 약간 어둡고 개방감이 없는 단조로운 환경이 되어 피로의 원인이 된다.' '확산된 불투명한 광천장 아래의 어두운 공간은 물 속에 있는 것 같아 기분이 안 좋다.' 등 관계자와 방문자로부터 비난을 듣게 되었다.

현대의 박물관 · 미술관은 '보고 체험한다'는 컨셉으로 바뀌어 과거와는 많이 달라졌으며 시민의 세금이나 기부금에 의해 세워진 것도 많아 방문자의 의견을 존중하고 있다. 따라서 자연스러운 형태로 방문자의 쾌적성과 미술품 보존을 양립시킬 수 있도록 연구가 진행되고 있다. 예를 들면 내광성이 약한 수채화 등은 창이 없는 공간에 전시하고, 중간 정도의 내광성을 가진 유화 등은 정원이 보이는 개방적인 방 안에 직사일광이 닿지 않는 곳에 전시하며, 내광성이 높은 조각 등은 선룸 같은 공간에 전시하여 태양의 이동에 따라 다른 모습을 볼 수 있도록(그림 1-3-3) 하는 등 미술품의 내광성에 따라 전시공간을 구분해서 사용하고 견학 루트에 밝기의 강약을 주는 경우도 있다(그림 1-3-4). '보존 운동' 시대에 닫혀 있던 오래된 창도 오늘날에는 부분적으로 다시 개방되어 주광을 도입하는 곳이 많다.

그림 1-3-1 프랑스, 실내장식미술관
천창은 미술품 보호를 위해 닫혀 있다.

그림 1-3-2 프랑스, 실내장식미술관
루버를 사용해 천창으로부터 들어오는 주광 입사량을 제어하고 있다.

그림 1-3-3 피카소미술관의 전시실(좌 : 데생, 중 : 유화, 우 : 조각)
작품의 내광성에 따라 전시실을 구분 사용하고 있다. 내광성이 중간 정도인 유화는 정원이 보이는 개방적인 실 안의 직사일광을 받지 않는 위치에 전시하고, 내광성이 높은 조각은 선룸 같은 공간에 전시하여 태양의 이동에 따라 작품을 볼 때 변화감을 즐길 수 있도록 했다.

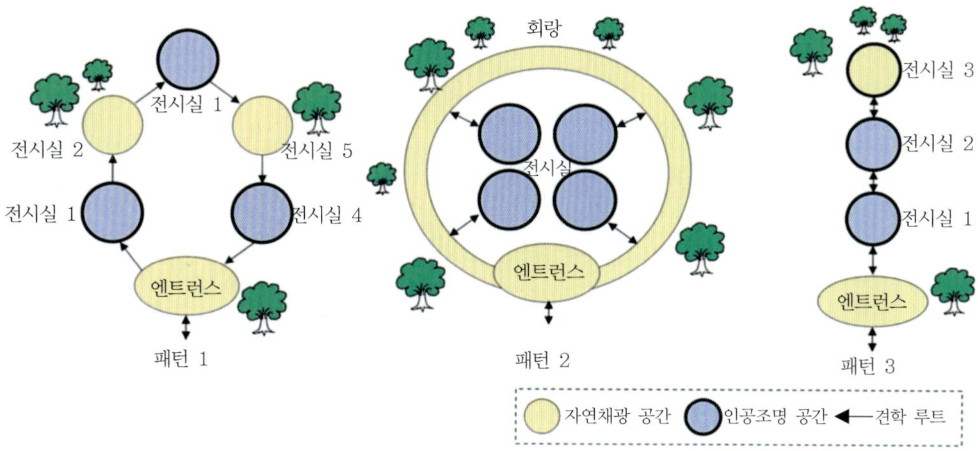

그림 1-3-4 자연채광과 전시실의 배치

미술품의 내광성에 맞춰 조명공간을 선택함으로써 미술품의 열화를 줄이고 견학 루트에도 밝기의 강약을 주어 방문자에게 쾌적한 감상 코스를 제공하고 있다.

1.3.2 사례 1 : K미술관

(1) 설계의도

이 미술관은 '거리에 개방된 공원 같은 미술관'을 컨셉으로 지어져 외벽과 건물 내의 벽면 대부분에 유리를 사용하여 투명하고 밝으며 개방적인 공간으로 구성되었다. 표 1-3-1에 건물 개요를, 그림 1-3-5에 건물 전경을 나타냈다.

이 미술관의 전시실은 컬렉션 전시실 6실(763㎡/실), 기획전시실 8실(1,293㎡/실), 시민 갤러리 2실로 구성되어 있으며 전시실마다 바닥면적과 높이(3.7~12m)의 비율이 다르다. 또한 대부분의 전시실에는 주광이 적극 도입되어 있다. 일반적으로 전시실은 인공조명을 주로 적용하여 조도나 글레어 등을 제어함으로써 이상적인 광환경을 정상적으로 만들어내는 경우가 많다. 그러나 이 미술관의 경우는 애초의 설계 단계부터 '자연광을 도입해 외부의 기후나 변화에 따라 전시공간에 변화를 준다.'는 자연채광에 대한 뚜렷한 방침을 세우고 설계자와 학예원 사이에도 의견 일치를 보아 전시공간과 내부공간에도 투명성과 개방성을 부여하였다.

표 1-3-1 K미술관의 건물 개요

건물 용도	미술관
소 재 지	이시카와현 가나자와시
준공년월	2004년 10월
규 모	지하 2층, 지상 2층
바닥연면적	약 17,400㎡
자연채광의 목적	외부 환경을 느낄 수 있게 한다.
자연채광방법 및 관련 설비	차광 블라인드가 부착된 톱라이트 (확산성 유리) 천장인공조명의 자동제어

그림 1-3-5 K미술관의 전경

유리를 많이 사용해 투명감 있는 공간으로 되어 있다.

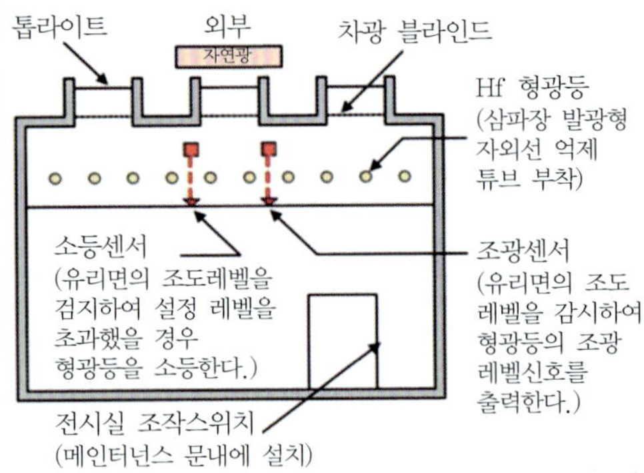

그림 1-3-6 K미술관 전시실 내의 조명 시스템

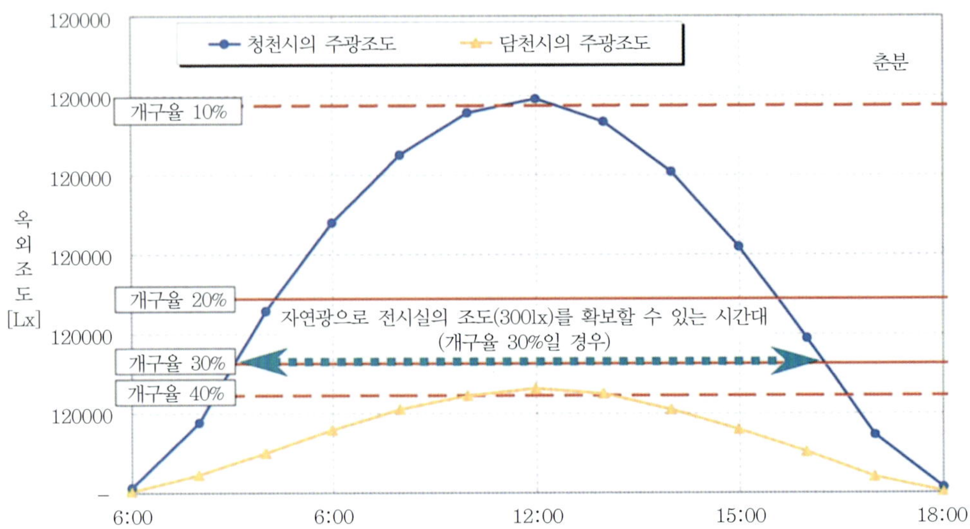

그림 1-3-7 톱라이트 개구율에 따른 필요 벽면 조도를 확보할 수 있는 시간대 차이

날이 맑은 경우 개구율 30% 이상이면 톱라이트만으로 필요조도를 확보할 수 있다.

(2) 시스템 개요

자연채광 방식은 전시실에서 주광의 변화를 직접 느낄 수 있도록 톱라이트를 통해 주광을 도입하게 되어 있다. 그림 1-3-6에 전시실 내의 조명 시스템 개념도를 나타냈다.

톱라이트(3.2.1 참조)의 크기와 배치는 냉난방부하나 지역 특유의 자연현상인 강설과 황사에 대한 성능 확보 등을 고려하여 1/30 모형실험 및 확장 아메다스 데이터를 사용한 전시실내 광환경의 시뮬레이션을 통하여 모두 검토하였다. 전시실의 설정 조도는 차광 블라인드에 의해 조절할 수 있는데, 벽면 조도 300lx를 목표치로 설계하였다(박물관 · 미술관의 조도 기준 JIS Z 9110-1979 : 광 방사에 매우 민감한 것(수채화, 소묘, 천 등) 150~300lx, 광 방사에 비교적 민감한 것(유화, 목제품 등) 300~750lx). 그림 1-3-7은 전시실 내의 필요 벽면 조도 300lx를 확보할 수 있는 시간대가 톱라이트의 개구율(천장 면적에서 차지하는 비율)에 따라 어떻게 다른지 시뮬레이션을 통해 얻어진 결과의 일례(춘분)이다. 개구율이 30%일 경우 청천시의 8:00~16:00 사이, 벽면조도 300lx 이상을 주광만으로 확보할 수 있음을 알았다. 이 결과를 바탕으로 톱라이트의 개구율을 결정하고 지붕 전체에 톱라이트를 슬릿형으로 배치함으로써 냉난방부하와 건축적 제 조건에 대한 단점을 최소한으로 억제했다.

한편 겨울철이나 날이 흐릴 때에는 주광만으로 충분한 벽면조도를 얻을 수 없기 때문에 인공조명에 의한 보조가 필요하다. 천장 덮개에는 5~100%로 조광할 수 있는 고주파 점등 Hf 형광램프(3파장형 주백색)가 설치되었으며 다음과 같은 각 모드로 제어할 수 있다(자연채광과 위화감이 없는 인공광원의 광색에 대해서는 5.6 참조).

① 주광+인공광 제어에 의해 최저 조도레벨을 유지

② 주광을 차광 블라인드로 차광하고 인공광 레벨을 임의로 제어, 설정한다.

조도 센서는 전시계획에 대한 제약이나 설치 방향에 영향이 없도록 벽면이 아닌 천장 내에 설치하였다. 유리면의 조도를 전시실마다 순차 측정하고 임의의 설정 조도가 되도록 실별로 조광제어를 한다. 한편 형광램프에는 자외선 억제 튜브가 장착되어 있어 미술품을 보호할 수 있도록 했다.

1.3.3 사례 2 : B미술관

이 미술관은 Peter Zumthor이 설계한 것으로 현대미술을 위한 미술관이다. 내 · 외장에 사용된 부식유리('간유리'라고도 함)(3.4.2 (5)b 참조)를 투과한 주광을 실내로 도입시켰다. 표 1-3-2에 건물 개요를, 그림 1-3-8에 외관을 나타냈다. 실외에서는 내부 계단의 그림자가 희미하게 보인다(그림 1-3-9). 건물 외표면에 이어지는 하늘과 주변 호수에서 반사되는 반사광, 색을 반사하며 또한 기후와 보는 각도에 따라서는 실내의 모습이 보이기도 한다. 외장은 그림 1-3-10에 나타낸 것처럼 유리 사이에 틈새를 만든 것처럼 설치되었으며 틈새에서 이루어지는 통기에 의해 여름철에는 더블 스킨과 동등한 효과를 얻고 있다.

1층 로비에는 방위에 따라 중공층에 블라인드를 내장한 부분이 있다. 일례를 그림 1-3-11에 나타낸다. 이 단면의 기본 구성은 일본에서도 자주 볼 수 있는데 유리를 반투명으로 함으로써 창이 아닌 벽이라는 인상이 강하다. 부식유리로 실외에서 들어오는 빛이 확산·투과되기 때문에 블라인드의 가로줄무늬 그림자가 바닥이나 전시물에는 비치지 않는다. 전시실에도 다층의 부식유리로 이루어진 천장 유리(옥외→외벽의 유리 투과→천장 덮개→천장 유리 투과→실내)로부터 충분히 확산된 주광을 도입하고 있다(그림 1-3-12).

표 1-3-2 B미술관의 건물 개요

건물용도	미술관
소재지	오스트리아 Bregenz시
준공년월	1997년 7월
규모	지상 4층
바닥연면적	약 28,000㎡
자연채광의 목적	투명성 옥외환경과의 일체화
자연채광방법 및 관련 설비	부식유리 내장 블라인드

그림 1-3-8 B미술관의 외관
외장 부식유리를 통해 주광 도입

그림 1-3-9 B미술관 내부
유리 벽면을 통해 주광 도입

그림 1-3-10 외장유리의 상세
유리판 사이의 틈새로 통기 가능

그림 1-3-11 1층 로비
채광면에 블라인드를 내장

그림 1-3-12 전시실
천장의 부식유리에서 주광 도입

1-4 학교의 자연채광

1.4.1 자연채광의 의의와 유의점

몸과 마음 모두 왕성한 성장 단계에 있는 아이들이 사용하는 학교는 주광을 이용한 자연환경이 필수불가결한 요소이다. 특히 학교 건물의 경우는 창을 많이 만드는 편이지만 시환경 면에서 고려해야 할 점도 많다.

일반적으로 학교 교실에는 칠판을 기준으로 왼쪽에 큰 창이 있다. 하지만 자동조광을 채용한 일부 학교를 제외하고, 대부분의 학교가 큰 창이 있음에도 불구하고 조명용 에너지 사용을 절약하고 있지 못하다. 그 이유는 학교 교실에서 자연채광을 할 때 그림 1-4-1에 나타낸 바와 같은 문제점이 있기 때문이다. 각 문제점은 다음과 같다.

① 사용빈도가 높은 일반 교실은 최대한 남쪽에 창을 두는 배치를 하도록 되어 있다. 그 결과 그림 1-4-2에 나타낸 것처럼 날씨가 좋을수록 더위와 눈부심을 방지하기 위해 커튼을 치기 때문에 주광입사량이 감소된다.

② 일반 교실은 평면 형상이 정사각형에 가깝고 측면채광이기 때문에 복도측이 어두워지며 부분점등이 불가능한 경우는 교실 전체를 점등하게 되는 경우가 많다.

③ 특별 교실 같은 북쪽에 위치한 교실은 남쪽에 비해 주광입사량도 적고 약간 어두운 느낌이 되기 때문에 낮에도 상시 점등된다.

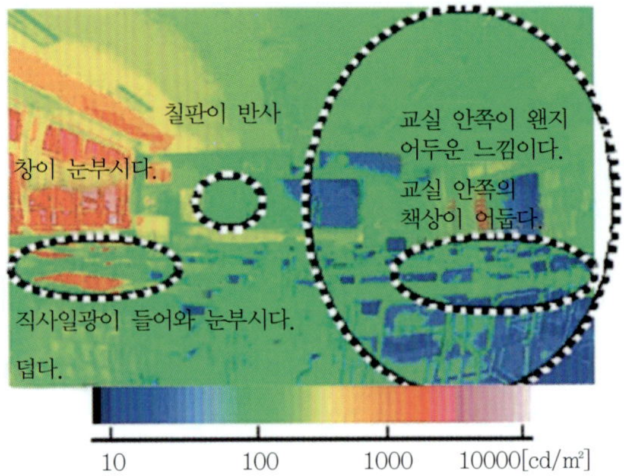

그림 1-4-1 학교 교실 내의 휘도 분포

복도쪽이 어둡고 칠판이 반사되며 창가는 직사일광으로 인해 눈이 부시고 덥다.

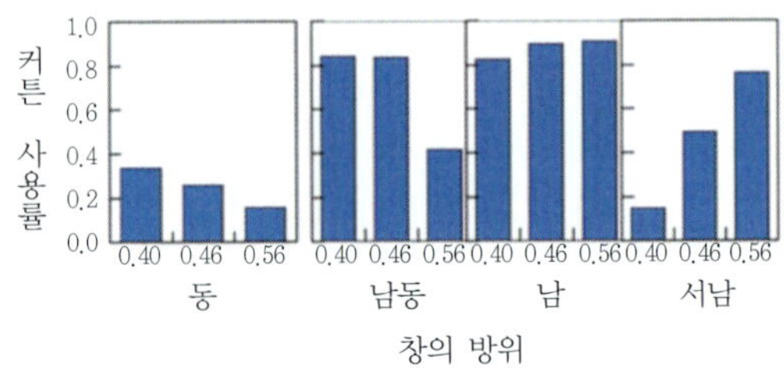

그림 1-4-2 학교의 커튼 폐쇄율

커튼 사용률=창면적에 대해 커튼이 쳐져 있는 부분의 면적률. 남쪽에 있는 창은 커튼이 거의 쳐져 있다.

④ 칠판에 쓰인 글자가 창에서 들어온 주광에 반사되어 잘 보이지 않는 경우가 많이 있다. 이는 앞줄 복도쪽 자리에서 칠판을 보았을 때 특히 심한데, 일부 자리에서만 있는 문제라고 해도 이를 해소하기 위해 커튼을 쳐버리면 교실 전체가 어두워져 인공조명을 점등해야 한다.

⑤ 아동이나 학생들의 시력 저하를 염려하여 자연채광이 있음에도 인공조명을 상시 점등하는 풍조가 있다.

①~④는 건물의 기본계획과 관련된 것이다. 학교 교실에서 에너지 절감으로 이어질 수 있는 자연채광을 하기 위해서는 창 같은 채광 부분뿐만 아니라 건물 형태 전체에 대한 연구도 필요하다.

여기서는 이상의 문제점에 대해 실제로 해결 방안을 모색한 사례를 소개한다.

1.4.2 사례 1 : N중학교

N중학교는 그림 1-4-3에 나타낸 평면도에서도 알 수 있듯이 창과 광정(3.3.3(2) b 참조) 양쪽에서 채광되고 있다. 표 1-4-1에 건물 개요를 나타낸다. 건물 중심에 있는 광정에서 복도(폭 2.5m)로 채광하고 복도와 교실의 칸막이를 투명유리로 하여 복도쪽에서도 자연채광을 하고 있다. 그림 1-4-4에 복도쪽 자연채광의 모습을 나타냈다. 단, 일반적으로 교실에서는 창과 칠판, 락카 외의 벽면은 대부분 게시판으로 사용되므로 복도쪽 채광벽 만큼의 게시면적을 별도로 확보하지 않으면 운용 개시 후에 채광벽에 게시물이 붙여져 자연채광 효과를 떨어뜨리게 되므로 주의가 필요하다.

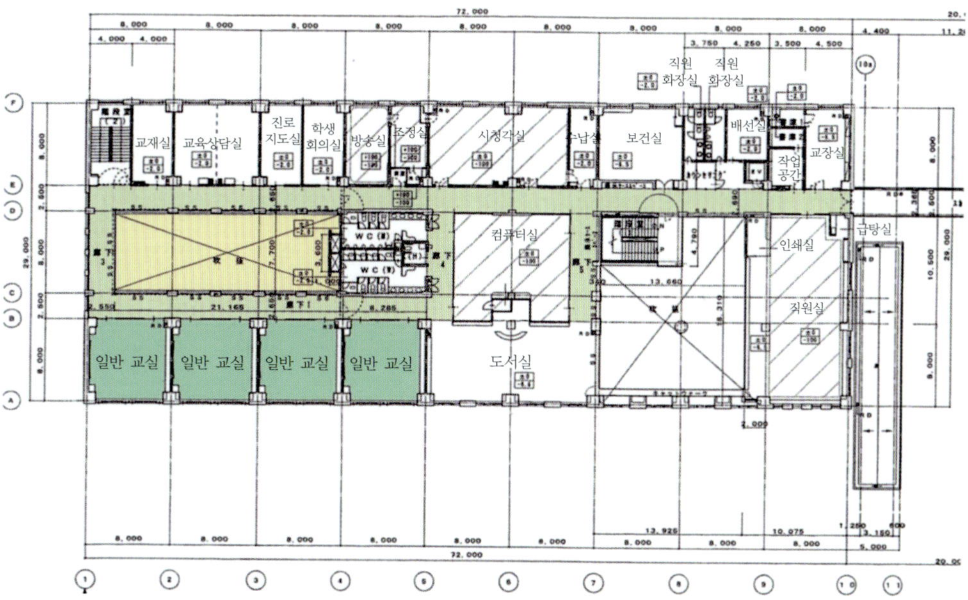

그림 1-4-3 N중학교의 평면도

표 1-4-1 N중학교의 건물 개요

건물용도	중학교
소재지	홋카이도 나카시베츠
준공년월	2003년 12월
규모	지상 3층
바닥연면적	약 5,409㎡(체육관 제외)
자연채광의 목적	에너지 절감 균제도 향상
자연채광방법 및 관련 설비	광정을 이용한 양면 채광

그림 1-4-4 N중학교의 자연채광 모습

1.4.3 사례 2 : S초등학교

(1) 건물 · 시스템의 개요

그림 1-4-5 S초등학교의 전경

S초등학교는 그림 1-4-5에 나타낸 바와 같이 산림과 전원 등 녹지가 풍부한 자연으로 둘러싸인 부지 환경에 지어져 있어 환경을 고려한 학교시설(에코스쿨)의 파일롯 모델 사업으로 잘 알려져 있다. 자연채광은 자연 통풍이나 우수 이용 등과 마찬가지로 앞으로의 에코스쿨에 있어서 반드시 필요한 환경부하 저감수법 중 하나이며, 아이들이 밝고 자유로운 분위기에서 배우고 풍부한 인간성을 기르는 환경을 만드는 중요한 요소 중 하나라고 말할 수 있다. 에코스쿨로서의 계획은 그림 1-4-6에 나타낸 것들이 있다. 태양광 발전, 태양열 급탕, 우수 이용 등 각종 환경부하 저감수법을 채용하였으며 자연채광에 관해서도 라이트쉘프를 이용해 확산된 주광을 실내로 도입하는 등의 배려를 했다.

표 1-4-2에 건물 개요를, 그림 1-4-7에 평면도를 나타낸다. 아이들과 선생님, 그리고 지역주민들에게도 '커다란 집' 같은 존재로 하겠다는 컨셉으로 교사 전체를 단층으로 지었다. 각 교실의 배치는 학교 전체가 오픈 교육의 생활공간이 되도록 의도

표 1-4-2 S초등학교의 건물 개요

건물용도	초등학교
소재지	아이치현 세토시
준공년월	1999년 3월
규모	단층(일부 지하 1층, 지상 2층)
바닥연면적	약 5,640㎡
자연채광의 목적	에너지 절감 아동들의 활동성 향상 실외감
자연채광방법 및 관련 설비	라이트쉘프 톱라이트

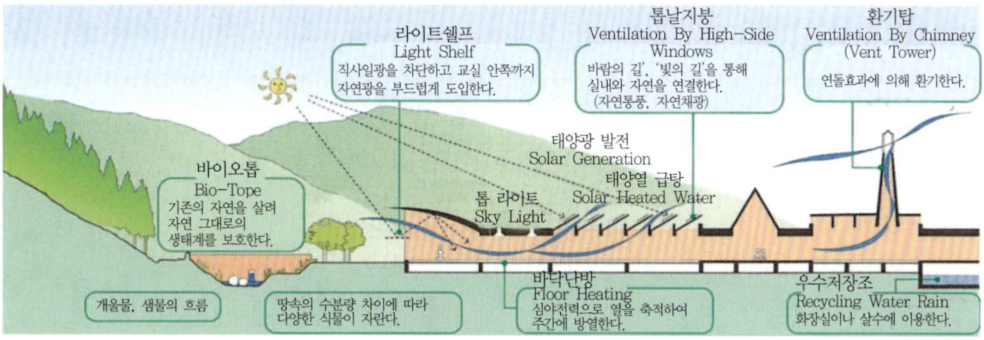

그림 1-4-6 S초등학교의 환경부하 저감에 대한 대책

태양광 발전, 태양열 급탕, 우수 이용, 자연채광 등 각종 환경부하 저감수법을 채용하고 있다.

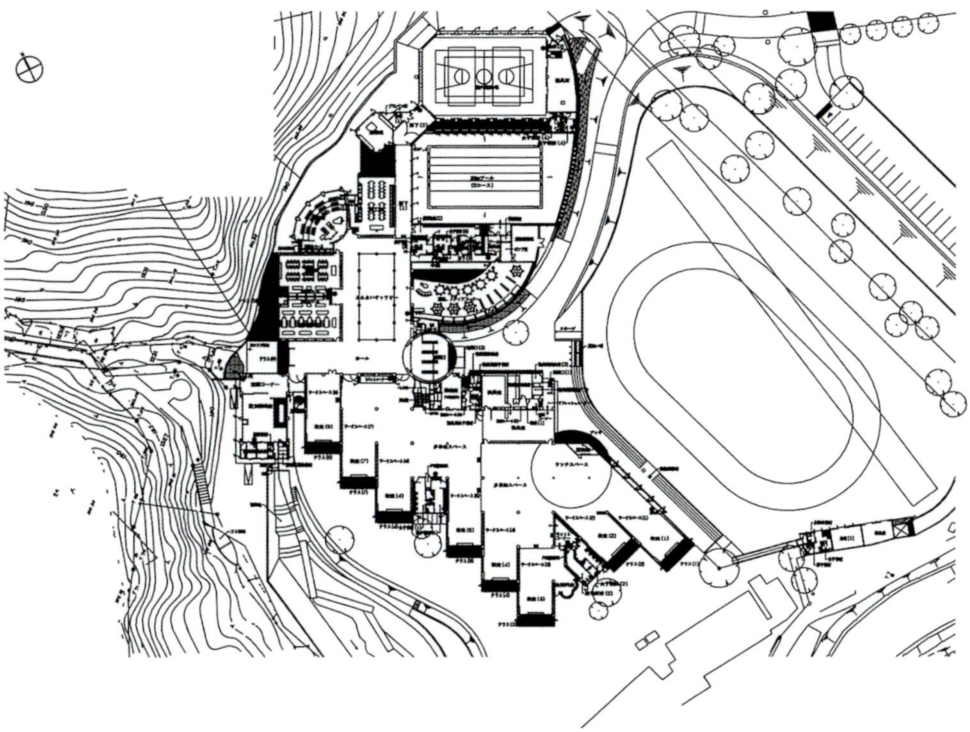

그림 1-4-7 S초등학교의 평면도

하여 모두가 사용하는 현관과 갤러리를 중심으로 일반교실 존, 특별교실 존, 실내운동장과 풀로 연결되는 구성으로 되어 있다. 각 교실의 자연채광 환경은 다음과 같다.

① **일반 교실** : 단층 교사이기 때문에 층고를 신경 쓰지 않아도 되는 이점이 있으며 남쪽에 큰 창과 라이트쉘프를 두어 직사일광 차폐와 라이트쉘프 윗면에서의 반사에 의한 부드러운 간접광을 교실 안쪽까지 유도하고 있다(그림 1-4-8).

② 워크 스페이스 : 톱라이트에서 주광을 도입하여 워크 스페이스가 활발한 활동 공간이 되도록 했다.

③ 다목적 스페이스 : 톱날지붕의 북쪽창에서 안정된 주광을 도입하여 자연과 일체화한 공간으로 되어 있다.

그림 1-4-8 S초등학교의 라이트쉘프

라이트쉘프를 이용해 창가의 직사일광을 막고 반사에 의한 확산광이 교실 안쪽까지 도달한다.

(2) 시스템의 운용상황과 효과

그림 1-4-9 및 그림 1-4-10은 춘분날 정오에 일반 교실의 조도분포를 시뮬레이션으로 구한 결과이다. 라이트쉘프가 있는 경우(그림 1-4-9)가 라이트쉘프가 없는 경우(그림 1-4-10)에 비해 창가의 직사일광이 차폐되고 있음을 알 수 있다(분홍색 10,000lx 이상, 적색 2,000~5,000lx). 한편 교실 안쪽에서는 라이트쉘프가 있는 경우가 라이트쉘프가 없는 경우보다 천장면 조도가 높아졌으며 라이트쉘프 상면에서 반사된 주광이 교실 안쪽까지 충분히 도달하고 있음을 알 수 있다. 바닥면 조도는 라이트쉘프가 없는 경우가 창으로 입사된 직사일광의 실내반사에 의해 약간 높아졌는데 라이트쉘프가 있는 경우도 500~700lx가 확보되어 인공조명을 필요로 하지 않을 정도로 충분히 밝다는 것을 알 수 있다(황녹색 500~700lx). 아이들의 학습환경은 시각적 피로를 막기 위해 충분히 밝아야 할 필요가 있는데 주광을 실내에 효율적으로 도입함으로써 기후에 따라서는 인공조명이 없어도 충분히 밝은 환경이 되고 있는지 미리 확인했다(그림 1-4-11).

또한 주광은 인간의 생체리듬에도 크게 영향을 준다(6.4 참조). 낮에 충분한 주광을 받으면 생체리듬(서커디안 리듬)을 정비하여 적절한 긴장감과 집중력을 유지해 활발한 학교생활을 할 수 있을 것으로 고려된다.

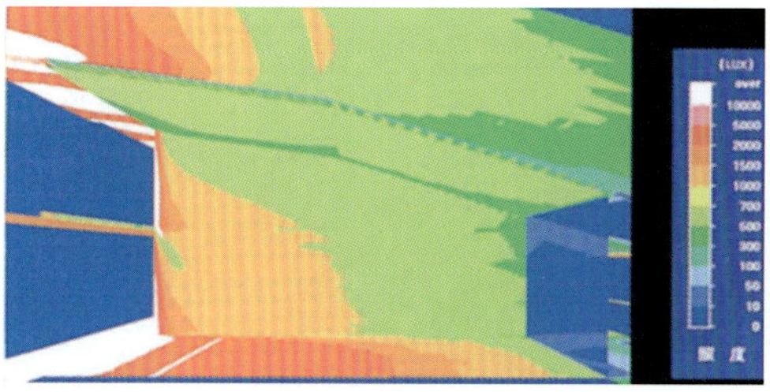

그림 1-4-9 주광에 의한 조도분포(라이트쉘프 있음, 춘분 12:00)

라이트쉘프를 이용해 창가의 직사일광을 막고 교실 안쪽 천장은 밝게 비춰진다.

그림 1-4-10 주광에 의한 조도분포(라이트쉘프 없음, 춘분 12:00)

그림 1-4-11 S초등학교의 수업풍경

인공조명이 필요 없을 정도로 밝은 공간이 되었다.

1-5 병원 · 복지시설의 자연채광

1.5.1 자연채광의 의의와 유의점

병원 건축에서는 진료 · 검사 등을 하는 외래 부문, 병실이 있는 병동 부문, 방사선 · 재활 등의 치료 구역과 수술 부문, 주로 병원 직원이 이용하는 약제 · 검사 · 영양 부문, 사무 · 회계를 보는 사무관리 부문, 의료진이 이용하는 의국과 간호사 부문 등 각기 다른 성격의 공간이 다수 존재한다. 구역이나 공간 용도에 상관없이 위생면과 환자의 쾌적성을 모두 고려하여 주광을 도입하는 것이 바람직하다.

1.5.2 이후부터는 주로 병실을 예로 들어 자연채광에 의해 환자의 쾌적성 향상에 대응한 사례를 나타낸다.

1.5.2 사례 1 : F병원

표 1-5-1에 건물 개요를, 그림 1-5-1에 병실의 평면도를, 그림 1-5-2에 병실의 내부를 나타냈다. 이 사례의 경우는 병실에 광정을 두어 베드사이드와 화장실, 복도에까지 주광을 도입하였다. 베드사이드의 확산부는 작은 슬릿형으로 만들어 바깥 경치를 볼 수는 없지만 실내에 입사된 주광에 의해 계절이나 기후를 느낄 수 있어 환자의 건강 회복을 촉진시키는 효과도 기대할 수 있다(6.3.3 참조).

표 1-5-1 F병원의 건물 개요

건물용도	병원
소재지	야마나시현 후지요시다시
준공년월	2000년 9월
규모	지상 5층, 지하 1층
바닥연면적	약 23,100㎡
자연채광의 목적	에너지 절감 환자의 건강 회복 촉진
자연채광방법 및 관련 설비	광정

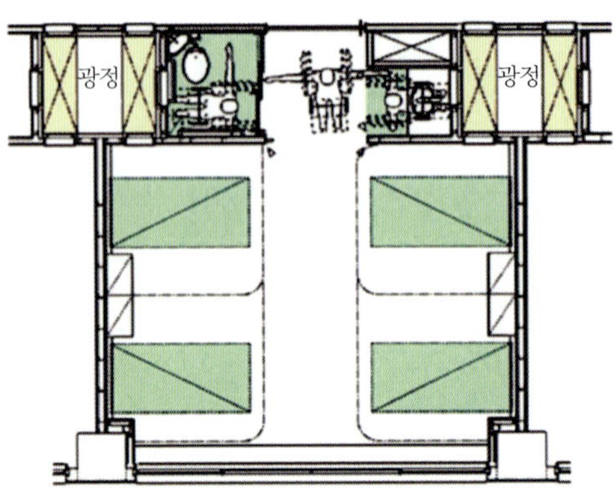

그림 1-5-1 F병원의 평면도
광정으로 들어오는 주광이 베드사이드, 화장실, 복도에까지 이른다.

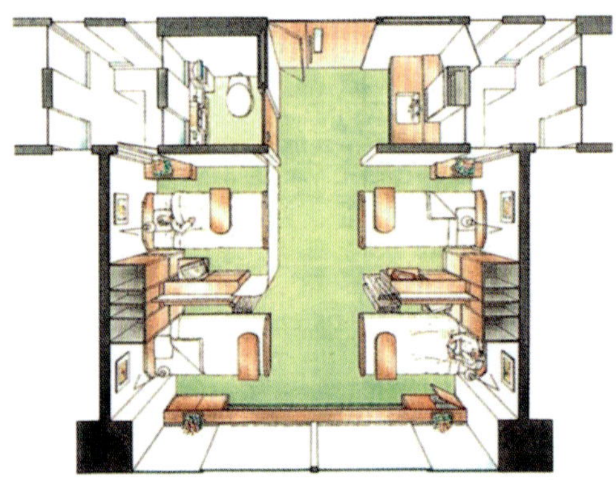

그림 1-5-2 F병원의 병실 내부
베드사이드에 면한 광정에서 주광 도입

1.5.3 사례 2 : A병원

표 1-5-2에 건물 개요를, 그림 1-5-3에 병실의 평면도를, 그림 1-5-4에 병실의 내부를 나타냈다. 병실을 부채꼴로 배치하고 각 베드사이드에 창을 두어 어느 베드사

이드에서나 거의 균질한 광환경을 제공하고 있다. 환자는 다른 사람에게 불편을 주지 않도록 본인 전용 창을 개폐할 수 있으며 바깥 풍경도 즐길 수 있다. 또한 부채꼴로 병실을 배치함으로써 옆 병상과의 거리도 어느 정도 유지되어 병실 내에서 환자가 받는 스트레스를 줄이는 것도 기대할 수 있다.

표 1-5-2 A병원의 건물 개요

건물용도	병원
소재지	아키타현 아키타시
준공년월	1998년 4월
규모	지상 9층
바닥연면적	약 36,900㎡
자연채광의 목적	외부 경관 스트레스 경감 균질한 광환경
자연채광방법 및 관련 설비	환자 본인 전용 창

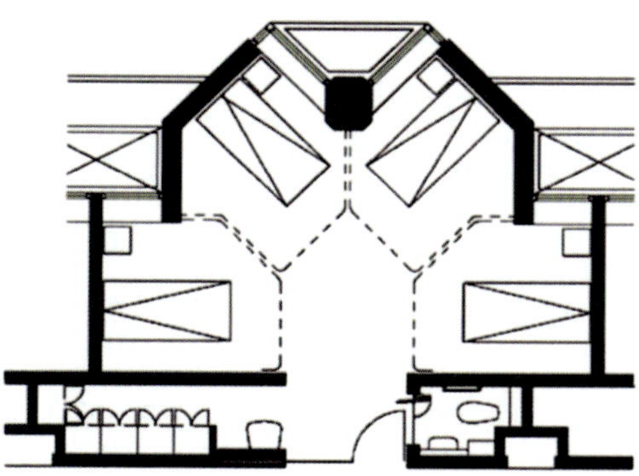

그림 1-5-3 A병원의 평면도

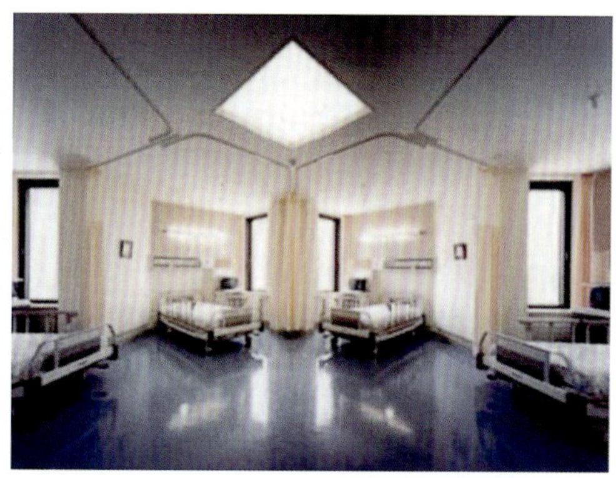

그림 1-5-4 A병원의 병실 내부
부채꼴로 배치하여 각 베드사이드에 창을 확보.
환자는 본인 전용 창을 자유롭게 열고 닫을 수 있다.

1.5.4 사례 3 : K병원

이 병원의 경우는 병실에 광덕트 시스템을 두어 베드사이드와 화장실, 세면소, 복도에도 주광을 도입하였다. 표 1-5-3에 건물 개요를, 그림 1-5-5에 병실의 평면도를, 그림 1-5-6에 광덕트에 의해 자연채광을 하는 병실의 이미지 그림을 나타냈다. 광덕트 시스템 확산부의 유리면에는 간유리가 장착되어 확산된 주광이 도입된다. 베드사이드는 환자와 가족을 위해 주광을 느낄 수 있는 휴식 공간이 되고 있다. 또한 낮에는 화장실과 세면소의 인공조명을 광덕트를 통해 들어오는 주광으로 대체할 수 있어 에너지 절감 효과도 기대할 수 있다.

표 1-5-3 K병원의 건물 개요

건물용도	병원
소재지	아키타현 기타아키타시
준공년월	2009년 7월(예정)
규모	지상 4층
바닥연면적	약 25,500m²
자연채광의 목적	휴식 에너지 절감
자연채광방법 및 관련 설비	광덕트 시스템

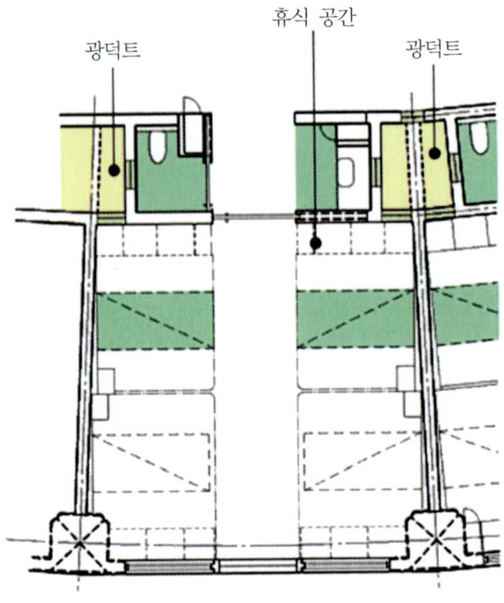

그림 1-5-5 K병원의 평면도
광덕트를 통해 주광이 도입된 공간에서 환자와 가족이 휴식을 취할 수 있다.

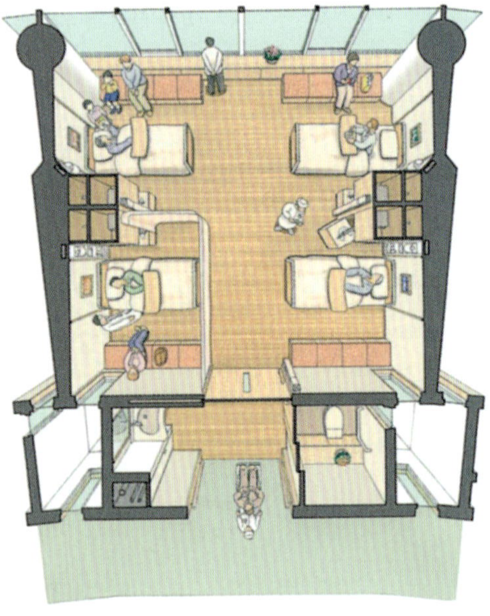

그림 1-5-6 K병원의 광덕트가 있는 병실(이미지)
광덕트를 통해 들어오는 주광은 베드사이드, 화장실, 세면소, 복도까지 이른다.

1.5.5 사례 4 : 개호노인보건시설 K원

(1) 건물 · 시스템 개요

개호노인보건시설 K원은 전원 지대에 세워진 노인보건시설로 1997년에 개설되었다. 입소, 단기입소, 데이케어, 재택 지원 등을 축으로 심신의 불편에 의해 가정생활을 하기 어려운 노인들을 위한 리허빌리테이션, 개호 · 간호를 중심으로 한 케어 등 가정으로 복귀할 수 있도록 도움을 주면서 자립 생활을 할 수 있게 지원하는 시설이다. 이 건물은 병원과 가정의 중간 정도에 해당하는 시설로 일명 '병원 냄새'가 없는 건물을 목표로 하고 있다.

건축적 특징으로는 식당, 레크리에이션 룸, 기능 훈련실에 아치형 막지붕을 두어 주광을 확산광으로 도입하고 있다.

표 1-5-4에 건물 개요를, 그림 1-5-7에 건물 전경을, 그림 1-5-8에 평면도를 나타냈다. 그림 중 노란색으로 표시된 정사각형 부분이 막지붕 공간이다. 엔트런스에 들어서면 복도로 둘러싸인 중앙 부분에 약 10m×10m의 막지붕 공간 3개가 연속된 형태로 되어 있다. 막지붕은 사불화에틸렌 수지코팅막(테프론)(3.3.2(4) b 참조)을 사용했으며

그림 1-5-7 개호노인보건시설 K원의 전경
막지붕에서 확산되어 들어오는 주광에 의해 반야외 공간에 있는 듯한 분위기이다.

표 1-5-4 개호노인보건시설 K원의 건물 개요

건물용도	개호노인보건시설
소재지	구마모토현 야츠시로군
준공년월	1997년 3월
규모	지상 1층
바닥연면적	약 3,850m^2
자연채광의 목적	에너지 절감 실외감
자연채광방법 및 관련 설비	광투과 막지붕

가시방사투과율이 약 11%이다. 현관에서 가장 가까운 기능훈련실을 시작으로 레크리에이션 룸과 식당이 이어지며 이들은 복도 및 복도에 면한 요양실로 둘러싸여 있다. 그림 1-5-9는 기능훈련실 내부이고, 그림 1-5-10은 식당 상부의 모습이다. 식당에는 야간용 펜던트 조명이 설치되어 있다. 또한 기능훈련실과 레크리에이션 룸에는 벽 상부와 막 사이에 형광램프에 의한 간접조명이 설치되어 있다.

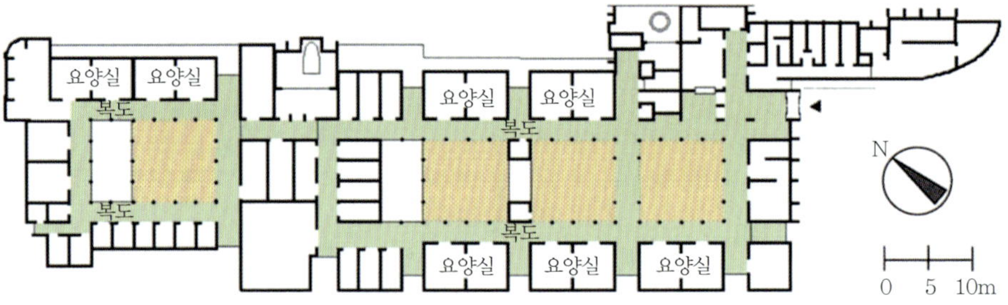

그림 1-5-8 개호노인보건시설 K원의 평면도
노란색으로 표시된 4개의 막지붕 공간을 중심으로 각 방이 배치되어 있다.

그림 1-5-9 기능훈련실
상부가 막지붕으로 되어 있어 외출하기 어려운 고령자도 주광을 즐길 수 있다.

그림 1-5-10 식당 상부의 막지붕
야간용 펜던트 조명이 배치되어 있다.

(2) 시스템 운용상황과 효과

막지붕에서 확산되어 들어온 주광은 양적으로도 충분하여 반야외공간 같은 분위기를 내고 있어 외출을 하기 어려운 고령자들이 손쉽게 주광을 즐길 수 있는 공간이다. 이곳 이용자들은 레크리에이션 룸을 '공원'이라 부르고 있다. 전체적으로 따뜻한 질감의 소재를 사용하고 있어 막을 투과해 들어온 주광과 함께 밝고 즐거운 분위기를 연출하고 있다. 그림 1-5-11은 막지붕 부분의 주위를 둘러싼 복도 사진으로, 막지붕(사진 오른쪽)에서 얻어진 주광으로 밝은 분위기를 만들고 있다. 야간에는 기둥 상부와 천장 사이의 코브 조명을 이용한 간접광으로 조명되고 있다.

그림 1-5-11 복도

사진 오른쪽의 막지붕에서 주광이 입사하여 복도까지 들어온다. 야간에는 기둥 상부에 설치된 판재와 천장 사이의 간접조명으로 조명된다.

1-6 주택의 자연채광

'주택의 자연채광'이라는 말에 위화감을 느끼는 독자도 있을 것으로 생각되어 이 절에서는 '자연채광'이 아닌 '채광', '일조'라는 말을 사용하고, 또한 구체적인 주택 사례를 열거하기도 어려워 이 절에서는 주택에서의 채광 테크닉을 소개하는데 그치기로 하니 이 점 양해해주기 바란다.

1.6.1 채광의 의의와 유의점

2001년 2월 도쿄의 메구로구(目黒区)와 에도가와구(江戸川区)에 사는 주민 200명을 대상으로 실시한 앙케트 조사의 일부를 그림 1-6-1에 나타냈다. 현재의 장소에 살면서 좋지 않다고 생각한 점에 대한 질문으로 '햇볕이 잘 안 든다'가 1위였고, '주변의 시선이 신경 쓰인다'가 2위였다. 즉 주택의 채광 포인트는 '얼마나 빛을 도입하느냐' 또는 '얼마나 프라이버시를 보장받느냐'라는 점이 큰 과제라는 것을 알 수 있다.

여기서 말하는 '햇볕(=일조)'이란 '직사일광의 입사 또는 입사상태'를 가리키는 것으로 볼 수 있는데, 그 외에도 여러 가지 의미가 포함되어 있을 것이다. 햇볕이 잘 들지 않아 낮에도 인공조명이 필요하다거나 겨울철 난방비가 증가하는 물리적인 문제뿐만 아니라 주위가 개방되어 있지 않기 때문에 압박감을 느끼거나 남쪽으로 이웃집이 바로 붙어 있어 심리적으로 불편한 문제도 있을 것이다.

낮에 실외에서 빛이 들어오는 것을 '채광'이라 하며, 북쪽 창에서 들어오는 천공광(하늘로부터 얻는 빛)을 도입하는 것도 채광에 포함된다. 하지만 '일조'는 태양에서 직접 비치는 빛(=직사일광)으로, 북쪽 개구부에서는 거의 얻을 수 없다. 직사일광을 기피하는 방을 제외하고, 대부분의 방들은 남쪽에서 들어오는 '일조'를 받을 수 있도록 남쪽에 배치하는 것이 일반적이다.

하지만 도심에 있는 많은 고층 집합주택이나 삼면이 이웃집으로 둘러싸인 주택의 경우는 남쪽에서 들어오는 일조를 기대하기 어렵다. 부지 조건을 무시하고 정석대로 남쪽에 방을 배치한다 해도 일조를 얻을 수 없을 뿐만 아니라 채광도 어려워진다. 표 1-6-1에 주택의 '채광'을 고려하는 데 있어서 유의해야 할 점을 정리하였다.

현재 도시형 주거에 있어서 광환경은 부지조건에서 볼 때 매우 열악한 편이다. 하지만 주거에 있어서 '빛'은 기본적인 환경 요소 중 하나이며, 단순히 법규제에 의한 '채광'(건축기준법의 채광 규정 등)이 만족되었다고 해서 충분하다고 말할 수는 없다. 조건이 열악하다고 해서 낮부터 인공조명에 의지하지 않으면 생활을 할 수 없는 경우가 생겨서는 안 된다. 주택, 더욱이 협소한 부지 등의 열악한 조건일수록 설계상 연구가 중요하다. 어떻게 빛을 집광해서 어떻게 빛을 도입할 것인가, 이에 대한 연구를 다음에 소개한다.

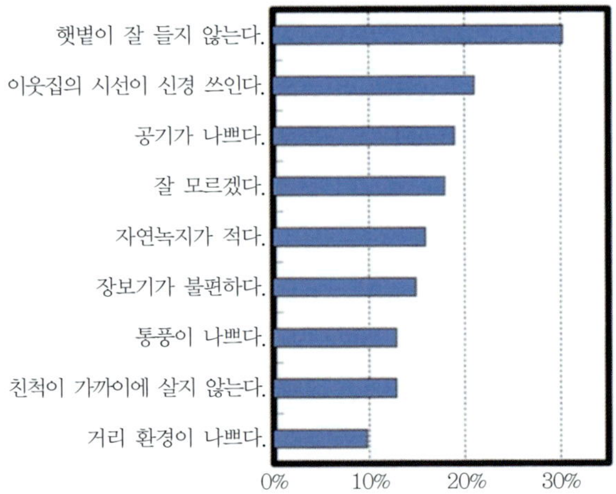

그림 1-6-1 현재의 거주환경에 대한 불만(스미토모 임업조사에서)

현재 살고 있는 곳에서 가장 불만이라고 생각하는 점을 앙케트 조사한 결과 햇볕과 프라이버시에 관한 것이 많았다.

표 1-6-1 채광을 고려할 때 유의해야 할 점

체크포인트	내 용
부지조건	면적, 건축조건, 고저차
햇볕	아침, 점심, 저녁 중 언제 드는가?
접도	동서남북, 도로폭, 교통량
개구부 위치	동서남북 연직면, 천장면
프라이버시 조망	시선이 어느 쪽에서 오는가?
	보고 싶은 풍경이 있는가?
	보고 싶지 않은 풍경이 있는가?
기타	가로등, 네온은?
	소음은?
	공기오염은?

1.6.2 주동 및 실의 배치

(1) 중정

부지의 맨 안쪽에 배치할 수밖에 없는 방이나 계단, 복도 등은 채광을 하기 어렵다. 그럴 경우 중정을 두게 되면 빛을 도입함과 동시에 공간에 변화를 줄 수 있다(그림 1-6-2).

그림 1-6-2 중정에 의한 채광

중정으로부터 들어오는 채광은 부지 안쪽에 있는 곳까지 들어온다.

(2) 주요실의 상층 배치

주위가 저층주택으로 둘러싸인 협소한 부지에서는 하층에서의 일조는 좋지 않지만 상층이라면 일조를 얻을 수 있는 경우도 있다. 거실이라도 일조를 얻겠다고 해서 주요실을 상층에 두는 계획도 있다. 주요실을 상층에 배치하면 일조 확보 외에 프라이버시도 확보된다. 하지만 방범이나 가사일 등의 면에서 보면 좋지 않은 점도 있으므로 설계할 때 충분한 주의가 필요하다.

1.6.3 창의 위치

(1) 북측 채광

도시형 주거의 악조건 하에서는 북측에 있는 개구부도 빛을 도입하기에 충분히 훌륭한 곳이다. 또한 지면으로부터의 반사광도 꽤 밝기 때문에 어느 정도의 밝기를 기대할 수 있다.

(2) 톱라이트 · 하이사이드라이트(3.2.1 참조)

사방이 이웃집으로 둘러싸여 있다 해도 상공은 어느 정도 개방되어 있기 때문에 톱라이트(천창)나 하이사이드라이트(정측창)로 빛을 도입할 수 있다. 톱라이트는 채광규정에서 측창의 3배로 환산되는데, 여름철에는 많은 일사가 유입되기 때문에 롤스크린(3.2.3(2)c 참조)을 설치하는 등 일사 차폐에 대한 배려가 필요하다. 빗물이 들어오는 것을 막거나 메인터넌스 면에서는 하이사이드라이트가 바람직하다(그림 1-6-3, 1-6-4, 1-6-5).

(3) 오픈 스페이스

부지가 협소할 경우 하층에서는 충분한 채광을 기대할 수 없다. 하지만 상층은 톱라이트, 하이사이드라이트를 두면 꽤 많은 일조를 기대할 수 있다. 이렇게 상층에 도입된 빛을 아래층으로 유도하기 위한 방법으로 오픈 스페이스 이용이 있다. 계단 스페이스를 연속시켜 벽의 반사에 의해 빛을 맨 아래층까지 유도하는 것도 가능하다. 계단의 구조나 재료를 고려하면 오픈 스페이스와 같은 효과도 기대할 수 있다(그림 1-6-6, 1-6-7).

그림 1-6-3 하이사이드라이트에 의한 채광
주변이 집으로 둘러싸여 있어도 위쪽에서 채광을 확보할 수 있다.

그림 1-6-4 톱라이트

경치는 볼 수 없지만 측창에 비해 3배의 채광효과가 있다.

그림 1-6-5 하이사이드라이트

비막음, 메인터넌스 면에서 톱라이트보다 실용적이다.

그림 1-6-6 오픈 스페이스나 계단에 의한 채광

오픈 스페이스나 계단 스페이스에서의 반사에 의해 상층에 도입된 빛을 하층까지 보낼 수 있다.

그림 1-6-7 나선형 계단

계단 바닥판을 없앰으로써 상층에 도입된 빛이 하층까지 들어온다.

1.6.4 가시광 투과성 재료의 이용

주변이 집들로 둘러싸인 주택의 경우 빛을 외부에서 직접 도입할 수 있는 방은 제한적이며 복도나 현관홀 같은 곳은 아무래도 어둡다. 유리블록(3.3.2(4)a 참조), 격자, 폴리카보네이트(3.4.2(9) 참조), FRP(3.3.2(4)d 참조) 등 가시방사(可視放射)를 투과하는 재료를 벽면에 사용함으로써 빛을 도입하고, 칸막이로도 사용함으로써 방 안쪽까지 빛을 유도할 수 있다.

(1) 벽면

벽면에 유리블록을 사용한 예는 자주 볼 수 있다(그림 1-6-8). 충분한 강도가 있다면 내력벽으로도 사용 할 수도 있기 때문에 창보다 큰 면적으로 할 수 있다. 가시방사투과율이 낮더라도 면적을 크게 함으로써 충분한 채광량을 확보할 수 있으며 실내의 밝기를 비교적 고르게 할 수 있다. 어디까지나 벽이기 때문에 투시성은 중시하지 않는다. 확산성 재료를 사용하면 벽 바로 가까이에 이웃집이 있는 경우라도 시선을 신경 쓰지 않아도 된다.

서양에서는 2장의 유리 사이에 가시방사투과성이 있는 단열재를 끼운 것이 있다. 그림 1-6-9에 나타낸 예는 ㄷ자형 단면을 가진 유리를 2매 조합하여 사각 중공층을 만들고 중공층에 가시방사를 투과하는 단열재(투명하고 가는 빨대를 쌓아놓은 것 같은 것)을 삽입했다. 단열재와 조합시킴으로써 열적 성능도 어느 정도 확보할 수 있고 채광도 충분히 할 수 있게 된다.

그림 1-6-8 유리블록

가시방사투과율은 낮지만 면적을 크게 하여 채광량을 확보. 채광면적이 크기 때문에 실내의 밝기가 비교적 고른 편이다.

그림 1-6-9 채광벽에 의한 자연채광

외부의 시선은 차단하고 넓은 면적으로 채광량을 확보한다.

(2) 칸막이

집합주택처럼 폭이 좁고 실깊이가 긴 주택은 충분한 채광량을 얻을 수 없어 낮에도 인공조명을 필요로 하는 공간이 생긴다. 칸막이에 가시방사투과성 재료를 사용함으로써 인접 공간에 도입된 빛을 안쪽 공간까지 유도할 수 있다(그림 1-6-10).

(3) 바닥재

협소한 부지에서는 오픈 스페이스를 두면 바닥면적을 확보할 수 없다. FRP제 격자 등 충분한 강도와 가시방사투과성이 있는 재료를 바닥재로 사용함으로써 바닥면적을 희생하지 않고도 채광을 확보할 수 있다(그림 1-6-11).

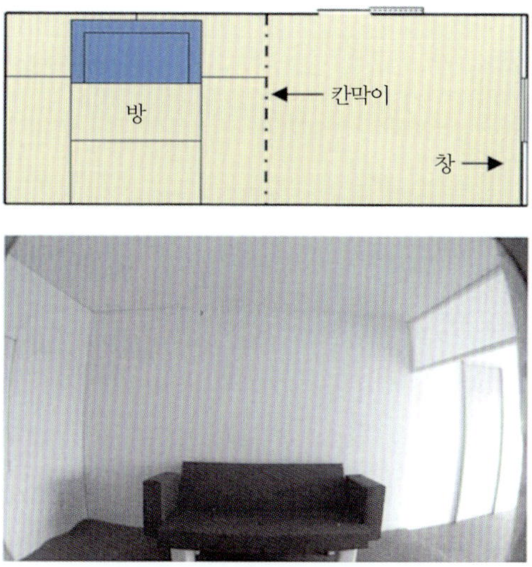

그림 1-6-10 간접광에 의한 주광 도입

투과성 칸막이를 통해 인접실의 주광을 간접적으로 이용한다.

그림 1-6-11 오픈 스페이스+FRP제 격자

충분한 강도를 가진 가시방사투과성 재료를 바닥재로 사용함으로써 오픈 스페이스와 동등한 효과를 기대할 수 있다.

참고문헌

1) 日本照明器具工業会：照明器具リニューアルのおすすめ，p.3，2005
2) 空気調和・衛生工学会：空気調和衛生工学，Vol.79，No.10，pp.71-76，2005
3) 上田佳代，井上隆，柳原隆司，岩淵邦彦，吉牟田圭一：窓システムおよび人工照明の制御に関する研究 その4 照明制御方式，制御範囲の及ぼす影響，日本建築学会大会学術講演梗概集 D-2，pp.45-46，1995
4) Iwata,T., Tokura,M., Shukuya,M. and Kimura,K.: Experimental study on discomfort glare caused by Windows- Part 3. Development of a method for evaluating discomfort glare from a large light source-, Journal of Architecture, Planning and Environmental Engineering, Transaction of Architectural Institute of Japan, No.489, pp.17-25, 1996
5) 登石久美子：博物館・美術館の昼光照明計画，照明学会誌，Vol.83，No.12，pp.895-900，1999
6) Kunsthaus Bregenz : http://www.kunsthaus-bregenz.at/index.htm
7) 文部省，通商産業省：パンフレット「環境に考慮した学校施設の整備推進～環境にやさしい学校施設～」，1997

제 2 장 자연채광 가이드맵

이 장에서는 자연채광 디자인을 하는데 있어서 파악해 두어야 할 포인트를 전체적으로 짚어보겠다. 실제로 이루어지고 있는 자연채광 디자인 프로세스의 예, 자연채광을 계획하는 경우에 특히 주의해야 할 점 등에 대해 설명해 나가겠다.

2-1 자연채광을 계획한다는 것

2.1.1 자연채광 디자인이란

자연채광 디자인이란 단순한 채광계획(빛의 양에 대한 계획)이 아니라 주광에 의한 실내 광환경의 디자인(빛의 양 및 질의 시각적인 쾌적성과 의장성을 포함한 디자인)이다. 주광을 최대한 많이 도입하는 것뿐만 아니라 건축의 용도나 요구되는 실내 환경을 모두 포함하여 유리, 블라인드, 라이트쉘프, 라이트덕트 등을 이용해 주광의 도입범위, 도입량, 도입되는 주광의 색온도나 변동 등을 제어하고 거기에 인공조명 제어까지 포함하여 조명 전체의 시스템 구성을 디자인해야 한다.

2.1.2 자연채광의 목적

자연채광 디자인은 실내의 광환경을 디자인하는 것인데, 실내의 광환경은 인공조명에만 의존해도 디자인할 수 있다. 그러면 왜 자연채광 디자인이 필요한 것일까? 머리말에서도 언급했듯이 지구환경 보전과 적극적인 쾌적성 향상 등이 건축 컨셉에 포함되지만 그것이 그대로 자연채광의 목적이 되는 것은 아니다. 자연채광은 이들 컨셉의 일부를 실현하기 위한 수단이 될 수는 있겠지만 모두 만족시킬 수는 없다. 우선 자연채광이 필요한지의 여부를 신중하게 검토하는 것부터 시작되어야 할 것이다. 왜냐하면 자연채광의 필요성을 검토하는 것은 자연채광의 목적을 고려하는 데 있어서도 중요하기 때문이다.

자연채광에 의해 얻을 수 있는 효과는 크게 2가지로 나눌 수 있다. 하나는 인공조명용 에너지 소비량을 줄인다는 물리적인 효과이고, 다른 하나는 재실자의 쾌적성 향상이라는 심리·생리적인 효과이다. 전자는 채광계획에 가까운 것이지만 과도한 주광 도입은 실내의 냉방용 에너지를 증가시키는 결과를 초래하므로 온열환경과 조화를 이루는 것이 과제가 된다. 후자는 광환경 디자인으로 어떤 광환경을 만드느냐가 중요하다. 에너지 소비량을 삭감하는 것만이 주목적이라면 재실자에게 받아들여지지 않을 수도 있고, 쾌적성만 추구한다면 에너지소비량을 증대시키기 때문에 공공성 있는 건축물에서는 허용하지 않을 것이므로 둘 다를 고려하여 디자인하는 것이 바람직하다. 어떤 효과를 달성하려는지 어떤 광환경을 실현하려는지가 자연채광의 목적이 된다.

자연채광은 실제 광원(태양과 하늘)이 건물 외부에 있기 때문에 어떤 방법으로든 외부에서 광원을 도입하여 실내로 들여올 필요가 있다. 자연채광의 목적에 따라 ① 어떻게 주광을 도입하여(채광) ② 어떻게 실내까지 유도하고(전송) ③ 실내에 어떻게 빛을 방출(확산)할 것인지가 다르다. 또한 어떤 목적, 시스템 구성이냐에 따라 필요한 검증과 커미셔닝 방법 등도 다르며 이들은 운용이나 피드백을 포함한 전체 계획과도 관련된다.

2.1.3 자연채광 디자인을 구성하는 3부위

건축 내부에 주광을 도입했더라도 그 주광이 실내에 방출되는 부분(확산부)을 인공조명의 조명기구(램프 포함)로 여기면 자연채광 계획과 인공조명 계획은 같은 것으로 취급할 수 있다. 즉 자연채광의 확산부(건물 내부에 도입된 주광이 실내에서 방출되는 부분)를 인공조명의 조명기구로 여기고, 램프나 조명기구를 선택하여 배치하는 것처럼 확산부를 선택하여 배치하는 것으로 생각할 수 있다. 하지만 자연채광의 실제 광원(태양 및 하늘)은 건물 외부에 있고 주광을 도입하는 부분(채광부)과 채광부에서 확산부까지 주광을 유도하는 부분(전송부)이 필요하다. 인공조명과 달리 자연채광은 광원에서 나오는 빛의 양과 질이 일정하지 않다. 이러한 채광부·전송부·확산부의 구성에 따라 주광의 양과 질의 제어가 어느 정도 가능해진다. 다시 말하면 요구되는 자연채광의 효과를 달성하기 위해 채광부 · 전송부 · 확산부의 구성을 정해나가는 것이 자연채광 디자인이다.

예를 들어 광덕트 시스템의 경우 옥상이나 외벽 등에 설치된 채광부, 천장속이나 벽면 등을 관통하는 전송부, 실내 천장이나 벽면에 설치된 확산부와 명확한 구분을 할 수 있다. 각 부위에는 그 목적에 맞는 구성재와 장치를 계획할 수 있으며 주광을 제어하기 쉽다. 하지만 전송부가 길어지면 채광부에서 도입한 주광이 확산부에 도달하기도 전에 감쇠될 확률이 커진다. 변동이나 분광분포가 변하는 경우도 있어 밝기나 광색의 변동까지 포함한 주광다움은 느끼기 어렵게 된다.

한편 창의 경우는 채광부 · 전송부 · 확산부가 일체화되어 있다. 창에 의한 자연채광의 경우, 차양 등 실외 장치로 주광이 창에 도달하기 전에 제어하거나 또는 유리나 블라인드 등 창에 부대되는 장치로 실내에 도달하는 주광을 제어하는 방법이 고려된다. 또한 창에는 조망이나 기후 · 시각 등 외부환경의 정보를 제공하고, 환기 · 통풍, 외관이나 내관의 디자인 등 자연채광 이외의 기능도 많아 이들을 잘 조화시키는 것도 필요하다.

또한 여기서는 장치를 조합시킨 것은 시스템이라 부르겠다. 즉 유리라는 장치와 블라인드라는 장치를 조합시킨 경우도 하나의 시스템으로 취급하며, 장치를 조합시킨 시스템 구성 및 그 제어를 포함한 시스템 전체의 구축을 자연채광 디자인으로 한다. 그리고 창과 창에 부대되는 장치만을 조합시킨 경우를 창시스템이라 부르기로 한다.

2.1.4 건축 디자인 내의 자연채광 디자인

자연채광 디자인은 주광에 의한 건축공간 내의 광환경 디자인이며 건축물 전체 디자인의 일부이다. 따라서 건축 디자인 내에서 자연채광 디자인을 어떻게 위치시키느냐도 중요해진다. 예를 들어 아트리움처럼 건축 전체의 인상에 영향을 미치는 대공간의 자연채광 디자인은 의장 디자인과 함께 건축 디자인의 상위에 위치되며, 구조 디자인보다 우선되는 경우도 많은데 고층 건축의 사무소 공간에서는 구조디자인과 설비시스템이 우선되며 자연채광 디자인은 하위에 위치되는 경우도 많다. 주광에 의한 생리 · 심리적 효과나 주광다움을 살리려는 공간에서는 의장 디자인보다 자연채광 디자인을 우선하는 경우도 있다. 주택의 경우는 자연채광(채광)과 자연통풍 중 어느 것을 우선

하느냐에 따라 창의 위치가 달라지는 경우도 있으며 단열을 중시하여 창의 면적이나 수를 제어하는 경우도 있다.

이 책은 자연채광 디자인을 위한 책이기 때문에 자연채광 디자인을 중심으로 구성되어 있지만 건축디자인에 의한 제한 속에서 적극적으로 자연채광 디자인을 하기 위한 가이드로 활용하기 바란다.

2-2 자연채광 계획 및 설계 프로세스

2.2.1 설계의 흐름

주광은 자연 에너지이며 사람의 시각 특성에도 맞는 우수한 광원이지만 실내 조명 광원으로 이용하기 위해서는 기후 · 장소 · 계절 · 시각 · 주변 상황 등에 따라 빛의 양 · 분광분포 · 입사방향 · 확산 정도가 크게 변동되며, 빛(가시방사)뿐만 아니라 많은 열(적외방사)과 자외선도 포함하고 있는 에너지라는 것을 충분히 고려할 필요가 있다. 또한 최근에는 시공에서 운용, 나아가서는 해체까지 이르는 라이프사이클에서의 환경부하 삭감, 외관뿐만 아니라 폐열 · 배기를 포함한 폐기물 등 주변 환경에 미치는 영향을 고려하는 것도 중요해졌다.

건축물의 설계는 크게 의장, 구조, 설비의 3가지로 구분되며 서로 밀접한 관련을 가진다. 의장 설계에서 기본적인 건축 디자인(단순한 의장 디자인이 아닌 건축 컨셉, 공간계획을 포함한 전체 디자인)이 이루어지고, 그 디자인을 구체화하기 위한 구조설계, 설비설계가 이루어진다. 자연채광 디자인은 이러한 모든 설계와 관련이 있다. 채광부는 건축의 외관을 크게 바꿀 뿐만 아니라 컴퓨터에 의한 제어가 필요한 경우에는 전기 · 통신 시스템과도 관련된다. 전송부는 공간 구성뿐만 아니라 구조나 설비 · 배관에도 크게 관여한다. 확산부는 건축의 내관뿐만 아니라 병용 조명시 인공조명 제어와 밀접한 관련이 있다. 또한 일사열 유입이나 인공조명 사용에 의한 열 부하는 공조 시스템과도 관련이 있다. 따라서 보다 나은 자연채광 디자인을 하기 위해서는 의장 · 구조 · 설비의 상호 의사소통이 반드시 필요하다고 할 수 있다.

자연채광 디자인의 기본적인 순서를 그림 2-2-1에 예로 들어본다. 시간순서로 보면 조사 · 기본계획 단계, 설계 단계, 시공 단계, 평가 · 운용 단계, 피드백 단계의 다섯 단계로 나뉜다. 실제 디자인에서는 건물의 용도 · 규모, 클라이언트 · 설계자의 의향 등에 따라 각 단계 내의 순서, 항목, 관계자 등이 변화되고 다양해진다. 이 그림은 하나의 플로트타입으로 보기 바란다. 흐름도 각 부분에서 중요하다고 고려되는 사항이나 관련된 항목, 순서 · 관계자의 변경에 따른 주의점 등을 틀 안에 기재했다. 또한 이 흐름도에서는 의장설계 · 구조설계 · 설비설계의 3가지로 설계를 진행하는 것을 전제로 하고 있는데, 설계자가 1명이거나 또는 조명설계 컨설턴트나 전문가가 참가하는 경우도 있다. 이 흐름도에서는 코스트에 대해서는 상세하게 다루지 않았지만 사업계획상 어느 단계에서나 중요한 항목이며 이를 바탕으로 설계 수정이 이루어지는 경우도 많다.

조사 · 기본계획 단계에서는 건물의 용도나 사용자의 요구 등에 따라 자연채광의 필요성 · 목적이 검토되며, 부지 · 주변 환경 등에서 자연채광의 가능성이 검토된다. 또한 공간의 용도나 코스트 등에 따라 어떤 자연채광을 할 것인지 작성된다. 건물 전체의 컨셉 내에서 자연채광의 위치도 중요해진다.

설계 단계에서는 조사 · 기본계획 단계에서 작성된 컨셉을 바탕으로 자연채광의 목적에 맞는 자연채광 방법, 즉 채광부 · 전송부 · 확산부의 사양 · 제어방법, 인공조명의 병용방법을 구체화해나간다. 모형실험이나 수치 시뮬레이션 등에 의해 자연채광 시스템 전체의 정성적인 이미지를 각부의 성능으로 정량화하고 각부의 구체적인 사양을 검토하며 또한 의장 · 구조 · 설비와의 취합을 포함한 검토를 하여 도면에 기입한다. 건물 구체나 공간 구성과 관련된 수정은 건축 전체의 계획과 관련되기 때문에 기본설계 또는 설계 초기단계에서 결정하는 것이 바람직하다. 또한 설계 후기에는 운용방법에 관한 검토도 시작되어야 한다.

시공 단계에서는 상세한 사양을 바탕으로 하여 구체적인 검토를 하며 실제 각부의 장치 · 소재를 시스템으로 조립해나간다. 이때 각 장치의 지지 · 설치 방법, 소재의 내구성 · 내후성 등을 검토하는 것도 중요하다. 클라이언트에게 건물을 인도하기 전에는 시험 · 조정을 하여 자연채광의 목적이 달성되었는지 실증함과 동시에 메인터넌스를 포함한 운용방법을 결정하여 자연채광 시스템을 구축한다.

건축물은 준공 후에도 최적의 운용이 필요하며 이후의 팔로업도 중요하다. 자연채광의 목적과 그 당시의 경제사회 상황 · 유행 등에 따라 최적의 운용방법이 다르기 때문에 가능한 경우는 POE(Post-Occupancy Evaluation : 건물 입주 후 평가) 등의 사후평가를 실시하여 이 건물 및 다음 설계에 피드백한다. 최근에는 BEMS(Building

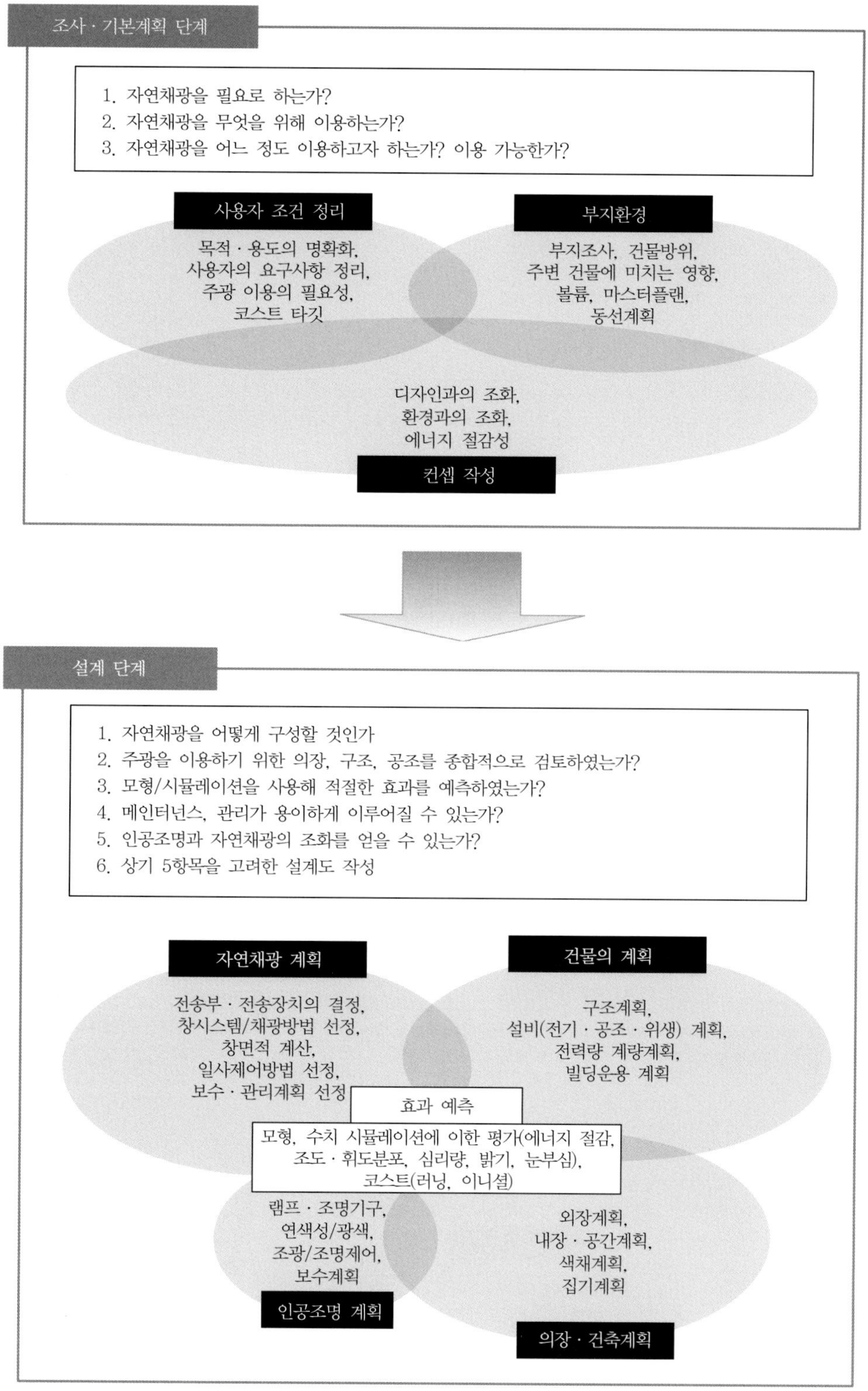

그림 2-2-1(1) 자연채광 디자인 흐름도

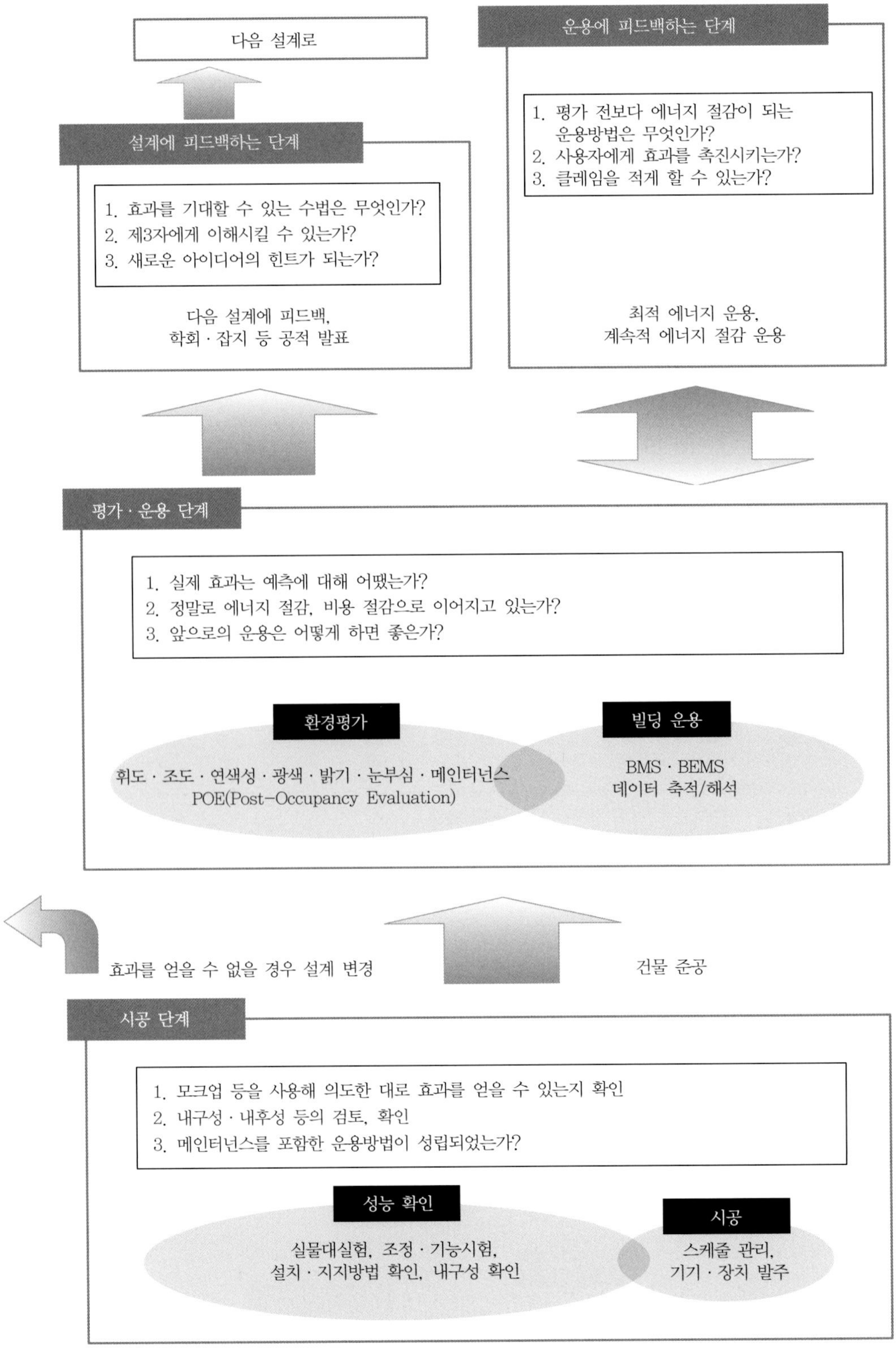

그림 2-2-1(2) 자연채광 디자인 흐름도

Energy Management System : 빌딩 · 에너지 관리시스템)으로 전력량 등의 에너지 관리를 용이하게 할 수 있게 되어 밝기 센서를 사용한 인공조명의 감광분을 기록할 수 있는 조명제어 · 관리시스템을 사용해 최적의 운용을 위한 보조 역할을 할 수 있다. 이후에 나오는 그림 2-2-1의 흐름도에 따라 해설해 나가기로 한다.

2.2.2 조사 · 기본설계 단계

(1) 사용자 조건 정리

우선 자연채광이 필요한지 여부부터 검토한다. 공간에 따라서는 주광을 배제해야 하는 경우도 있지만 건물 내의 다른 공간에서는 주광을 필요로 하는 경우도 있다. 예를 들면 병원의 수술실이나 X선 촬영실 등은 주광을 필요로 하지 않지만 병실이나 대합실 등은 충분한 주광을 필요로 한다.

2.1.2에서도 설명했듯이 자연채광의 효과에는 인공조명용 에너지 소비량 삭감과 재실자의 쾌적성 향상의 두 가지가 있으며, 또한 쾌적성 향상 중에는 변동 등 시작업에 영향을 미치는 요소는 가급적 채용하지 않고 안정된 광환경을 지향하는 경우와 변동 등의 불안정한 요소를 주광다움으로 파악하여 적극적으로 도입하는 동적인 광환경을 지향하는 두 경우를 고려할 수 있다. 이는 공간의 용도나 건물의 성질, 이용자의 요구 등으로 검토한다. 한 건물에서도 공간의 용도에 따라 요구되는 용건이 다르기 때문에 엔트런스는 적극적으로 변동을 받아들여 주광을 이용해 자연스러운 분위기를 연출하지만 집무공간은 에너지를 중시하는 등 내부공간에 표정을 갖게 하는 효과도 기대할 수 있다. 또한 코스트도 중요한 요소가 될 것이다.

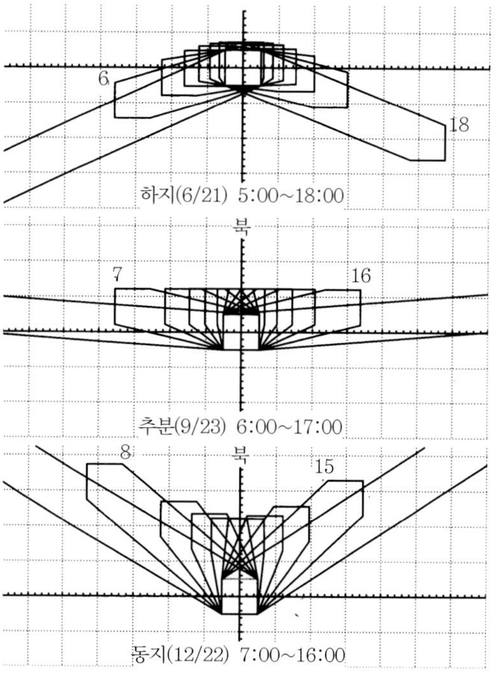

그림 2-2-2 입방체 일영도의 예(츠쿠바시 : 일본표준시를 기준으로 한 위치를 나타냄)

동지에는 건물 높이의 몇 배에 이르는 그림자가 만들어진다.

(2) 부지 · 주변 환경 확인

부지나 주변환경을 조사하여 어느 정도의 자연채광이 가능한지, 어떤 방법이 자연채광을 가능하게 하는지 등 자연채광의 가능성을 검토할 수 있다. 어느 방향으로 개방되어 있는지, 부지 내에서의 건물 위치 등으로 어떤 주광을 받아들일 수 있는지가 검토된다. 동쪽에서 주광을 받아들일 경우 오전 중에는 직사일광을 이용할 수 있지만 오후에는 천공광만을 받아들이게 된다. 사무소 건축의 경우 집무시간은 일반적으로 오후가 길기 때문에 비교적 안정된 광환경을 얻을 수 있다는 것도 생각해 볼 수 있다. 부지 주변의 건물 등이 계절이나 시간에 따라 어떻게 그림자를 만드는지, 건설중인 건물이 주변에 어떤 그림자를 만드는지에 대해 일영도 등을 이용해 파악함으로써 대상 건물에서 직사일광을 이용할 수 있는 위치와 시간을 알 수 있다. 그림 2-2-2에 일영도의 예를 나타낸다. 또한 그림 2-2-3에는 태양의 이동을 나타냈다. 주위가 개방되어 있지 않더라도 광덕트 시스템이나 광정 등을 이용해 건물 상부에서 주광을 얻는 방법도 고려된다. 이러한 방법을 채용할 경우는 건축의 규모나 공간 동선 등도 고려할 필요가 있다.

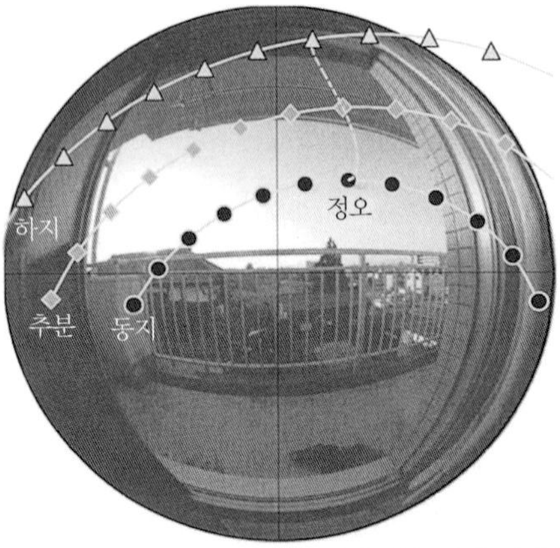

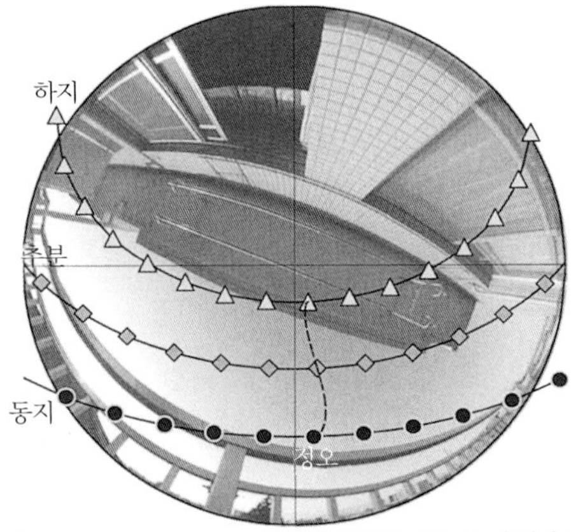

그림 2-2-3 태양 이동의 예(츠쿠바시 : 일본표준시를 기준으로 한 위치를 나타냄)
하지에는 차양으로 태양이 보이지 않게 된다.

(3) 컨셉 작성

위에서 말한 두 항목을 고려하여 컨셉을 작성한다. 설계자 측에서 시공주나 사용자에게 자연채광을 제안하는 경우는 부지 · 주변환경의 조사 결과를 바탕으로 자연채광의 효과를 컨셉으로 나타내는 것도 고려해 볼 수 있다. 에너지 삭감을 중시하는 경우라면 어느 정도의 효과가 있는지 나타내는 것이 효과적일 것이다. 건축 전체의 컨셉 중에서 자연채광이 어떤 역할을 하는지 등도 알기 쉽게 해두면 시공주나 사용자가 쉽게 이해할 수 있다. 또한 의장 디자인, 주변 환경과의 조화, 지구환경에 대한 배려 등도 고려하는 것이 좋다.

2.2.3 설계 단계

(1) 자연채광 계획

자연채광의 목적을 달성하기 위한 자연채광 시스템을 설계한다. 구체적으로는 채광부 · 전송부 · 확산부의 사양을 결정하고, 제어를 포함한 전체 시스템을 구축한다. 자연채광 구성요소의 상세한 내용은 제3장에서 설명하겠다.

창처럼 채광부와 확산부가 일체화되고 전송부를 갖지 않는 경우는 광원(태양, 하늘, 지물 등)이 보이기 때문에 주광이라는 것을 쉽게 인식할 수 있다. 차양이나 블라인드 등을 이용해 직사일광을 차폐하는 것은 가능하지만 주광의 변동을 제어하기는 어렵다. 또한 외부 환경의 정보원이기도 하기 때문에 극단적으로 분광분포를 변질시키는 것도

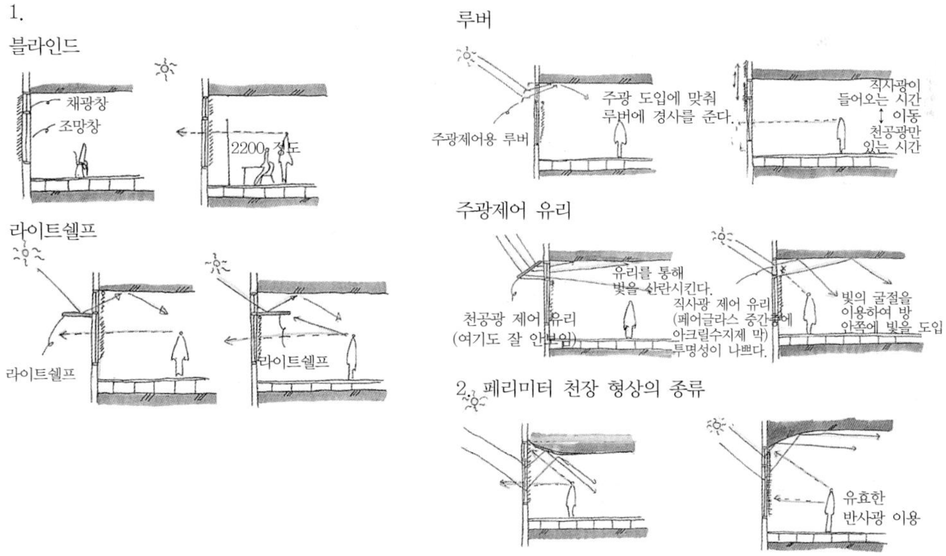

그림 2-2-4 다양한 자연채광의 이미지 스케치 예

기본계획 또는 설계단계에서는 여러 가지 이미지를 그려 설계자간의 이해를 깊이 하고 클라이언트에게 제안을 하게 된다.

바람직하지 않다. 주광다움을 느끼게 하기 위해서는 유효하지만 직사일광의 입사 같은 큰 변동은 작업공간에서 받아들여지지 않는다. 그림 2-2-4에 나타낸 이미지 스케치를 이용해 설계자 간에, 그리고 설계자와 시공주 간에 이미지를 공유하는 것도 중요하다.

한편 채광부는 확산부가 떨어져 있는 경우는 광원이 보이지 않기 때문에 주광이라는 것을 의식하기 어렵다. 확산부에 인공조명을 도입하여 정밀한 제어에 의해 변동을 최대한 억제하고 주광인지 인공광인지를 의식케 하지 않는 방법도 있다. 장치에 대한 상세한 내용은 제3장을 참조하기 바란다.

(2) 건물의 계획

자연채광 시스템은 건물 내외를 관통하기 때문에 채광부와 확산부가 떨어져 있는 경우에는 전송부와 구조계획 및 설비계획과의 취합에 대해 충분한 검토가 필요한 경우도 있다. 또한 주광과 함께 유입되는 일사열을 어떻게 처리할 것인지 등은 설비계획, 운용계획과의 관련도 크다.

건물의 이산화탄소 배출량의 대부분은 사용 · 운용시의 에너지 소비에 의한다. 건물의 환경 부하를 고려할 경우 운용은 앞으로 더욱 중요해진다. 자연채광 시스템의 제어 · 운용에 센서 등을 이용하는 경우 센서의 설치위치, 데이터 통신방법 · 통신경로, 증설을 고려했을 때의 제어장치 캐퍼시티 등도 설계 단계에서 충분히 검토해 두어야 한다. 특히 조도 센서의 설치 위치는 제어 정도를 좌우하기 때문에 준공 후 증설이나 설치 위치 변경이 가능한지 여부도 검토해 두는 것이 좋다.

(3) 인공조명 계획

주간의 인공조명이 자연채광을 보완하는 것이라면 자연채광 시스템의 효과를 예측한 후에 인공조명 계획을 할 필요가 있다. 광원의 분광분포 · 색온도는 주광과 조화되도록 하는 것이 통일감 있는 공간이 된다. 주광의 양이나 분포에 따라 인공조명의 배치와 제어방법을 검토하여 주광에 인공광을 보완함으로써 요구되는 광환경을 형성할 수 있도록 계획한다. 최근의 오피스 건물을 보면 수평면조도의 변동을 제어하기 위해 주광의 밝기와 연동하여 인공조명의 출력을 제어하는 시스템이 널리 채용되고 있는데, 어떤 밝기와 빛의 분포로 할 것인지는 미리 검토해 두어야 할 것이다.

야간은 자연채광을 이용할 수 없기 때문에 인공조명만으로 광환경을 형성하게 되는데, 주간에서 야간으로의 변화가 부자연스럽지 않은 광환경으로 할 것인지, 완전히 다른 광환경으로 할 것인지에 대해 건물과 공간의 용도에 따라 계획하여야 할 것이다.

자연채광의 확산부와 인공조명기구를 일체화하여 주광과 인공광을 합쳐 일정 광량을 내는 계획으로 하면 창에서 떨어진 방 안쪽에서는 주간과 야간의 위화감이 없어진다. 창이 큰 공간에서는 주광의 변화에 따라 인공광도 변화시킴으로써 재실자의 심리 · 생리에 좋은 영향을 미치고 조명용 에너지 삭감으로 이어질 가능성도 있다.

(4) 의장 · 건축계획

광환경은 광원에서 직접 도달하는 빛과 물체에 반사되어 간접적으로 도달하는 빛으로 형성된다. 건물 내부에는 창이나 확산부, 조명기구에서 나오는 빛이 벽면이나 천장면에 반사되어 재실자에게 도달하는 빛도 있다. 특히 용량에 대해 표면적이 큰 공간, 즉 비교적 바닥면적이 작은 공간에서는 벽면 반사에 의해 간접적으로 도달하는 빛의 양의 영향이 커진다. 주광을 천장에서 바운드시킬 경우 천장의 모양이나 반사율은 실내 밝기에 큰 영향을 준다. 그림 2-2-5의 실내 모형을 보면 오른쪽 공간의 천장은 검고 왼쪽 공간의 천장은 하얗지만 벽이나 바닥은 같은 색이다. 이렇게 창에서 입사되는 빛의 양이 같아도 내장의 반사율에 따라 공간 내의 밝기는 크게 변화된다. 천장마감을 하지 않을 경우 덕트나 배선을 눈에 띄지 않도록 하기 위해 어두운 색으로 마감하는 경우가 있는데 주광을 효율적으로 이용하기 위해서는 반사율을 높게 하는 것이 좋다. 또한 광택도가 높은 내장재를 사용하면 직사일광의 반사광이 눈에 들어와 눈부심이 생길 가능성이 있으므로 주의가 필요하다.

사무소 건축의 집무공간은 공간 내의 집기 배치를 세입자가 하는 경우가 일반적이며 아무것도 없는 공간에서 광환경을 예측하는 경우가 많다. 책상이나 파티션을 배치하면 자연채광의 효과가 변화될 가능성이 높다. 미리 공간 내의 배치를 어느 정도 파악할 수 있는 경우는 가급적 집기 등의 배치를 한 상태에서 광환경을 예측하는 것이 바람직하다.

그림 2-2-5 천장 반사율 차이의 예
천장 반사율이 낮으면 방 전체가 어두워진다.

주광은 시각에 따라 분광분포 · 색온도가 변화된다. 일몰 직전에는 급격히 낮아져(그림 5-3-1 참조) 빛에 의해 시각의 변화를 느낄 수 있다. 집무공간의 경우 이런 급격한 변화는 그다지 환영받지 못하지만 리프레시 공간 등 시작업을 하지 않는 공간에서는 재실자에게 좋은 영향을 준다. 빛의 분광분포 · 색온도의 변화를 느끼게 하기 위해서는 명도(반사율)가 높은 색채를 사용하면 된다. 붉은기를 띤 색채를 사용하면 석양의 빛이 강조된다.

(5) 효과 예측

자연채광 방법이나 건축계획을 검토할 때에는 시뮬레이션이나 모형실험 등으로 그 효과를 예측한다. 효과를 기대할 수 없는 경우는 설계를 수정할 필요가 있다. 에너지 소비량을 삭감하기 위한 목적으로 하는 경우는 어느 정도의 삭감이 예상되는지, 운용 방법을 포함해 시뮬레이션하고 전체 시스템을 구축한다. 안정적인 광환경을 목표로 하는 경우는 계절 · 시각 · 기후 등에 따른 직사일광의 영향을 확인하여 불쾌한 밝기 변화나 눈부심이 일어나지 않도록 자연채광 계획뿐만 아니라 이를 보조하는 인공조명 계획도 포함하여 검토한다. 동적인 광환경을 목표로 하는 경우는 어떤 효과가 예상되는지, 동선계획과 건축계획을 함께 검토한다.

광환경을 검토할 때에는 시뮬레이션뿐만 아니라 경우에 따라서는 스케일모델이나 모크업 등을 만들어 보다 자세한 검토를 할 필요가 있다. 확산 정도가 높은 투과재, 반사재, 내장재를 사용할 경우는 스케일 모델을 이용한 검토도 가능하지만 투과특성이나 반사특성이 특수한 재료를 사용할 경우는 실제 재료를 사용한 모크업 등의 검토가 필요하다. 이러한 모형실험은 실제 주광이나 인공천광 등을 광원으로 이용한다. 인공천광으로 재현할 수 있는 밝기는 실제 주광보다 매우 작은 경우가 많으며, 또한 평행광선인 직사일광을 충실히 재현할 수 있는 장치는 적기 때문에 실제 주광환경과 인공천공으로 재현할 수 있는 환경과의 차이를 충분히 파악한 후에 해야 한다. 실제 주광을 이용하는 경우는 완전히 동일한 조건을 재현한다는 것이 불가능하기 때문에 실험을 반복하여 많은 데이터를 얻을 필요가 있다. 의도한 효과를 기대할 수 없다면 계획을 수정해나간다.

에너지 소비량 삭감을 목적으로 하는 경우라도 쾌적성이 떨어지게 된다면 거주자의 불만이 증가하게 되어 쾌적한 운용을 유지할 수 없게 될 가능성이 생긴다. 또한 쾌적한 환경을 유지하기 위해 많은 에너지를 소비하거나 비용을 들이는 것은 바람직하지 않다. 거주자의 불만이 없는지, 필요한 에너지나 코스트가 타당한지 등 전체적인 밸런스를 보면서 다방면에 대한 검토를 해야 한다.

2.2.4 시공 단계

(1) 시공

설계를 바탕으로 장치 · 기기 · 지지부재 등을 발주하고 설치하여 성능 확인을 한다. 장치 · 기기의 상세한 사양을 바탕으로 설치 위치 · 방법, 지지부재 등의 사양을 결정하여 장치 · 기기 · 부재 등을 발주한다. 장치 · 기기 등은 수주 생산인 경우도 많고 업체에서의 성능 확인이 필요한 것도 있기 때문에 납입까지 상당한 시간을 요하는 경우가 있다. 실제로 장치 · 기기를 설치할 때에는 안전성과 취급, 내외장 디자인과의 조화를 확인하면서 설치 위치를 조정한다. 내구성이나 내후성, 점검이나 메인터넌스 방법을 확인하는 것도 반드시 필요하다.

(2) 성능 확인

장치 · 기기가 납품되었다면 실제로 설치해서 측정 · 조정을 한다. 실제로 설치하기 전에 모크업 등으로 확인하고 나서 설치하는 경우도 있다. 준공 후의 성능 확인은 기대했던 성능을 얻을 수 없더라도 수정할 수 있는 범위가 제한적이기 때문에 시공시에도 성능 확인을 한다. 시공이 진행되고 있는 경우는 설계 변경이 어려우므로 조기에 확인하는 것이 바람직하다. 또한 운용상의 문제점이 없는지도 확인해둘 필요가 있다. 성능 확인은 다음 설계로 이어지기 위한 자료가 될 수도 있다.

2.2.5 평가 · 운용 단계

(1) 환경평가

건물이 실제로 운용되면 설계 단계에서는 예측하지 못했던 집기 배치 등에 따라 기대했던 성능을 유지할 수 없는 경우가 있다. 조도 · 휘도의 측정뿐만 아니라 POE(Post Occupancy Evaluation ; 건물 입주 후 평가) 등 거주자에 대한 조사도 중요하다. 주광은 계절 · 시각 · 기후 등에 의해 변화되기 때문에 실제로 불쾌한 시간은 극히 적은 경우도 있다. 일시적인 눈부심을 막기 위해 많은 자연채광 기회를 잃을 가능성도 있으므로 차양 등의 사용법에 주의가 필요하다.

(2) 빌딩 운용

최근 비교적 규모가 큰 건물에서는 BEMS(Building Energy Management System

: 빌딩 · 에너지관리 시스템)을 채용하는 곳이 증가하고 있다(그림 2-2-6). 축적된 데이터를 분석해서 정기적으로 운용방법을 수정함으로써 최적의 운용방법을 유지하도록 노력하는 것이 중요하다. 이러한 시스템을 갖추지 않은 건물이라도 최적의 운용을 유지할 수 있도록 자연채광 시스템의 사용상황이나 인공조명에 의한 전력소비량을 파악해 정기적인 메인터넌스와 운용방법 등을 수정하는 것이 바람직하다.

그림 2-2-6 BEMS의 예

BEMS나 조명제어 센터장치는 사무소 건축의 중앙감시실이나 방재센터에 놓이는 경우가 많으며 에너지 감시와 데이터 측정을 한다.

2.2.6 피드백 단계

(1) 운용에 대한 피드백

보다 나은 자연채광 환경을 유지해 나가기 위해서는 계속적인 평가 · 해석뿐만 아니라 거주자를 대상으로 환경 제어에 대한 정보 제공 및 거주자에게 맞도록 운용방법을 최적화시키는 것도 필요하다. 거주자에게 정보를 주어 자연채광에 대한 이해를 얻을 수 있다면 시스템 목적에 맞는 운용이 이루어지게 되며 그 결과 더 큰 자연채광 효과를 얻을 수 있다. 필요에 따라 기기 · 장치를 조정하거나 제어 · 운용을 위한 센서를 증감하는 것도 고려된다.

(2) 설계에 대한 피드백

일련의 자연채광 디자인에 대해 고쳐야 할 점을 다음 설계에 반영함으로써 보다 나은 자연채광 디자인을 할 수 있다. 또한 자연채광의 효과를 공식적으로 발표하는 것도 자연채광의 인지를 넓혀 발주자 · 거주자의 이해를 얻기 쉽게 하거나 보다 나은 디자인에 대한 검토로 이어진다.

2-3 자연채광과 관련된 평가지표, 평가 시스템

최근 들어 지구온난화 방지대책, 환경문제 등과 더불어 에너지 절감에 대한 관심도 높아져 법제도의 수정 등이 이루어지고 있다. 또한 에너지 소비 이외에 환경부하 삭감이나 건축물의 라이프사이클에서 평가하고자 하는 움직임도 있다. 다음은 그 중 일부를 소개한다.

2.3.1 CEC/L(Coefficient of Energy Consumption/Lighting : 조명에너지 소비계수)

'에너지 사용 합리화에 관한 법률(에너지절감법 : 1979년 6월 제정, 최종 개정 시행 2006년 4월)'에서는 건축물에 관한 조치로서 바닥면적(증개축인 경우는 그 면적)의 합계가 2,000㎡를 넘는 건물에 대해서는 건축확인신청서에 에너지절감계획서를 제출하는 것이 의무화되었다. 인공조명설비도 그 중 하나로 취급되어 성능기준(CEC/L) 또는 사양기준(포인트법)이 에너지절감 기준에 적합해야 한다.

CEC/L은 연간 조명소비에너지량을 연간 가상조명소비에너지량으로 나눈 값으로, 이 수치가 작을수록 에너지를 효율적으로 사용할 수 있다고 판단한다. 자연채광에 의해 인공조명용 에너지소비량이 삭감되면 CEC/L도 작아진다.

포인트법은 주택을 제외한 5,000㎡ 이하의 건축물에 한하여 간이계산법으로 인정되고 있다. 단, 인공조명에 관한 항목만 있으며 자연채광에 관한 항목이 없으므로 인공조명계획만이 평가 대상이 된다.

2.3.2 CASBEE(Comprehensive Assessment System for Building Environmental Efficiency : 건축물 종합환경성능평가시스템)

CASBEE는 지구 환경에 대한 영향이 같을 경우 가급적 질 높은 공간을 제공하는 건축을 평가하는 평가방법이다. CASBEE에는 건물의 라이프사이클에 대응한 기획, 신축, 기존, 개수의 4개의 기본 평가도구와 개별 목적에 대응한 6개의 확장 도구가 있으며, 순차 개발되어 실제로 사용되고 있다(2006년 7월 현재). 지역의 기상조건 등에 맞춰 지자체용 CASBEE를 만들어 일정 규모 이상의 건축물은 제출을 의무화하고 있는 지자체도 있다.

'가상폐공간 내에서 건물 사용자의 생활 어메니티 향상'을 평가하는 Q(Quality : 건축물의 환경품질 · 성능), '가상폐공간을 넘어 그 외부(공적 환경)에 대한 환경영향의 마이너스 측면'을 평가하는 L(Loadings : 건축물의 외부환경부하)을 정의하고, Q를 L로 나눈 것을 환경성능 효율 BEE로 나타내며, 건축물은 BEE에 의해 5개로 라벨링된다.

Q의 평가항목으로 '주광 이용', '글레어(불쾌한 눈부심) 대책', '조도', '(인공)조명제어', L의 평가항목으로서 '광해(光害)'가 있으며 이를 각각 평가한다. 즉 광해가 적고 보다 많은 주광이용 설비를 갖추어 적정한 조도가 되도록 조명제어를 하면서 글레어가 적은 건물의 평가가 높아진다. 조도가 높으면 득점도 높아지는데 사무소 등의 용도에서는 1,500lx, 학교에서는 1,000lx를 넘으면 레벨도 낮아지기 때문에 적절한 조명설계가 요구되고 있음을 알 수 있다.

CASBEE는 아직 새로운 평가시스템으로 매년 수정이 계속되고 있다. 주광이용설비가 다양해지면 주광이용설비로 평가되는 장치 · 기기 · 시스템의 종류도 늘어날 것으로 고려된다.

2.3.3 커미셔닝(Commissioning Process : 성능검증 과정)

미국난방냉동공조기술자협회(ASHRAE)에 의하면 커미셔닝이란 '각각의 시스템에 대해 시스템이 설계 취지에 맞는 성능을 발휘하도록 설계, 시공 및 기능시험을 하여 운전보수가 가능한 상태인지 검증하는 과정'이라고 정의되어 있다. 즉 자연채광 디자인에서의 커미셔닝이란 주광이용 시스템이 설계 취지에 맞는 성능을 발휘하도록 디자인되어 있는지 검증하는 것이다.

건축물은 부지 · 방위 · 형상 등이 모두 동일한 조건으로 되는 경우는 없으며, 현장에서의 커미셔닝은 모두 그 건물에서의 케이스 스터디가 된다. 단, 커미셔닝 데이터를 축적하는 것은 설계에 대한 피드백 및 건물 운용의 수단이 되기 때문에 계속적으로 보다 많은 데이터를 얻어 학회나 잡지 등에 실례로 발표함으로써 정보를 공유화하는 것이 바람직하다.

참고문헌

1) 建築環境省エネルギー機構:平成14年度建築物の省エネルギー基準と計算の手引, 2003
2) 建築環境省エネルギー機構:平成14年度建築物の省エネルギー基準と解説(仕様基準), 2003
3) 建築環境省エネルギー機構:CASBEE-新築(簡易版)評価マニュアル(2004年版)
4) ASHRAE Guideline 1-1996, The HVAC Commissioning Process

제 3 장 자연채광장치의 구성 요소

이 장은 자연채광장치를 설계 · 개발할 때 참고하기 바란다. 이를 위해 자연채광장치를 세 가지 구성요소(채광부 · 전송부 · 확산부)로 나누어 설명하겠다.

3-1 자연채광장치의 분류

표 3-1-1에 이 장에서 소개할 자연채광장치를 나타냈다. 자연채광장치는 세 가지 구성 요소로 명확히 구분할 수 있는 것도 있지만 창처럼 일체화되어 있는 것도 있다. 먼저 창 및 창 주변의 계획 · 설계 노하우를 자연채광장치의 설계 · 개발에 활용하기 위해 창과 창에 부가되는 제어장치, 광학재료를 소개한다. 이들은 세 가지 구성 요소에 응용할 수도 있다.

세 가지 구성요소란 채광부, 전송부, 확산부이다. 채광부는 건물 외피에 설치하여 자연채광장치 내에 주광을 도입하는 부분이며, 전송부는 건축 내의 공간 또는 설비 · 장치를 이용해 주광을 확산부로 보내는 부분, 확산부는 실내 표면에 설치하여 광원으로서 확산하는 부분이다.

표 3-1-1 이 장에서 소개할 자연채광장치 일람

항	분 류	특 징	장치 명칭
3.2.1	창		천창, 정측창, 측창, 고창, 저창, 청소창 등
3.2.2	단열성이 높은 창	이중유리	복층유리, 더블스킨, 에어플로윈도
3.2.3	창에 부가되는 주광제어 장치	조건에 상관없이 고정	시야 선택 필름, 시야 선택 유리 루버, 차양, 라이트쉘프, 발코니 애니드릭 시스템(Anidolic Celling System)
		조건에 따라 가변	블라인드, 어닝, 커튼, 롤스크린, 발
3.3.2	채광부	반사재를 사용	알루미늄, 거울을 사용해 태양을 자동으로 따라가는 장치
		굴절재를 사용	볼록렌즈, 프리즘시트를 사용해 집광하는 장치
		건축 부위를 겸함	유리블록, 막(불소에틸렌수지코팅막, 케나후, 올레핀계 단일소재막), FRP, 건재형 태양전지유리
3.3.3	전송부	연직방향으로 긴 공간	계단, 로비 등의 공간 광덕트 시스템, 광정, 광섬유
3.3.4	확산부	실내표면에서 반사	고반사율 마감 천장, 벽 등
3.4.2	투과재료	빛을 확산	형판유리, 간유리, 확산화재료 내장 복층유리, 액정조광유리(LCW), 패시브조광형유리(TCW)
		빛의 색을 바꿈	착색유리, 세라믹 프린트유리, 열선흡수유리, 액티브조광형유리(ECW, GCW), 패시브조광형유리(포토크로믹타입)
		빛의 방향을 바꿈	지향성유리블록, 채광형유리
		빛을 반사함	열선반사유리, 열선반사필름, Low-E유리
		유리 외	아크릴, 폴리카보네이트
3.4.3	반사재료	-	알루미늄
3.4.4	굴절재료	-	프리즘굴절재, 렌즈, 비옥
3.4.5	물	-	-

3-2 창과 제어장치

창 이외의 자연채광장치가 등장하게 된 오늘날에도 여전히 주요 자연채광장치는 창이다. 창에 부가되는 제어장치나 광학재료는 날로 다양화되고 있다. 이 절에서는 자연채광 관점에서 본 창의 분류, 창에 부가되는 다양한 제어장치를 소개한다. 3.2.1은 자연채광장치의 채광부 설계법(3.3.2 참조)에 대한 적용에 대해, 그리고 3.2.3은 자연채광장치의 채광부 · 전송부 · 확산부에 대한 적용에 대해 생각하면서 읽어나가기 바란다.

3.2.1 창의 분류

창의 본질은 ① 생활을 유지하는 데 필요한 빛과 공기를 도입하는 기능과 ② 외부의적으로부터의 공격방어기능이다. 수혈주거의 창을 보면 이러한 본질이 잘 나타나 있다. 자연채광은 ①의 본질과 관계된다.

주광 도입량과 관련이 많은 창의 요소는 '크기', '투과성', '설치높이', '형태'인데 자연채광 관점에서 분류하면 창은 설치높이에 의해 주로 나뉜다. 그림 3-2-1에 창의 설치높이에 따른 분류를 나타낸 것이다. 또한 다양한 호칭법을 가지고 있는 각종 창은 설치높이로 분류하면 표 3-2-1과 같다.

주광 도입량을 고려할 경우 창은 높은 위치에 설치하는 것이 유리하다. 특히 주변 건물과의 거리가 짧을 경우 높은 위치의 창이 더욱 유리하다. 천창은 건축기준법상의 채광면적에서는 측창의 3배로 산정할 수 있다.

A : 천창

'톱라이트' 또는 '스카이라이트'라고도 한다. 천창은 많은 주광을 도입할 수 있다. 천공광만 도입할 경우 바닥면의 조도분포를 비교적 균일하게 하기 쉽지만, 직사일광까지 도입되면 천창 아래만 조도가 높아진다. 직사일광 차폐의 필요성과 그 방법, 누수대책, 정기적인 청소 방법도 함께 고려해야 한다. 과거에는 조망을 얻을 수 없다는 것이 천창의 가장 큰 단점이었지만 밀집지역에서는 측창(B)으로도 조망을 얻을 수 없기 때문에 오늘날에는 조망을 얻을 수 없다는 것이 천창 특유의 단점은 아니다.

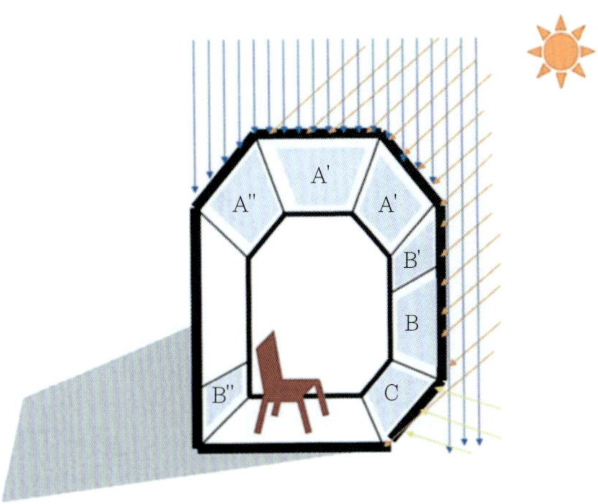

그림 3-2-1 설치높이에 따른 창의 분류

천장틀이 있는 경우 천창으로 입사된 직사일광을 최대한 천장면까지 가져올 수 있도록 천장과 천창 사이에 우물 같은 공간이 생긴다(광정이라고도 함). 이 경우 광정 바로 아래만 휘도가 높아져서 천장면의 휘도가 불균일해지는 경우가 있다(그림 3-2-2).

수지를 유리와 폴리카보네이트로 끼워 넣은 수지맞춤유리를 천창에 사용하는 경우가 있다. 이 경우는 내후성, 내구성 면에서 폴리카보네이트가 실내쪽에 오도록 해야만 한다.

표 3-2-1 설치 높이로 분류한 창

천 창		정측창			측 창	
천창	유사천창	톱날지붕	솟을지붕	고창	양측창	편측창

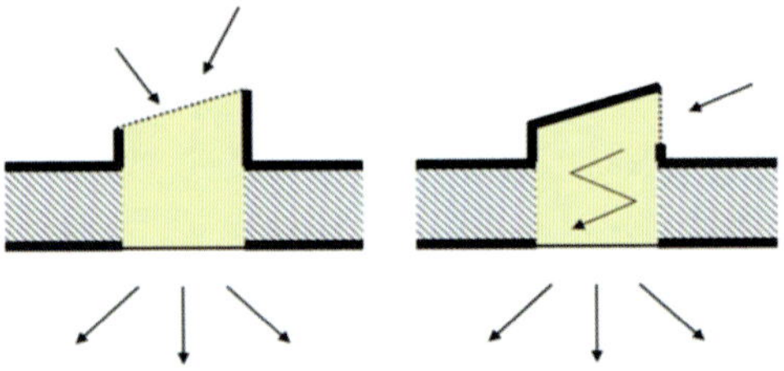

그림 3-2-2 광정

천장의 휘도분포가 불균일해지는 경우가 있으므로 주의를 요한다.

A', A'' : 정측창

정측창은 천창(A)보다 비아무림이 좋으며 측창(B)보다 많은 주광을 도입할 수 있다. 바닥보다 벽을 밝게 하고자 할 경우에 채용된다. 정측창의 경사를 가감하여 주광도입량을 조정할 수 있다.

공장 등에서는 A'나 A'+A''의 창을 설치하는데 톱날지붕이라고도 부른다. 톱날지붕은 과거에는 환기를 위한 수법이었지만 도입된 주광의 색(5.3 참조), 분포를 고려하여 남면과 북면의 채광면적 밸런스를 검토하는 등 다양화되었다.

B : 측창(사이드라이트)

측창은 시공 · 개폐 · 청소 · 보수가 용이하며 조망이나 개방감을 얻기 쉽다. 측창뿐만 아니라 여러 개의 창으로 주광을 도입할 경우 실내를 더욱 밝게 할 수 있는 반면 여러 개의 창으로 들어온 주광에 의해 실내표면의 조도분포가 불균일해지는 경우가 있다. 경우에 따라 그러한 광환경은 차분하지 못한 분위기가 되기 쉽다.

북측으로 난 측창의 경우 실내에는 북측의 천공광이 도입되어 직사일광의 영향을 거의 받지 않기 때문에 안정된 광환경을 얻을 수 있다. 단, 북측 천공광의 색온도는 높기 때문에(5.3 참조) 실내가 차가운 인상이 되기 쉽다.

B' : 고창

햇볕이 잘 드는 곳에 설치되는 측창으로 '하이사이드라이트'라고도 한다.

조망 면에서 측창(B)보다는 떨어지지만 고창 아래의 벽면을 이용할 수 있기 때문에 벽면을 다른 목적(예를 들면 그림 장식)으로 이용하려고 하는 경우에 사용된다.

C : 저창

바닥 부근에 설치되는 창으로 지물반사광(5.1.1 참조)을 도입하는 창이다. 다실 건축에서는 '지창'이라고도 한다. 지물반사광은 광량이 적기 때문에 저창만으로 실내 전체를 밝게 하기는 어렵다.

C' : 청소창

청소창도 저창(C)의 일종이다. 청소창을 남쪽에 내면 지물반사광을 도입할 수 있어 저창이 된다.

토막 지식 **창의 기능과 역사**

옛날 창들은 작고 불투명하며 높은 위치에 있었다. 과거에는 창이 채광을 위해 설치되는 것이 아니라 통풍을 위해 설치되었다. 이는 영어 window의 어원이 바람(wind)의 눈(ow)이라는 점과 일본어의 창이 공기를 빠져나가게 한다는 의미의 상형문자 약자체라는 점을 보면 알 수 있다.

환기에 대해 배운 사람이라면 잘 알겠지만, 환기용 개구부는 한 곳만 있어서는 별 도움이 되지 않는다. 두 곳은 되어야 공기가 들어가고 나온다. 환기효율에 대해서는 개구부를 높이가 다른 2곳에 설치하는 것이 효과적이다. 하나는 사람이드나드는 출입구(도어)로 하고 다른 하나는 출입구보다 높은 곳에 두어야 효율적인 환기를 할 수 있다. 하지만 개구부에서는 바람이나 비도 들어오기 때문에 이에 대한 대책이 필요하다. 그런 점에서 옛날에는 벽 상부에 작은 개구부를 마련했던 것으로 생각된다.

건축기술 및 철과 유리의 제조기술에 의해 인류는 창을 크게 하는 데 성공했다. 창에 채광 기능을 요구하게 되었으며, 특히 유럽에서 창이 커지는 경향이 두드러졌다.

또한 실내에 있으면서 실외의 정보나 개방감을 요구하는(또는 폐쇄감을 피하는) 경향이 강해져 창에 투명유리가 사용되게 되었고 시선 가까이까지 창의 설치높이가 낮아졌다. 창에 조망기능이 요구되게 되자 창은 더욱더 커지고 투명화되기에 이르렀다.

3.2.2 단열성과 일사차폐성이 높은 창

자연채광에 있어서 창과 같은 광투과 부분은 반드시 필요하지만 열환경이라는 시점에서 보면 분명 불리한 부분이 된다. 유리를 이중으로 하면 사이에 공기층이 생겨 이 공기층이 단열성 향상에 기여한다. 유리를 이중으로 하면 차음성이 향상되는 경우도 있다. 2매의 유리 두께를 같게 하면 차음성이 저하되는 경우도 있으므로 주의가 필요하다. 자연채광 설계시에도 단열성과 차음성에 대한 배려가 필요하다. 다음은 유리를 이중으로 하는 시스템 3종을 소개한다.

(1) 복층유리

유리 사이에 건조공기를 봉입한다. 공기 대신에 크립톤(Kr)이나 아르곤(Ar) 같은 가스를 봉입한 것도 있다. 진공인 것은 진공유리 또는 진공복층유리라고 말하기도 한다. 또한 단열성을 높이기 위해 방사율이 낮은 재료를 유리의 공기층 측표면에 코팅한 것도 있다(Low-E 복층유리, 3.4.2(8) b 참조). Low-E 복층유리 중에는 단열성과 함께 높은 차열성과 가시광투과성을 가진 것도 있다.

복층유리는 유기재료에 의해 기능을 가지기 때문에 일반 판유리와는 달리 수명이 있다. 흡습재 및 건조공기를 봉입한 것에서도 알 수 있듯이 물에 젖는 것은 피해야 한다. 침수 우려가 있는 장소에는 물빼기 구멍이 필요하다.

(2) 더블스킨

창이나 파사드 유리를 이중으로 하여 공기층을 만듦으로써 일사차폐와 단열 효과를 높이는 창시스템이다. 유리 사이에는 외기가 있으며 공기층이 각층마다 독립되어 있는 것과 1층부터 최상층까지 연속되어 있는 것, 외측 유리가 루버처럼 되어 있는 것 등 매우 다양화되어 있다.

여름철에는 공기층에서 따뜻해진 공기를 더블스킨 위쪽의 배기구로 빼고 반대로 겨울철에는 실내에 도입하는 등 계절에 따라 상세한 제어를 하는 예도 있다. 또한 환기 효율과 일사 차폐를 높이기 위해 더블스킨 사이에 블라인드를 설치하는 경우도 많다(그림 3-2-3).

그림 3-2-3 더블스킨 사례(상 : 법정대학 외호교사, 하 : 마츠시타전공 본사빌딩)

(3) 에어플로윈도

창을 이중새시 또는 이중유리로 하여 공기단열층을 마련함과 동시에 온도가 상승된 단열층의 공기를 강제로 회수할 수 있는 공조시스템이 부착된 창시스템이다. 더블스킨의 유리 사이에 있는 공기가 외기인 것에 대해 에어플로윈도의 유리 사이에는 실내 공기가 이동한다. 새시 사이나 유리 사이에 블라인드나 롤스크린을 내장하는 경우가 많다(그림 3-2-4).

실내측 유리와 내장 블라인드를 롤스크린 또는 블라인드 1매로 대용하는 간이형 에어플로윈도도 있다(그림 3-2-5). 일반적인 이중새시, 이중유리를 사용하는 경우에 비해 내장 블라인드를 청소하기가 매우 간편한 등의 이점이 있지만 공조풍량에 의해 스크린이나 블라인드가 흔들리는 단점도 있다. 간이형 에어플로윈도의 경우는 상시 롤스크린이나 블라인드가 내려온 상태가 되기 때문에 조망을 확보하기 어려우며 확산투과에 의한 글레어에도 주의해야 한다(4.3.3 참조).

그림 3-2-4 NEC 본사빌딩의 에어플로윈도

그림 3-2-5 사이타마 합동청사의 간이형 에어플로윈도

토막 지식 여러 가지 형태의 창

MIKIMOTO Ginza 2
창의 형태가 자유로워졌다.

창의 모양은 건물 외관 디자인이나 주광 도입량에 큰 영향을 미친다. 오늘날에는 창의 모양을 자유롭게 할 수 있게 되었지만(오른쪽 사진 참조), 둥근 창이나 삼각형 창, 다각형 창은 아직 적은 편이다. 사각형이 아닌 창의 경우는 개폐기구 및 비아무림이 어렵기 때문에 붙박이창이 많다. 주광을 방 안까지 도입하려는 경우는 세로로 긴 창이 바람직하다.

2매의 판유리를 직각으로 이은 창이나 판유리 자체가 곡면으로 되어 있는 창, 내민 창 등 여러 가지 형태의 창이 있다. 이러한 창에 직사일광이 입사되면 조건에 따라 광학설계도 필요로 한다. 1매의 판유리에 대한 입사각도와 2매 이후의 판유리에 대한 입사각도가 다른 경우와 입사 위치에 따라 입사각도가 다른 경우가 해당된다. 그렇게 하면 위치에 따라서는 입사각도가 낮아져 전반사가 되는 경우와 2매 이후의 입사각도가 낮아 전반사가 되는 경우도 있다. 과거에는 1매의 판유리로 채광부 면적을 산출하면 되었지만 앞으로는 유리 사이의 반사를 고려한 광학설계도 필요로 하게 될 것이다.

3.2.3 창에 부가되는 주광제어장치

창에는 다양한 주광제어장치가 부가된다. 주광제어장치는 주로 제어하게 될 제어대상(주광의 양인지, 질인지), 제어 타이밍(상시 제어로 할 것인지, 특정 조건인 경우에만 할 것인지)에 따라 분류할 수 있다. 주광의 질을 제어하는 장치는 주광의 지향성과 분광분포(가시광선에 한정하는 빛의 색, 한정하지 않을 경우 적외선이나 자외선의 함유비율)를 제어한다. 단, 양적 변화를 수반하지 않고 질만 변화시키는 제어장치는 아직까지 개발되지 않았다.

현존하는 주광제어장치를 창에 부가하는 목적의 대부분은 직사일광 차폐이다. 여기서는 설치 시점에서 차폐상태가 고정되는 고정형 주광제어장치와 설치 후에도 차폐상태를 바꿀 수 있는 가변형 주광제어장치로 나누어 소개한다.

(1) 고정형 주광제어장치

a. 광투과재

바람이나 비의 침입을 막으면서 주광을 도입하기 위해 창에는 공기나 물이 통하지 않는 광투과재가 필요하다. 광투과재는 가시광투과율에 의해 주광도입량을 제어한다. 창에 부가되는 광투과재의 대표적인 예는 판유리이다. 판유리의 광학 특성은 3.4.2에서 설명하겠다.

판유리는 종류가 다양하며 주광도입량을 제어하는 것만은 아니다. 형판유리나 열선반사유리 등은 투과광의 질도 제어한다(전자는 주광의 지향성을, 후자는 주광의 파장분포를 제어한다). 조광유리처럼 설정 조건에 따라 양이나 질을 제어하는 방법을 바꿀 수 있는 판유리도 개발되었다. 또한 상부는 투과율이 높은 유리이고, 하부는

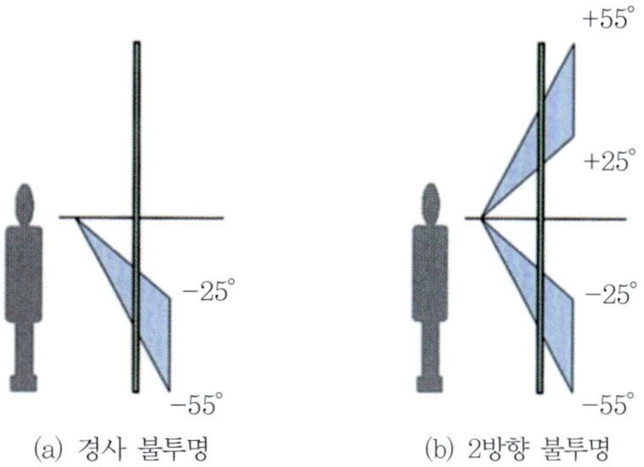

그림 3-2-6 시야 선택 필름의 예
(좌 : 아래쪽으로 비스듬히 확산,
우 : 위쪽과 아래쪽으로 비스듬히 확산)

투과율이 낮은 유리로 된 판유리도 개발되었다.

광투과재의 광학특성은 빛의 입사각도에 따라 다르다(3.4.1 참조). 특정 방향의 입사광을 더 많이 투과하고 다른 방향에서 들어오는 입사광은 별로 많이 투과시키지 않는 광학재료도 있다(시야 선택 유리, 시야 선택 필름 등). 자연채광의 관점에서 보면 특정 방향에서 들어오는 직사일광은 투과시키지 않거나 또는 특정 방향에서 들어오는 직사일광만 투과시키는 데 이용할 수 있다. 휴대전화의 디스플레이에 붙여 프라이버시를 보호하는 필름으로 잘 알려져 있을 것이다. 단, 현행 시야 선택 필름은 내후성이 강하지 않기 때문에 실내측 또는 2매의 유리 사이에 끼워서 사용된다(그림 3-2-6, 그림 3-2-7).

그림 3-2-7 시야 선택 유리의 사용 예

유리 사이의 필름으로 빛을 확산시킨다. 시선을 컨트롤하며 직사일광을 저감할 수 있다.(스미토모화학메타아크릴사업부 http://www.sumitomo-chem.co.jp/acryl/024lumisty.html)

b. 루버

루버는 실내에 직사일광이 들어오지 않도록 창 바깥쪽에 설치하는 수평, 수직, 격자형 날개판을 말한다. 실내에 설치되는 경우는 없기 때문에 외부 루버라고도 부른다. 날개판의 피치나 두께는 건물의 디자인 및 그 토지의 위도, 개구부의 방위·형상, 직사일광을 차폐하려는 시간대 등을 고려하여 정한다. 날개판의 재질은 금속(그림 3-2-8)이나 목재(그림 3-2-9), 알루미늄이나 유리(그

그림 3-2-9 시부야구 토미가야의 집합주택

목제 외부 루버. 재질에 따라 건물의 표정이 전혀 다르다.

림 3-2-10) 등 다양하며 건물 외관의 포인트가 되는 경우도 있다. 더러움이 잘 타기 때문에 정기적으로 청소를 해야 할 필요가 있다. 또한 태풍이 잦은 지역에서는 강풍으로 인해 루버가 떨어지는 일이 없도록 주의해야 한다.

그림 3-2-8 닛켄설계 본사빌딩

글레어를 억제하기 위해 금속제 외부 블라인드를 자동제어한다.

그림 3-2-10 니혼바시 잇쵸메빌딩

외부 루버(고층부 : 알루미늄제, 저층부 : 유리제). 투명감 있는 외관이 유지된다.

토막 지식 **루버**

루버란 건축대사전을 찾아보면 다음과 같이 나와 있다.

① 수평 날개판을 가진 개구부

② 가동 날개판을 가진 창

③ 인공조명기구의 눈부심을 완화시키는 조명조정기구

④ 갤러리문

직사일광 차폐용 창에 고정하는 제어장치를 루버라고 부른 것은 ①②④의 세 가지 의미가 복합된 결과인지도 모른다.

한편, 브리즈 솔레이유(brise-soleil)란 프랑스 건축가 르 코르뷔지에가 만든 말로 건축화된 차양을 총칭한다. 영어로는 sun breaker, 즉 태양을 파쇄한다는 것이다. 루버는 브리즈 솔레이유의 일종이다. 르 코르뷔지에가 수평뿐만 아니라 수직, 격자형 날개판을 파사드에 많이 채용함으로써 수평 이외의 것도 루버(수직 루버, 격자 루버 등)라고 불리게 되었다.

루버의 영어 표기는 종류가 다양해 louvre, louver, louver boards로 표기된다.

c. 차양

차양은 창 상부에 건물 외피에서 돌출시킨 부위이다. 차양은 원래 창으로 비가 들이치지 않도록 하기 위해 설치한 것이어서 주광제어장치로 보는 경우는 적다. 하지만 직사일광이 건물 내에 들어오는 양을 제어할 수 있는 전통적인 주광제어장치라고 말할 수 있다. 그림 3-2-11과 같은 차양은 루버 차양이라 한다.

차양이 건물 외피로부터 어느 정도 돌출되었는지에 따라 직사일광을 차폐할 수 있는 시간대가 정해진다. 전통적인 민가에서 자주 볼 수 있는 긴 차양은 이러한 이치에 잘 맞아 창높이의 1/2 이상 길이의 차양을 외피에서 돌출시키면 봄부터 가을에 걸쳐 태양고도가 높은 시간대(10~14시)의 직사일광을 차폐할 수 있다. 하지만 오늘날에는 부지가 협소하여 건축면적을 작게 하기 위해(건축기준법시행령 제2조의 2에서는 1m 이상 외피에서 돌출되면 건축기준법상의 건축면적으로 산입됨), 차양을 크게 돌출시키는 경우는 드물다. 차양의 길이는 부지의 위도나 창의 방위를 고려하여 결정해야 한다. 일반적인 차양은 외피에서 수직방향으로 돌출되어 있지만 각도를 주는 것도 가능하다. 또한 커브를 이루도록 하는 것도 가능하다(3.2.3(1) f 참조).

그림 3-2-11 루버 차양

외피로부터의 돌출에 의해 직사일광을 차폐하는 시간대가 정해진다.

d. 라이트쉘프

창의 중간 정도에 수평 반사판을 두고 직사일광을 천장면에 반사시킴으로써 방 안을 밝게 하는 주광제어장치이다.

라이트쉘프보다 위쪽에 있는 창을 상부창(채광창이라고도 함), 아래쪽에 있는 창을 하부창(경관창이라고도 함)이라 한다. 실외로 돌출시킨 반사판을 외부차양이라 하며 실내쪽으로 뻗은 반사판을 내부차양이라 한다(그림 3-2-12).

라이트쉘프에서 반사된 직사일광은 상부창을 투과해 천장면을 비춘다. 또한 하부창은 직사일광이 라이트쉘프에서 차폐된다. 따라서 하부창에서 라이트쉘프를 보면 3.2.3(1) c의 차양과 같은 역할을 한다.

원래 라이트쉘프에는 외부차양과 내부차양의 두 가지가 있다. 외부차양은 차양과 마찬가지로 길게 하면 건축면적에 산입되며 건물 외관 디자인에도 크게 영향을 준다. 내부차양은 실내쪽으로 돌출되기 때문에 층고가 충분하지 않을 경우에는 방해감이 생긴다. 이러한 단점 때문에 외부차양과 내부차양 중 하나를 생략하는 경우도 있는데 그런 경우에도 라이트쉘프라고 부른다. 외부차양과 내부차양 모두 반사율을 유지하기 위해서는 정기적인 청소가 필요하다.

라이트쉘프의 설계는 외부차양이나 내부차양의 길이(4.2.3(2) 참조), 창과의 상대적인 위치관계, 반사면이 되는 라이트쉘프 상면의 경사, 마감(가시광반사율뿐만 아니라 요철 등도 영향을 줌)을 검토해야 한다. 또한 천장면에 경사를 줌으로써 라이트쉘프에서 반사된 직사일광을 더 많이 방 안쪽까지 들어오게 할 수 있다.

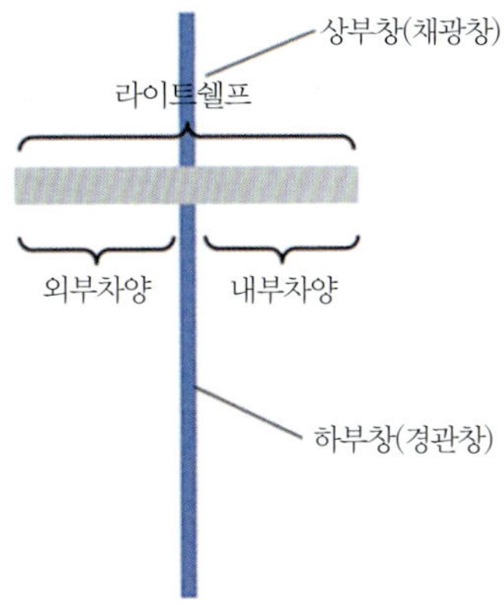

그림 3-2-12 라이트쉘프의 각부 명칭

내부차양이 없는 경우 상부창으로부터의 글레어를 방지하기 위해 상부창에 확산성 투과재를 사용하는 경우가 있는데, 직사일광을 확산시킴으로써 실내의 어느 곳에서 봐도 글레어가 되는 경우도 생긴다. 상부창에는 블라인드나 루버를 사용하는 것이 바람직하다(4.3.3 참조).

e. 발코니

아파트 등의 발코니도 라이트쉘프와 마찬가지로 아래층으로 가는 직사일광을 차폐하며, 발코니 바닥면에서 반사한 빛을 실내에 도입할 수 있다.

f. 애니도릭 시스템(anidolic system)

애니도릭 실링이라고도 한다. 최대한 많은 주광(천공광이나 지물반사광도 포함)을 모아 천장으로부터의 빛으로 이용할 수 있도록 하는 장치이다(그림 3-2-13). 곡면 모양의 반사면(리플렉터라고도 함)에서 주광을 반사시켜 천장틀의 광덕트 내로 유도하고 천장면의 일부에서 빛을 실내로 방출한다.

광덕트 내의 광 반송에 의해 도입된 주광은 지향성이 없어지기 때문에 글레어에 대한 걱정은 없다.

집광 부분은 광투과재로 닫혀 내부에 먼지 등이 들어가는 것을 막아 반사면을 깨끗하게 유지한다. 일반적인 사용법이라면 메인터넌스가 불필요하다.

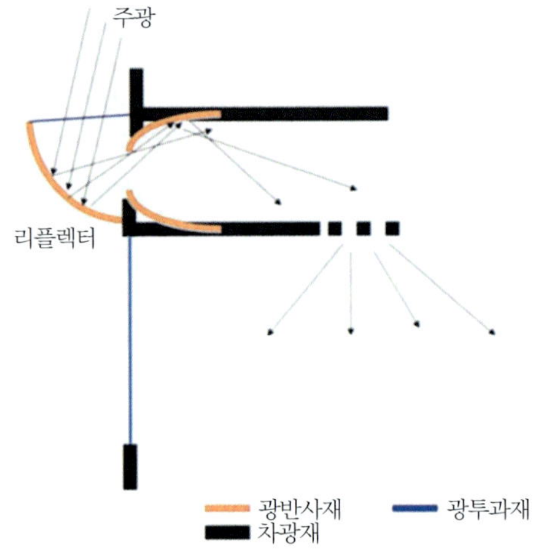

그림 3-2-13 애니도릭 시스템

톱라이트의 안쪽 측면을 구부러지게 하여 톱라이트 바로 아래로 더 많은 주광을 도입하는 Anidolic Zenithal Openings(그림 3-2-14)라는 것도 있다. 모양이 복잡해지기 때문에 나무나 수지 등으로 모양을 만들고 반사율 0.9 정도의 알루미늄으로 표면을 마감한다. 이 개구부에서 입사된 주광을 천장면까지 유도하는 광덕트는 깔때기를 거꾸로 해놓은 것 같은 단면 형상이 된다.

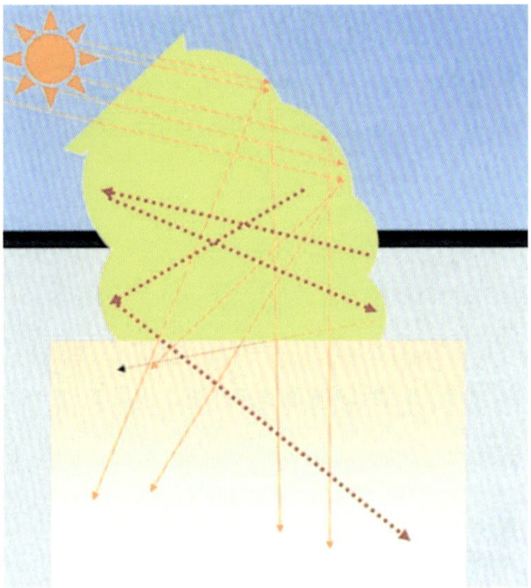
그림 3-2-14 Anidolic Zenithal Openings

(2) 가변형 주광제어장치

표 3-2-2에 여기서 소개할 가변형 주광제어장치의 특징을 정리해 놓았다. 여기서 소개할 가변형 주광제어장치는 극간상의 개구부를 가진 면재나 천 같은 광투과성이 낮은 재료로 창의 일부를 덮어 주광 입사량을 제어하는 것이다.

a. 블라인드

블라인드는 금속이나 나무로 만든 얇고 긴 여러 개의 날개판(슬랫) 양끝을 끈이나 실 같은 것으로 연결한 것이다. 블라인드는 ① 내려오는 길이, ② 슬랫의 각도를 바꿈으로써 주광 입사량을 제어한다. ①의 길이 조절을 승강조작, ②의 각도 조절을 개폐조작이라 한다.

일사 차폐를 위해 길이나 슬랫 각도를 자동으로 제어하는 블라인드도 시판되고 있다. 제어 방법에 대해서는 4.2.2에서 설명하기로 한다. 일사를 차폐하는 슬랫 각도는 슬랫의 폭, 슬랫 사이의 간격, 프로파일 각도(4.2.2 참조)로 정해진다.

슬랫이 수평인 가로형 블라인드(베네치안 블라인드)와 세로형 블라인드(버티컬 블라인드)가 있다. 각 슬랫의 각도는 동일하다. 슬랫은 재료나 사이즈가 다양하며 슬랫폭이 작으면 블라인드의 느낌이 샤프해진다. 또한 얇은 슬랫에는 강도를 보강하기 위해 약간의 휨을 준다.

주광 이용을 위해 채광형 블라인드가 개발되어 시판되고 있다. 일반 블라인드는 일사 차폐를 주목적으로 하는 데 반해 채광형 블라인드는 글레어를 억제하며 주광 도입을 주목적으로 한 블라인드이다. 블라인드 위쪽에서는 천장을 향해 주광을 도입하면서 아래쪽의 반사 글레어가 억제되는 형태로 되어 있다. 슬랫의 각도가 1장씩 기울어지게 구성되어 있는 그라데이션 타입은 실내의 빛이 연속적으로 분포한다. 태양 위치에 따라 모든 슬랫의 각도를 자동 제어함으로써 평상시 슬랫의 틈새에서 빛이 새지 않고 빛을 천장으로 향하게 한다(그림 3-2-15).

일반적으로 블라인드는 실내에 설치되지만 블라인드 자체가 따뜻해져서 복사열을 내게 되기 때문에 실외에 설치하는 것이 냉방부하 경감에 유리하다. 단, 일본처럼 태풍이 많은 지역에서는 강풍에 견딜 수 있도록 구조면에 대한 배려가 필요하다.

오염으로 인해 반사율이 저하되므로 창유리와 마찬가지로 정기적으로 청소하는 것이 바람직하다.

표 3-2-2 가변형 주광제어장치의 특징

	블라인드	어닝	커튼	롤스크린	발
설치 방향	연직	수평	연직	연직	연직
설치 위치	실내/실외	실외	실내	실내	실내/실외
소재	금속, 나무, 유리	천	천	천, 종이	대나무, 가죽, 플라스틱
감는 방법	접힘	롤	롤	롤, 접힘	롤
빛이 투과하는 부위	슬랫 사이의 틈새	천의 공극	천의 공극	천, 종이의 공극	틈새
응용판	채광형 블라인드 (슬랫각도를 개별로 바꿀 수 있다)	–	–	트윈타입 (차광률이 다른 소재를 조합함으로써 상하로 투시성을 바꿀 수 있다)	–

(a) 개념도

(b) 각각의 슬랫 각도를 제어하여 천장면을 밝게 하고 있다.

그림 3-2-15 채광 블라인드(그라데이션 타입)의 사진과 개념도

(요코타http://www.curtainrail.co.jp/collection/ibl/gradation_bl.html)

b. 어닝(AWNING)

어닝은 쉽게 말해 구동식 차양막이라 할 수 있다(그림 3-2-16, 3-2-17). 유럽 각국에서 주택이나 상업건축에 이용하기 시작했다. 차양과 마찬가지로 건물 외피에서 돌출시켜 직사일광을 차폐한다. 어닝의 끝부분은 건물 외피 가까이에 고정되어 있으며, 다른 한쪽 끝은 건물 외피에서 떨어진 암에 고정한다. 암의 길이만 건물 외피에서 돌출된다.

차양과 다른 점은 건물 외피로부터의 길이를 조정할 수 있는데 강풍에는 약하다. 센서로 풍력을 검지하여 바람이 강해지면 자동으로 닫히는 시스템을 부가시킨 것도 있다. 또한 표면을 광촉매로 코팅한 텐트 천을 채용한 것도 있다.

그림 3-2-16 어닝(윈도 타입)
직사일광을 차폐하면서 조망도 확보할 수 있다.

그림 3-2-17 어닝
수평 방향과 수직 방향에 천을 조합시켰다.

수평, 상향, 하향 등 돌출 방향을 바꿀 수 있으며 1개의 어닝으로 다양한 표정을 연출할 수 있다. 특히 유럽 같은 분위기를 내는 데 효과적이다.

c. 커튼, 롤스크린

커튼이나 롤스크린(롤커튼이라고도 함)은 천이나 종이처럼 둘둘 마는 것이 가능한 재료로 창의 일부를 덮음으로써 주광 입사량을 제어하거나 또는 가리개 기능을 하는 장치이다(그림 3-2-18). 레이스처럼 투시성 있는 천을 사용하면 조망을 얻을 수 있지만 투시성이 낮은 천으로 창을 가려버리면 조망 확보가 어렵다(4.3.3. 참조).

그림 3-2-18 롤스크린에 의한 일사차폐(T빌딩)
조망 확보에 주의할 필요가 있다.

감기는 방식은 롤 방식과 접힘 방식이 있다. 커튼의 경우는 창의 하반부를 덮는 것이 어렵지만 롤 커튼은 상하방향으로 덮는 부분을 바꿀 수 있다.

커튼의 광투과성은 JIS의 차광률로 나타낸다. 차광률은 직경 100mm의 원형 시험편을 투과한 광량으로 측정하기 때문에 업체에서 제공되는 차광률로 광투과를 추측할 수 없는 경우도 있다.

또한 차광률은 백열등에서 나오는 확산광을 광원으로 하여 측정되기 때문에 투과율과는 성격이 다르다. 경우에 따라서는 시뮬레이션용 투과율을 측정할 필요가 있다.

차광률이 다른 2종류의 천을 조합시켜 창 상부에서는 주광을 도입하고 하부에서는 외부로부터의 시선을 차단하는 롤스크린도 있다(그림 3-2-19). 그림 3-2-19는 편평한 천이 아닌 주름 잡힌 스크린이다.

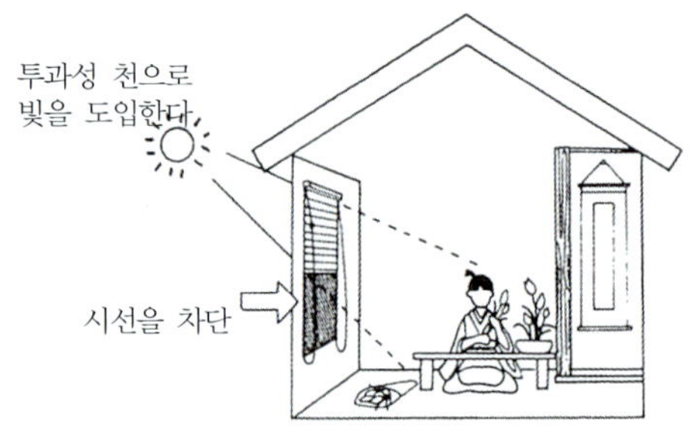

그림 3-2-19 차광률이 다른 2종류의 천으로 구성된 롤스크린

(니치베이 http://www.nichi-bei.co.jp/jsp/product/64/index.jsp)

d. 발

가늘게 깎은 대나무를 엮어서 커튼처럼 만든 가동식 칸막이이다(그림 3-2-20). 일사 차단 외에 가리개 용도로도 쓰인다. 대나무 외에 갈대, 솔새, 부들, 비닐 등도 사용된다.

발을 투과한 빛은 확산된다(그림 3-2-21). 발의 틈새를 투과한 빛은 회절되기 때문에 회절이 문제가 되는 곳에서는 사용할 수 없다. 떼어버리거나 감아올리는 것이 가능하기 때문에 필요할 때에만 설치할 수도 있다. 실내에 설치했을 경우는 발 자체가 따뜻해져 복사열을 내게 되므로 실외에 설치하는 것이 냉방부하 경감에 유리하다.

그림 3-2-20 발
전통적인 햇볕 차단재의 일종. 일사를 차폐하면서 통풍도 좋다.

그림 3-2-21 발을 통해 들어온 확산광

e. 쿠션형 조광제어장치

이 장치는 기밀성이 높고 투명하며 인쇄 가능한 필름(ETFE) 2장을 사용해 필름 사이의 공기압을 제어함으로써 투과 광량을 제어한다. 이 필름에는 차광 부분과 광투과

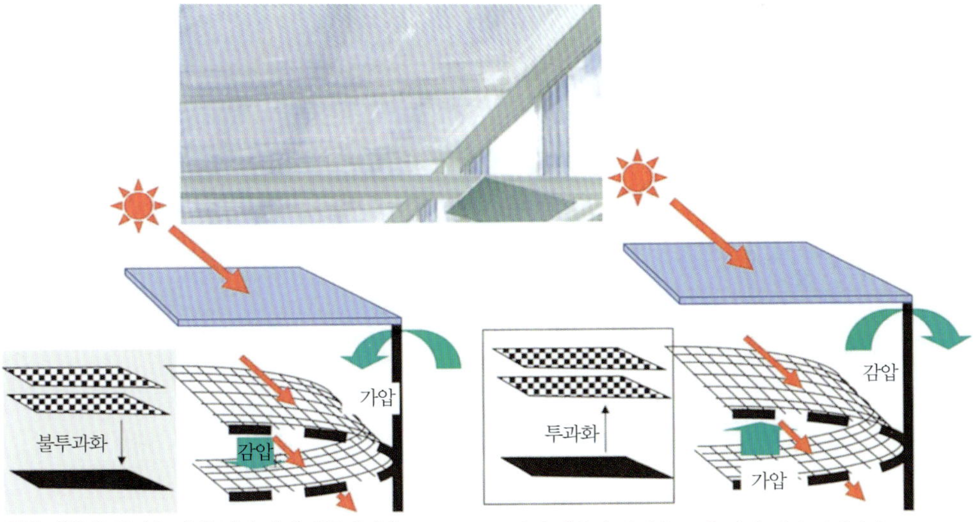

쿠션 내부의 압력을 작게 하면 빛이 불투과된다.　쿠션 내부의 압력을 크게 하면 빛이 투과된다.

그림 3-2-22 쿠션형 조광제어장치(다이세이건설기술센터연구원동)

부분으로 이루어진 패턴이 인쇄되어 있고 필름 사이의 공기압을 매우 작게 하여 2장의 필름이 겹쳐지면 전면이 차광 부분이 된다. 반대로 필름 사이를 가압하여 2장의 필름이 떨어지면 필름의 광투과 부분에서 실내로 빛이 들어온다(그림 3-2-22).

2장의 필름 사이의 공기가 단열층도 되어 주광 도입에 따른 일사열 저감에 도움이 된다.

토막 지식 **일본 건축의 창**

※ 생략한다. 일본의 시대별 전통가옥에서 쓰인 창을 소개하는 내용이고, 고유용어가 많이 나오며 크게 도움 될만한 내용이 아닌듯하다.

3.2.4 가변형 주광제어장치의 제어방법

가동형 제어장치의 제어 방법은 이용자에 의한 수동 제어와 제어하려는 조건을 미리 프로그램화해 두는 자동 제어로 나뉜다. 표 3-2-3에 이용자 판단에 의한 수동 제어와 자동 제어의 장단점에 대해 정리해놓았다.

이용자의 의사와는 상관없이 환경을 제어하는 자동 제어보다 이용자의 판단에 맡기는 수동 제어가 이용자에게 더 큰 만족감을 준다는 연구 보고가 있다.

한편, 오피스 빌딩처럼 불특정 다수인이 이용하는 공간에서는 집무자의 장소에 따라 광환경 평가가 다르기 때문에 세세하게 제어하기 어렵다는 의견도 많다. 이용자 전원이 만족할 수 있는 환경 조건을 바탕으로 한 자동 제어는 앞으로의 과제이다. 제어조건이 적절하지 않으면 이용자는 운용을 중단하게 되며 자동 제어를 위해 설치한 설비(센서, 판단 · 조작용 컴퓨터, 제어대상 조작설비 등)가 쓸모없게 되는 경우가 있다. 블라인드 개폐 및 조명을 모두 수동 제어하는 경우와 조명을 밝기 센서, 인공감지센서에 의해 자동 제어하는 경우를 비교해 블라인드 및 천장조명의 적절한 제어방법을 명확히 하여 최적의 센서 배치를 검토하는 실험도 이루어지고 있다.

표 3-2-3 가변 주광제어장치의 제어방법 특징

	수동 제어	자동 제어
제어 타이밍	이용자가 필요하다고 판단했을 때	센서에 의한 입력정보로 컴퓨터가 판단
제어자	이용자	제어장치
제어조건의 결정 단계	불필요	전기설비 계획 전까지
장점	자유롭게 제어할 수 있다.	제어조건이 적절할 경우 쾌적감과 함께 에너지도 절감되는 자연채광을 실현할 수 있다.
단점	• 특정 거주자의 판단으로 이루어지기 때문에 거주자 전원의 만족감을 얻지 못하는 경우도 있다. • 조작이 번거로울 경우 제어가 제대로 이루어지지 않는다.	• 이용자의 요구에 맞지 않는 제어가 이루어지면 운용이 중단된다. • 센서, 컴퓨터, 제어설비 등을 설치해야 한다.

3-3 자연채광장치의 구성 요소

이 절에서는 자연채광장치를 채광부, 확산부, 전송부로 구분하고 각부에 사용되는 광학재료와 제어장치를 소개하겠다.

3.3.1 채광부 · 전송부 · 확산부의 정의

그림 3-3-1에 자연채광장치의 한 예를 나타냈다. 이 자연채광장치는 위에서부터 채광부, 전송부, 확산부로 나뉜다. 이 자연채광장치를 이용하여 실내에 어느 정도의 주광을 도입할 수 있는지는 채광부의 투과율과 크기, 전송부 내의 반사율과 길이, 확산부의 투과율과 크기가 영향을 미친다는 것을 쉽게 알 수 있다. 이와 같이 각부의 크기와 광투과성(광반사성인 경우도 있음)을 고려하지 않으면 자연채광장치에서 도입되는 주광의 양을 예측할 수 없다. 그림 3-3-1의 확산부 출구 부근의 빛은 푸른빛을 띠고 있는데, 이는 ① 채광부의 광투과재, ② 전송부 내의 반사재, ③ 확산부의 광투과재의 분광 특성에 의해 정해진다. 즉 자연채광장치에 의해 실내에 도입되는 주광의 색도 양처럼 각 구성요소에서 제어할 수 있다.

표 3-3-1에 자연채광장치의 각 구성요소의 역할과 이 절에서 소개할 구체적인 장치명을 나타냈다. 3.2절에서 해설한 창은 채광부, 확산부, 전송부가 일체화된 것으로 각 구성요소로 나누기가 어렵다. 그러나 채광부의 일종으로 보면 창에 사용되는 광학재료와 부가되는 제어장치를 채광부에 응용할 수도 있을 것으로 고려된다. 마찬가지로 확산부의 일종으로 보면 창에 사용되는 광학재료와 부가되는 제어장치를 확산부로 응용하는 것도 고려된다. 일반적으로 창이라고 하면 투명한 판유리라는 광학재료를 포함한 개구부를 가리키는 경우가 많다. 이 절에서는 광학재료를 수반하지 않는 단순한 개구부라는 것을 강조하는 의미에서 창을 '채광용 개구부'라고 표현하겠다.

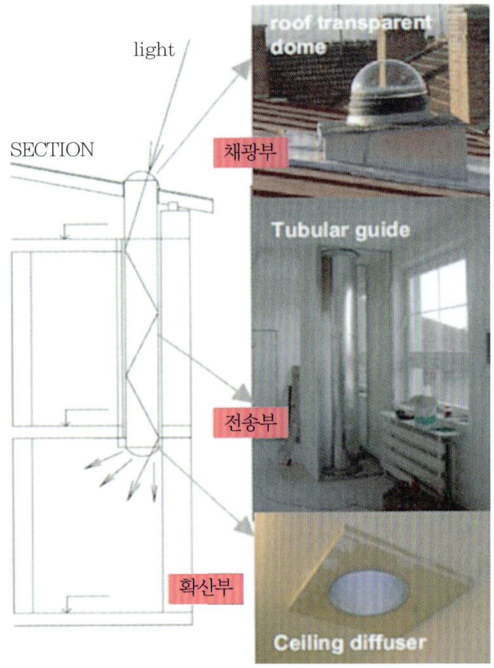

그림 3-3-1 자연채광장치의 구성 예

위에서부터 순서대로 채광부, 전송부, 확산부로 구분할 수 있다.

표 3-3-1 자연채광장치의 각 부분

구성요소	역 할	구체적인 장치의 예
채광부	건물 외피에 설치하며 자연채광 장치 내에 주광을 도입한다.	• 채광용 개구부(창) • 반사재를 사용한 채광부(알루미늄, 거울) • 굴절재를 사용한 채광부(렌즈) • 건축 부위를 겸한 채광부(유리블록, 불소에틸렌 수지코팅막, FRP, 건축형 태양전지유리)
전송부	건물 내의 공간 또는 설비·장치를 이용해 주광을 확산부로 보낸다.	• 광덕트시스템, 광파이버 • 광정 • 광파이버
확산부	실내 표면에 설치하며 광원으로서 확산한다.	• 아트리움 • 천장, 벽 겸용

3.3.2 채광부

자연채광장치의 채광부는 채광용 개구부와 그 외의 2가지로 분류된다. 채광용 개구부 외의 채광부에는 반사재나 굴절재를 사용한 채광부와 건축 부위를 겸한 채광부가 있다.

채광부의 채광 기능은 천공광이나 직사일광의 수조량, 가시광투과율이나 반사율, 굴절률로 정해진다. 천공광이나 직사일광의 수조량은 채광부의 위치·주위의 상황에 따라 정해진다.

(1) 채광용 개구부

a. 채광용 개구부의 위치

더 많은 주광을 도입하고자 하는 방(이후, 당해 거실이라고 함)의 건물 안에서의 위치와 채광부 설치 위치는 밀접한 관계가 있다. 채광부에서 들어오는 주광도입량은 부지나 주위의 상황, 건물 형상에 따라 다르다. 채광부에서 더 많은 주광을 도입하기 위해 건물 형상을 바꾸는 일도 있을 수 있다. 건물 형상의 변경은 평면계획이나 구조계획 변경을 수반한다. 자연채광을 최우선으로 한 계획이 아닌 경우, 자연채광 계획시 평면계획은 이미 결정된 경우가 많고, 채광부의 설치 위치가 한정적이어서 채용할 수 있는 자연채광방법도 제한적이다. 따라서 자연채광 디자인은 기본 설계단계에서 시작되는 것이 바람직하다.

일반적으로 지붕이 가장 많은 직사일광을 받는다. 그러나 지붕에 채광용 개구부를 둔다 해도 최상층 외에는 주광을 도입할 수 없다. 건물 내 대부분의 공간은 천창(지붕에 설치된 채광용 개구부, 3.2.1 참조)을 둘 수 없는 공간이다. 따라서 벽에 채광용 개구부를 설치하는 것이 검토된다. 예를 들면 동쪽으로만 개방되어 있는 부지에서 천창을 둘 수 없는 방에는 동쪽 벽의 채광용 개구부가 가장 많은 주광을 도입할 수 있다. 또한 건물 내에 도입된 주광으로 수평면(예를 들면 바닥면)을 밝게 할 것인지, 수직면(예를 들면 벽면)을 밝게 할 것인지에 따라서도 채광용 개구부의 위치가 다르다. 전자의 경우는 천창이나 정측창(3.2.1 참조)과 같이 높은 위치에 있는 채광용 개구부가 적합하다. 후자의 경우는 밝게 하려는 대상과 같은 정도의 높이에 있는 벽면에 채광용 개구부를 두면 된다.

b. 채광용 개구부의 방위

요구되는 광환경의 성질(정적인지 동적인지)에 따라서도 채광용 개구부의 적정 위치가 다르다. 정적인 광환경을 요구한다면 북쪽에 있는 벽에 채광용 개구부를 두면 된다. 북쪽의 채광용 개구부에서 도입되는 주광의 양은 변동이 적기 때문이다. 한편 동적인 광환경을 요구한다면 서쪽 벽에 채광용 개구부를 두는 것도 하나의 방법이다. 서쪽의 채광용 개구부에서 주광을 도입하면 오전부터 오후까지는 정적이지만 저녁이 되면 급격하게 광량이 증감하게 되고, 빛의 색도 붉은기를 띤다.

주광의 질에는 빛의 색 외에도 광량의 변화와 지향성 등이 있다. 채광용 개구부에 3.2.3에 소개한 각종 주광제어장치를 부가함으로써 단점을 보완하고 장점을 강조할 수 있다.

c. 채광용 개구부의 크기와 형상

채광용 개구부의 크기 외 요소가 모두 동일하다면 면적이 클수록 주광도입량이 커진다.

세로로 긴 채광용 개구부라면 채광용 개구부에서 먼 수평면에도 직사일광을 조사할 수 있다. 남쪽 부지 주변이 개방되어 있으면 남쪽 벽에 가로로 긴 채광용 개구부를 둠으로써 개구부 주변이 아침부터 저녁까지 직사일광을 포함한 보다 많은 주광을 도입할 수 있다.

(2) 반사재를 사용한 채광부

홍콩처럼 건물이 밀집되어 있는 곳에서는 채광부에 설치한 반사판에서 반사시킨 직사일광을 건물 저층부까지 도입할 수 있다. 고령화 사회가 진행된 일본에서는 이미 인구 감소가 시작되었으며, 효율적인 공통의 서비스를 받기 위해 집단주거를 하게 되면 집합주택의 각 세대에 자연채광장치를 이용하는 시대가 올 지도 모른다.

더 많은 직사일광을 반사시키기 위해서는 반사율이 높은 재료가 바람직하다. 반사율이 높은 재료의 대표적인 예로는 거울이나 내구성이 높은 특수한 표면처리를 한 금속판이다. 표면처리기술이 고도화됨에 따라 값도 저렴하고 반사율이 높은 그러면서도 자유로운 형태를 만들 수 있는 알루미늄판(3.4.3 참조)이 구입하기 쉬우므로 알루미늄판을 채광부에 사용한 자연채광장치가 늘어나고 있다. 그림 3-3-2에 나타낸 채광부는 경면 마감 알루미늄판을 사용한 것이다.

애틀랜타에 있는 미술관 하이뮤지엄 오브 아트 증축의 채광부 '라이트 스쿠프'는 경사진 스쿱 안쪽으로 직사일광을 받고 이를 반사시켜 스쿱의 뿌리부분에 집광하도록 되어 있다.

반사판을 사용한 채광부가 더 많은 직사일광을 받기 위해서는 특별한 연구가 필요하다. 그 방법 중 하나로 채광부의 반사면이 항상 태양을 향해 움직이는 자동추미장치를 부가하는 경우이다. 태양을 자동으로 따라가는 방법에는 다음과 같은 2가지가 있고, 2가지 방법을 병용하는 경우도 있다.

① **캘린더 제어** : 태양의 위치(5.5 참조)에 따라 반사재의 적정 위치를 산출하고 반사재의 방향으로 제어한다. 블라인드의 자동 제어에서 이용하는 캘린더 제어(4.2.1 참조)와 동일하다.

② **센서 제어** : 반사재가 더 많은 직사일광을 받을 수 있는 위치를 검출하는 센서를 달아 제어한다.

최근 들어 채광부에는 여러 개의 반사재를 사용하는 경우가 많다(그림 3-3-2). 1장으로 된 커다란 반사재는 값이 비싸기 때문에 작은 반사재를 여러 개 사용하는데 반사재의 매수만큼 제어장치가 필요하다. 그림 3-3-2에서 알 수 있듯이 모든 반사판이 같은 방향으로 늘어서 있으며 시각이 변함에 따라 방향도 바뀐다.

9 : 30

13 : 30

그림 3-3-2 반사경을 태양위치에 맞춰 회전시켜 자동추미하는 채광부(다이세이건설 삿포로 지점)

센서로 제어되는 심플한 예는 그림 3-3-3에 나타낸다. 센서는 사진 중앙의 검은 막대 3개이다. 3개 각각의 수조량으로 반사재가 더 많은 직사일광을 받을 수 있도록 반사재 자체를 움직인다. 센서로 검지한 데이터를 바탕으로 전체를 어느 정도 움직일 것인지 정하는 제어장치를 내장하고 있다. 센서의 정기적인 조정이 필요하다.

일반적으로 오염 방지를 위한 덮개가 부착되어 있으며, 덮개의 정기적인 청소가 필요하다.

그림 3-3-3에서 채광부 알루미늄판의 질량은 50.8kg이며 전체는 734kg이 된다. 하중을 지지하는 위치에만 설치할 수 있으므로 미리 구조에 대한 검토도 필요하다.

그림 3-3-3의 예에서는 반사재로 반사시킨 빛이 아래쪽을 향해 나아간다. 반사재 바로 아래에 천창이 있고 이를 투과한 빛이 건물 내로 들어간다. 주광 도입량에는 영향을 미치지 않지만 천창에 약간의 경사와 물빼기 구멍이 마련되어 있다. 이 천창에서 누수가 일어나면 자연채광의 도입에 관계없이 주광 이용이 중단되어버리므로 주의가 필요하다.

그림 3-3-3 태양광을 반사시켜 도입하는 장치
(다이세이건설 기술센터 환경실험동의 반사경)

직사일광을 정반사시키는 것만으로는 반사재가 받은 광량 이상의 반사광을 만들지 못한다. 그러나 여러 개의 반사재를 사용하여 반사광이 같은 곳에 모이도록 하면 더 많은 주광을 집광할 수 있다. 그럴 경우 일사열도 집중되기 때문에 열처리에 주의해야 한다.

(3) 굴절재를 사용한 채광부

채광부에 굴절재를 설치하면 직사일광을 임의의 방향으로 굴절시켜 실내에 도입할 수 있다. 즉 주광을 도입하려는 실내의 위치에 따라 태양 위치와 굴절재와의 상대 위치로 역산하여 굴절재의 설치 위치를 정하면 된다.

굴절재의 재료는 유리(3.4.2(1) 참조)나 플라스틱, 아크릴(3.4.2(9) 참조), 폴리카보네이트(3.4.2(9) 참조) 등이 있으며 재질에 따라 굴절률이 다르다(3.4.4(1) 참조).

대표적인 굴절재로는 렌즈가 있는데, 같은 재료라도 모양에 따라 ① 볼록렌즈, ② 오목렌즈, ③ 프레넬렌즈의 3종류로 나뉜다. 오목렌즈 투과 후의 직사일광은 바깥쪽으로 확산되듯이 나가며, 오목렌즈의 면적보다 넓은 면적을 조사하기 때문에 단위면적당

광량(조도)은 적어진다. 볼록렌즈 투과 후의 직사일광은 안쪽에 끼듯이 나가며 볼록렌즈의 면적보다 좁은 면적을 조사하기 때문에 단위면적당 광량(조도)이 많아진다. 볼록렌즈의 초점에 빛을 모으면 매우 밝아지기도 하지만 열도 함께 모아지기 때문에 주의해야 한다. 볼록렌즈처럼 집광 기능을 가지면서 얇게 만든 것이 프레넬렌즈이다.

조도를 낮게 하는 오목렌즈를 채광부에 사용한 자연채광장치는 아직까지 없다. 또한 너무 많은 열이 모아질 위험이 있기 때문에 거대한 볼록렌즈를 채광부에 사용한 자연채광장치도 없다. 그러나 작은 볼록렌즈라면 모아진 열을 처리할 수 있기 때문에 작은 볼록렌즈를 늘어놓고 각각에서 열을 처리하여 채광부로 사용한 장치는 있다(그림 3-3-4).

그림 3-3-4 볼록렌즈를 채광부에 사용한 자연채광장치(라포레엔지니어링 http://www.himawari-net.co.jp)

렌즈의 종류로 취급되지는 않지만 아크릴판 표면에 선처럼 가능 요철을 평행으로 넣으면 렌즈처럼 빛을 굴절시킬 수 있다. 이를 레이저 컷 패널(laser cut light deflecting panels)이라 하며, 하와이 대학의 교사에서 채광부로 사용되고 있다.

굴절재를 사용하려면 굴절재가 받는 직사일광이 적을 경우 도입하는 주광도 적다. 주광의 도입 효율을 높이기 위해 앞서 말한 태양자동추미(3.3.2(2) 참조)가 필요하다.

태양광 발전 분야에서는 볼록렌즈를 이용해 몇 백배 집광함으로써 발전량을 늘이는 연구가 이루어지고 있다(그림 3-3-5). 열처리에 대한 연구를 함으로써 향후 자연채광에도 응용될 수 있을 것으로 보인다.

그림 3-3-6은 굴절재의 일종인 전반사프리즘시트(3.4.4(2) 참조)와 거울을 사용해 직사일광을 아래 방향으로 향하게 하고 확산판으로 확산시킨 후 실내에 도입시키는 장치의 예이다. 이와 같이 지향성 빛을 확산광으로 도입하는 것도 가능하다.

그림 3-3-5 태양광 발전 분야에서 개발중인 집광장치(동경공업대학 종합연구원 야베 교수 제공)

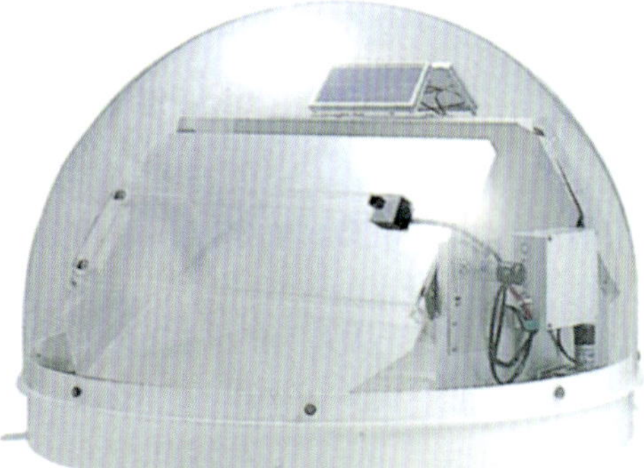

그림 3-3-6 프리즘 시트를 채광부에 사용한 자연채광장치

바로 앞의 경사진 부분이 프리즘 시트

(4) 건축 구조체를 겸한 채광부

a. 유리블록

유리블록의 원형에는 '유리브릭'과 '유리렌즈'가 있다. 유리브릭은 카스텔 벨랑주(파리 16구)에서 확인할 수 있다. 카스텔 벨랑주는 19세기 말부터 20세기 초에 활발했던 아르누보 양식의 건축이다. 파리의 메트로 입구 조형으로 유명한 헥토르 기마르의 작품이다. 유리렌즈는 프랑크 로이드 라이트가 1987년에 만든 아메리칸 룩스파 프리즘사 빌딩의 설계안에서 확인할 수 있다. 아메리칸 룩스파 프리즘사는 이름 그대로 유리렌즈 업체이다.

최근에는 프랑스에서 터널 입구에 사용하여 출입구 부근의 광도차를 경감하는 데 많은 도움이 되고 있다. 이와 같이 유리블록은 벽처럼 건축 구조체의 일부로 사용된다. 판유리와 크게 다른 점은 흡수율이 크다는 것이다. 또한 유리블록 내부가 진공에 가까운 상태(0.3 기압 정도)라는 점에서 우수한 단열성과 차음성을 지닌다. 유리블록의 열관류율은 판유리(5mm)의 1/2 이하이다. 단열성이 높기 때문에 표면 결로가 생기기 어려우며, 충격성 · 방화성(방화설비로 인정된 제품)도 있다.

판유리와 마찬가지로 유리블록의 투과율도 입사각 의존성이 높은데, 판유리의 광학특성 측정방법은 유리블록에는 적용되지 않는다. 유리블록의 광투과성을 측정하는 방법은 규정되어 있지 않다. 어느 업체의 HP에 의하면 유리블록의 광투과율은 0° 입사시 56%, 30° 입사시 45%, 60° 입사시 20%이다.

JIS에 의해 일본산 유리블록의 크기는 규정되어 있다. 한 변이 125/160/200/320mm인 정사각형 4종과 직사각형(250×125/320×160mm)의 2종으로 모두 6종이다. 두께는 80/95/125mm의 3종이다. 외국산 유리블록에는 다양한 사이즈가 있다. 중국산 제품 같은 값이 저렴한 것이 보급되어 유리블록이 건축 구조체에 자주 사용되게 되었다.

시멘트 모르타르와의 접착성을 좋게 하기 위해 일본산 유리블록 측면에는 내수성 도료가 도포된다. 유리면은 판유리와 동등한 내구성이 있지만 접합줄눈이나 신축줄눈의 실링은 유리에 비해 온도, 자외선, 물의 영향을 받아 열화되기 쉽다. 열화는 누수의 원인이 되므로 5~10년 정도를 기준으로 실링을 다시 해야 한다.

b. 불소수지계 막구조용 재료

불소수지계 막구조용 재료에는 사불화에틸렌수지코팅막과 고기능불소수지 ETFE 필름(ETFE : 에틸렌-테트라플루오르에틸렌코폴리머)이 있다. 광투과성과 내오염성이 높다. 산화티탄으로 코팅하여 내오염성을 더욱 높인 것이 있다.

① 사불화에틸렌수지코팅막

듀폰사의 상표등록인 테프론이라고 하는 것이 알기 쉬울 것이다. 유리섬유에 사불화에틸렌수지를 코팅한 막소재이다. 3.0㎛의 유리섬유로 짠 막재료로, 광투과율은 약 13%이다.

1973년에 시공된 라반대학(캘리포니아)의 사불화에틸렌수지코팅막의 단면 구조를 현미경(60배)으로 봤을 때 변하지 않았다는 점만 봐도 그 내구성이 얼마나 뛰어난지 알 수 있다. 막구조는 경량이기 때문에 기둥이 적으며 자유로운 형상을 만들 수 있다. 또한 공기도 짧고 철거도 용이하다. 일본에서는 도쿄돔을 비롯한 대형 돔부터 일사차단 텐트까지 널리 보급되어 있다.

② 고기능 불소수지 ETFE 필름

90%를 넘는 광투과율을 가지며(그림 3-3-7), 내오염성이 우수하다. ETFE를 건축의 지붕·외장으로 사용하면 지붕이나 외장 자체가 채광부가 된다. 이 필름에는 광투과성 외에도 ① 경량이어서 구조에 미치는 부담이 적다, ② 잘 열화되지 않는다, ③ 가공이 가능하다(곡면으로 하거나 표면에 인쇄를 하는 등)는 특징

이 있다. 건축 분야에서는 온실 하우스용 필름이나 스포츠시설의 지붕재 등에 사용되고 있다. 다른 분야에서는 전기절연성, 비점착성을 살려 사용되고 있다. 독일 뮌헨시의 축구 스타디움 Allianz-Arena의 경우 지붕과 외장에 ETFE가 사용되었다(그림 3-3-8). 의장이나 기능 면에서 컬러 필름과 자외선 컷 필름 외에 인쇄에 의한 일사투과 제어도 가능하다. 서양을 중심으로 ETFE를 사용한 건축이 증가하고 있다. 2008년에 개최된 베이징 올림픽의 메인 스타디움 '국가체육장 Bird's Nest'에서는 약 5만m^2, 수영회장 '국가유영중심(Beijing National Aquatics Center)'에서는 약 30만m^2에 ETFE가 사용되었다. 새로운 건축 재료로서 많은 기대를 받고 있지만 일본에서 아직까지는 일반 건축물의 건축재료로 쓰이고 있지 않다.

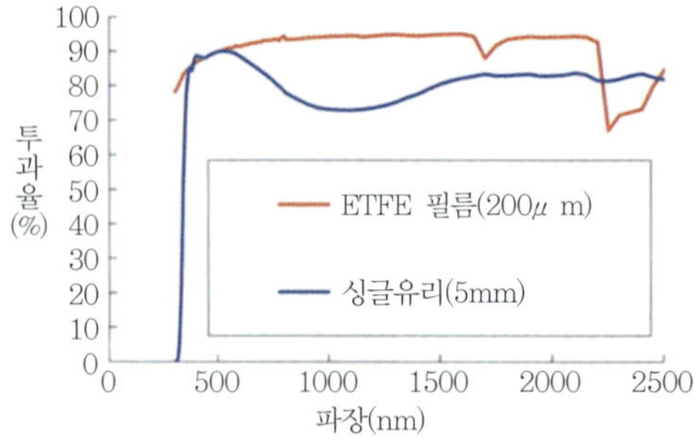

그림 3-3-7 고기능 불소수지 ETFE 필름의 파장별 투과율

그림 3-3-8 뮌헨 축구 스타디움 Allianz Arena ETFE 필름을 사용한 돔

토막 지식 **창의 크기와 건축기준법**

창은 여러 관점으로 분류할 수 있는데 크기에 따라 창이 분류되지는 않는다. 과거에는 광투과재의 종류가 충분하지 않았기 때문에 주광도입량을 제어하는 방법이 창의 면적밖에 없었다. 광학재료가 다양화된 오늘날에는 창의 크기가 옛날만큼 중요하지는 않겠지만 큰 창은 자연채광상 유리하며 주광도입량의 가장 지배적인 요인으로 일컬어지고 있다. 예를 들어 크기가 1.8m×0.6m이며 가시광투과율이 80%인 창으로 들어오는 주광도입량을 3배로 하려 한다면...

① 같은 크기로 가시광투과율이 240%인 판유리를 사용한다.

② 또는 창의 크기(엄밀하게 말하면 창의 입체각투사율)를 3배로 한다.

가시광투과율이 240%인 광학재료는 없지만 1매 1.8m×1.8m인 판유리라면 용이하게 입수할 수 있다(1매의 판유리의 최대 치수는 2007년 기준 3m×12m).

건축기준법에서는 실에 일정 규모 이상의 면적이 채광상 유효한 창을 마련하도록 규정하고 있다. 그 면적을 산출하는 방법이 2000년에 개정되었다. 이 개정에 의해 주변경계선과 가까운 위치의 창은 창 면적 전체가 채광상 유효하다고는 볼 수 없게 되었다.

창의 크기는 거주 환경의 좋고 나쁨을 종합적으로 파악하는 지표로 여겨져 왔으며 실내에 도입되어야 할 주광량으로 결정되지는 않는다. 도입되어야 할 주광량이 중요하다면 창에 쓰이는 투과재의 투과율도 문제시될 것이다. 창이 크면 보이는 하늘도 넓고 바람이 들어오기도 쉽다. 그렇게 정량화하기 어려운 환경을 평가하는 지표로 창의 크기가 이용되고 있다.

c. 가설건축물용 막

사용기간이 1년 이내인 가설건축물에만 사용할 수 있는 건재용 막이 있다. 아이치현에서 열린 만국박람회의 차양 텐트의 경우 케나후를 기본 소재로 사용한 막과 올레핀계열 단일 소재막이 사용되었다.

케나후는 인쇄가 가능한 재생지로 재활용할 수 있기 때문에 목재 자원을 대신할 종이 재료로서 주목되고 있다. 올레핀계열 단일 소재막은 올레핀계열 섬유직물에 폴리올레핀을 양면에 라미네이트한 막재료로, 시트나 플라스틱으로 재활용할 수 있다.

d. FRP(Fiber Reinforced Plastics)

섬유와 수지를 사용해 보강된 플라스틱이다. 사용하는 섬유에 따라 종류가 다르다. 글라스파이버를 사용하는 FRP는 GFRP라 불리며, 빛을 투과하여 여러 형상으로 가공할 수 있다.

폴리에스테르수지나 에폭시수지에 유리섬유를 베어들게 하기 때문에 강화플라스틱이라고도 하며, 상온 또는 상압에서 변화가 거의 없고 FRP면 격자재에 의한 목조주택용 내력벽이 개발되었을 만큼 뛰어난 강도를 가진다. 우주·항공 산업을 비롯해 바이크, 자동차, 철도, 건설산업, 의료 분야 등 여러 분야에서 사용된다. 내후성과 내열성, 내약품성, 단열성, 전기절연성, 전파투과성이 뛰어나다.

e. 건재형 태양전지유리

건재형 태양전지유리는 빛을 조사하여 전기를 일으키는 반도체(실리콘)를 넣은 건재로 지붕이나 외장에 사용된다(그림 3-3-9). 반도체는 내후성이 떨어지기 때문에 반도체를 지키면서 태양광을 차광하지 않는 판유리나 필름이 표면에 사용된다.

태양광 발전은 가장 많이 보급된 자연에너지 이용의 한 수법이다. 이제까지는 지붕 위나 옥상에 설치하는 경우가 많았지만 반도체 부분을 적절히 배치함으로써 투과성이 높은 태양발전 모듈이 개발되어 차양이나 루버와 일체화시켜 사용되게 되었다. 반도체 자체가 투명한 건재형 태양발전유리에 대한 연구도 이루어지고 있다(그림 3-3-10, 3-3-11).

색소 증감 태양전지(또는 그렛젤형, 습식태양전지라고도 함)라 불리는 간편하게 제조할 수 있고 값도 저렴한 것이 개발중이어서 앞으로 더 보급될 것으로 기대된다.

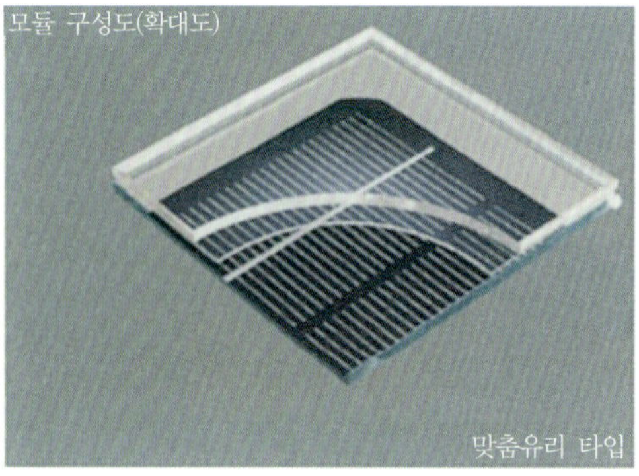

그림 3-3-9 태양전지의 구성

그림 3-3-10 태양전지의 사용 예 1
지붕면에 태양전지를 설치하였다.

그림 3-3-11 태양전지의 사용 예 2
투명한 태양전지도 개발되어 조망을 확보할 수 있다.

3.3.3 전송부

채광부에서 받은 주광은 확산부까지 보내야 한다. 빛을 보내는 방법은 공기나 물처럼 광투과재 안을 통과시키는 방법과 거울 등의 광반사재로 반사시켜서 반송하는 방법이 있다. 어떤 방법을 사용한 공간이든 모두 '전송부'라고 정의된다. 빛을 보내는 목적 외의 목적으로 설치되는 공간을 전송부로 겸용하는 경우와 빛을 보내기 위한 전용 전송부가 있다.

(1) 건축공간을 전송부로 겸용하는 것

예를 들면 계단처럼 높이방향으로 긴 연속공간에서는 최상층의 천장부분에 채광부가 있으면 채광부에서 도입된 주광이 계단의 연속공간 내에서 반사 및 투과를 반복하면서 아래쪽 계단 또는 그 계단에 면한 공간에까지 이른다. 이와 같이 어떤 목적을 가진 공간을 전송부로 이용할 수 있다.

오피스 빌딩이나 상업시설의 로비 등 넓은 공간을 인공조명으로 밝히려고 하면 조명용 전력량이 매우 커지게 되기 때문에 주광 도입에 의한 에너지 절감이 높이 평가된다. 계단과 마찬가지로 채광부에서 도입한 주광을 유도하여 로비 안을 밝게 할 경우 로비 위의 세로 공간이 전송부가 된다. 물론 더 많은 주광을 보낼 수 있도록 전송부의 형상이나 마감 등을 연구할 필요가 있다.

공간을 단순히 전송부로 겸용하는 것이 아니라 반사재나 굴절재를 사용해 더 많은 주광을 보내는 연구를 하거나 로비 상부의 벽면에 반사재나 굴절재를 사용해 로비의 바닥면이나 로비에 면한 방에 더 많은 주광을 도입한 예도 있다(그림 3-3-12). 그림 3-3-12에 나타낸 전송부에는 첫 번째 거울에서 반사된 직사일광을 두 번째 거울에서 재반사시켜 세 번째 거울로 유도한다. 세 번째 거울에서는 확산 반사됨으로써 넓은 바닥면을 밝게 하고 있다.

또한 세로로 긴 공간의 상부를 실외와 연결시킬 경우에는 화재시의 배연기능을 갖게 하는 경우가 많다.

(2) 독립공간으로서의 전송부

건물의 공간과 겸용하지 않는 독립된 전송부를 마련하기 위해서는 건축설계 단계에서 계획되어야 한다. 전송부가 상하로 관통하는 경우는 구조계획 단계에서도 함께 계

(a) 내벽에 2개의 거울을 설치하여 빛을 아래쪽으로 유도한다.

(b) 바닥면까지 유도된 빛이 바닥면을 비추고 있다.

그림 3-3-12 전송부(다이세이건설 삿포로지점)

획되어야 한다. 물론 상하로 관통하는 경우뿐만 아니라 경로가 복잡해지면 내화상 필요한 구획과의 균형 등도 미리 검토해야 한다.

a. 광덕트(그림 3-3-13)

본래 덕트(풍도라고도 함)란 공기조화를 위해 기체를 반송하는 설비로 내부는 비어 있다. 비어 있기 때문에 빛을 운반할 수도 있다. 단, 기체의 압력손실과 마찬가지로 덕트 내벽 표면에서의 반사에 의한 광량 감쇠를 고려해야 한다. 반복 반사에 의한 감광량을 적게 하기 위해서는 반사횟수를 줄이고 반사면을 고반사율로 할 필요가 있다. 반사횟수를 줄이기 위해서는 도입된 빛이 광덕트와 가급적 병행이 되는 형상으로 하고 덕트의 총길이는 짧으며 굴곡부는 작고 굴곡부의 곡률도 작게 해야 한다. 또한 단면

그림 3-3-13 세로로 설치된 광덕트 시스템
방 안이나 창이 없는 방에도 광량을 도입할 수 있다.

적을 크게 한다. 반사면의 반사율을 높게 하기 위해서는 경면 마감된 알루미늄 등으로 표면을 마감한다(반사율 0.95~0.96 정도). 자외선을 흡수하는 알루미늄재를 사용하는 경우도 있다.

확산부에 대한 연구를 통해 채광부의 수광면적보다 넓은 부분을 조명할 수 있다.

또한 광덕트 내표면의 반사율을 저하시키지 않도록 배려해야 한다. 청소는 부직포로 드라이클리닝하고 드라이클리닝을 할 수 없는 경우는 표면장력이 낮은 중성세제로 씻어낸 후 부직포로 더러움을 닦아낸다. 오염이 심한 경우는 전문 클리닝업자에게 의뢰한다. 청소시에 지문이 묻지 않도록 주의한다.

덕트를 세로로 설치하고 밀폐구조로 하면 먼지는 거의 붙지 않기 때문에 압축공기에 의한 청소를 20년에 1번 정도 실시하면 된다.

b. 광정(라이트코트, 라이트웰, 빛우물이라고도 불림)

건물 중앙을 우물처럼 비워서 상부에 입사된 주광을 저층부까지 보낼 수 있다(그림 3-3-14). 전송부는 수직방향으로 긴 경우가 많기 때문에 주로 천공광을 도입할 수 있다. 전송부의 위쪽이 막혀 있지 않은 경우 광정이라 부른다. 주광을 도입할 뿐만 아니라 자연환기용 급기(즉 외기 도입)나 화재시의 배연에 이용할 수도 있다. 전송부 위쪽에 거울이나 프리즘 굴절재를 사용한 채광부를 설치하여 직사일광을 도입하는 경우도 있다.

그림 3-3-14 건물 중앙에 있는 광정
창으로부터 먼 위치, 저층부에서도 주광에 의한 밝기를 느낄 수 있다(다케나카공무점 도쿄 본점)

c. 광섬유

공간을 확보할 수 없더라도 광섬유를 사용하면 효율적으로 주광을 보낼 수 있다. 일반적으로 광섬유는 정보전달용으로 알려져 있지만 반도체 제조장치나 미술품 조명 등 램프에 의한 발열이 우려되는 곳의 조명으로 자주 이용된다. 또한 조명기구의 존재감을 없애고 싶은 경우에도 광섬유로 조명하는 경우가 있다.

광섬유는 코어(심) 주위를 크래드(초)가 덮는 구조로 되어 있다. 코어와 크래드는 굴절률(3.4.4 참조)이 크게 다른 재료로 만들어져 있다. 임계각을 넘지 않는 입사각으로 코어와 크래드의 계면에 빛이 입사됨으로써 전반사하는 성질을 이용하고 있다. 빛은 전반사를 반복하면서 파이버 안을 지나간다. 임계각이 큰 광섬유는 많은 빛을 도입할 수 있다. 그래서 임계각의 대소는 개구 수 NA로 나타낸다. 광섬유가 공기 중에 있는 경우는 $NA = \sin\theta$(θ는 코어에서 입사/출사되는 최대 원추상 광선 정점 각도의 1/2)이 된다.

이론으로 구할 수 있는 $NA_{max\,th}$에서 5~7% 작아진다.

광섬유 단면에서의 수광(受光) 특성은 수광각(θ)으로 표현되며 코어의 굴절률(n_1)과 크래드의 굴절률(n_2)로 정해진다.

$$\text{개구수} \quad NA_{max\,th} = \sqrt{n_1^2 - n_2^2}$$

재질은 플라스틱, 여러 성분의 유리, 석영유리 등이 있다. 플라스틱으로 만든 것은 POF(Plastic Optical Fiber)라 부르며 코어에 아크릴, 크래드에 불소수지를 사용한다. 유연성이 있고 잘 구부러지지 않으며 가공도 용이하고 값도 저렴하지만 자외선에 의한 열화가 우려되어 고온인 곳에서는 사용할 수 없다.

광섬유는 전반사를 이용하지만 길어지면 반송되는 광량이 감쇠된다. 재질에 따라 감쇠 정도는 다르다. 가장 감쇠가 적은 것은 석영유리로 만든 광섬유이다. 감쇠가 많은 플라스틱의 경우 몇 m 정도면 크게 문제되지는 않는다. 반송중 손실되는 광량은 전송 손실(파장별 손실 [dB/km])로 나타낸다.

광섬유로 주광을 운반하는 데는 단면적이 작기 때문에 생기는 문제가 있다. 우선 광섬유 내에 주광을 도입하기 위한 집광기술이 필요하다. 집광에 따른 집열처리기술도 필요하다. 또한 단면적 자체가 작기 때문에 1개의 파이버로 반송할 수 있는 빛의 절대량이 작다. 문제가 되는 것은 아니지만 단면적이 작기 때문에 광섬유로 반송한 주광을 그대로 확산해도 빛은 퍼지지 않는다.

광덕트와 마찬가지로 빛의 지향성이 사라지기 때문에 반송된 빛이 주광이라는 것을 인식하기 어렵다.

한편 매우 미소한 부분에서 강한 빛 또는 변동하는 빛을 제공할 수 있기 때문에 비일상적인 인상을 가져올 수 있다.

광섬유는 구부릴 수 있기 때문에(최소구부림반경 이상) 작은 곡률로 빛의 진행방향을 바꿀 수 있다.

앞서 말한 바와 같이 현재는 단면적이 큰 광섬유는 시판되고 있지 않다. 광섬유의 원리를 참고하여 굴절률이 크게 다른 2종류의 재료로 원주(각주도 됨)를 세우면 빛은 광섬유처럼 전반사를 반복하면서 진행될 것이다. 앞서 말한 볼록렌즈(3.3.2(3) 참조)를 채광부에 사용하는 자연채광장치는 렌즈로 모은 주광을 광섬유에서 필요한 곳으로 보낸다. 이 장치의 경우 모아진 열이나 자외선으로 인해 광섬유가 변질되지 않도록 고가의 석영유리 파이버가 사용되고 있다.

3.3.4 확산부

도입된 주광을 실내에 방사하는 부위를 '확산부'라고 정의한다. 확산부는 실내에서 광원 역할을 한다. 자연채광장치 외의 구성요소로 명확히 분리할 수 있는 경우와 그럴 수 없는 경우가 있다.

(1) 전송부의 단부인 확산부

아트리움의 확산부는 전송부의 단부라고 말할 수 있다. 단부이기 때문에 여기서 빛의 투과/반사현상은 검토할 필요가 없다. 단, 슬릿 모양의 개구로 되어 있는 경우는 회절현상을 검토해야 한다.

(2) 천장이나 벽 등을 겸하고 있는 확산부

확산부 내에는 창과 같은 구성으로 된 것이 있다. 예를 들어 광정(3.3.3(2) b 참조)으로 자연채광을 하는 경우 광정에서 운반된 주광을 도출하는 개구부는 확산부라고 할 수 있다. 광정에 면한 개구부는 외부 경관이 보이지 않는 창과 동일한 기능을 한다. 또한 라이트쉘프(3.2.3.(1) d 참조) 등을 사용해 도입한 주광을 천장면에서 반사시켜 실내를 밝게 하는 경우 반사하는 천장면이 확산부가 된다.

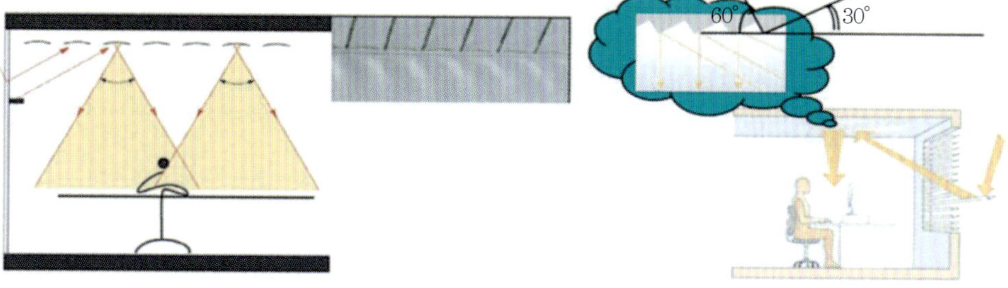

그림 3-3-15 천장면이 확산부로 되어 있는 예

천장에는 둥근 고반사율 알루미늄재가 설치되어 있으며 알루미늄 표면에서 반사된 빛을 아래쪽으로 보낸다.

천장면을 확산부로 하는 예를 그림 3-3-15에 나타낸다. 이들 모두 특수한 표면처리로 반사율을 높인 알루미늄판을 천장면에 사용하여 아래쪽으로 빛을 증가시키고 있다. 둘 다 독일 제품으로 오른쪽 그림은 시판되고 있지만 왼쪽 그림은 아직 개발중에 있다.

3-4 자연채광장치의 구성요소를 지원하는 재료

3.4.1 재료의 광학설계 개요

빛(전자파)은 굴절률이 다른 매질의 경계면에서 반사, 굴절을 일으킨다. 경계면이 여러 개인 경우 경계면마다 다중반사가 일어나 들어오고 나가는 빛이 서로 교차되기도 한다(그림 3-4-1). 또한 매질이 빛을 흡수하는 재료인 경우는 물질 고유의 흡수계수와 두께에 따른 흡수를 일으킨다.

재료의 굴절률은 일반적으로 파장의존성이 있다(그림 3-4-2). 또한 스넬의 식으로 표현한 입사각의존성도 있다(프레넬식 또는 프레넬방정식이라고도 함. 입사 전 매질의 절대굴절률×sin(입사광의 법선이 되는 각도=입사 후 매질의 절대굴절률×sin(굴절광의 법선이 되는 각도)). 이런 성질을 고려하면서 재료의 광학설계가 이루어진다.

그림 3-4-3은 그 중 한 예로, 시판되고 있는 Low-E 유리의 분광투과율 · 분광반사율(a)과 가시광투과율 · 반사율의 입사각의존성(b)을 나타낸 것이다. 비대칭인 유리(예를 들면, 한쪽면에 막재를 코팅한 Low-E 유리 등)에 빛을 입사했을 경우, 입사면에 상관없이 투과율은 일정한데 반사율은 입사면에 따라 다르다.

매질간의 다중반사 문제 및 매질 내의 교차, 흡수 문제를 광학적으로 해결하기는 어렵지만 교류회로에서 사용되는 사단자회로망이라 불리는 수법으로 다층매질 내의 빛의 거동도 비교적 쉽게 계산할 수 있다.

물에 빛이 입사될 때 광학재료와 마찬가지로 투과, 반사, 굴절의 각 현상을 일으킨다. 그러나 물의 경우는 광학현상을 구현화하는 재료로 채용되기 보다는 자연스러움을 느끼게 하는 아이템으로 많이 쓰인다. 이 장에서는 투과재료, 반사재료, 굴절재료와는 별도로 마지막에 소개한다.

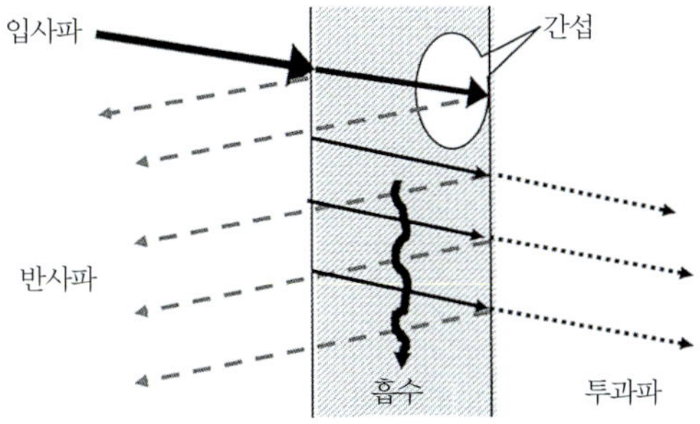

그림 3-4-1 매질 내의 빛(전자파)의 거동
빛은 경계면에서 반사되어 매질 내에서 흡수된다.
또한 다중반사된 빛은 서로 교차된다.

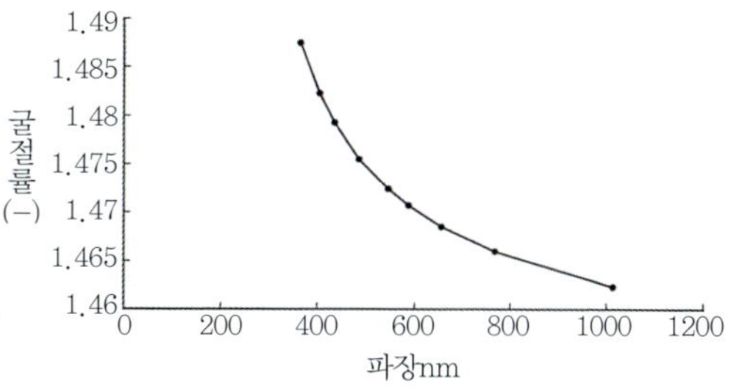

그림 3-4-2 광학유리(FKI)의 굴절률
파장에 따라 굴절률이 다르다.

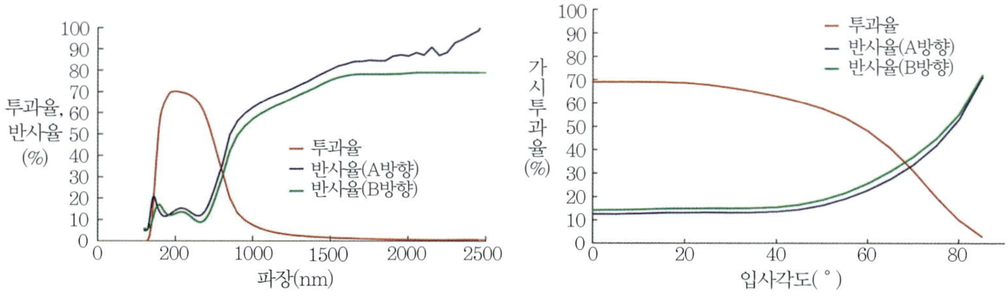

그림 3-4-3 Low-E 유리의 분광투과율 · 분광반사율과 가시광투과율 · 반사율의 입사각도 의존성

3.4.2 투과재료

자연채광장치에 있어서 대표적인 광투과소재로는 유리가 있다. 슬래브에서 외피를 분리할 수 있도록 되었고, 유리의 내구성이 향상되었으며 유리 부위의 면적을 크게 할 수 있게 되었다. 또한 다음과 같은 이유로 오피스 건축 · 상업빌딩을 중심으로 유리 부위의 면적을 크게 하고 있다.

① 유리의 외관 의장 향상(투명성, 반사성)
② Low-E 페어글라스 보급에 의해 고단열화, 고차열화 실현
③ 유리의 내구성, 메인터넌스성 향상
④ 오피스 내의 어메니티 향상에 대한 요구(경관 도입, 개방감 요구)

면적을 크게 하는 한편, 유리 및 주변 부재의 적절한 설계가 중요시되고 있다. 유리 및 주변부재가 적절히 설계되지 않으면 에너지 절감성이 저하될 뿐만 아니라 그 공간에 머물게 될 사람의 쾌적성·작업성도 악화된다. 예를 들어 수영장 등의 천창에 망입유리를 사용할 경우 단면 처리에 주의할 필요가 있다. 적절히 처리해두지 않으면 유리 내의 금속선이 녹슬어 미관을 해치고 광투과율도 떨어진다.

(1) 유리의 광학특성

a. 투과율, 반사율, 흡수율

그림 3-4-4에 몇몇 유리의 분광투과율을 나타냈고, 표 3-4-1에 분광투과율로 산출한 광학지표를 나타냈다. 예를 들어 Low-E 복층유리의 분광투과율을 보면 가시범위의 빛을 다른 파장범위보다 많이 투과시키고 있음을 알 수 있다. 광학지표를 보면 다른 유리에 비해 일사투과율이 작고 가시광투과율을 일사투과율로 나눈 값 Selectivity(가시의 선택투과성)도 크다. 어떤 유리든 단파장인 빛을 투과시키지 않지만 맞춤유리는 다른 것에 비해 장파장측에서 투과율이 상승한다. ISO 9050에 의해 계산된 자외선투과율은 0%이다. 또한 Low-E 복층유리도 자외선 투과율이 작다는 것이 특징이다.

일반적인 광환경 평가 시뮬레이션에서는 분광특성을 직접 사용하지 않으며 대표적인 광학지표를 사용하는 경우가 많다. 자연채광 디자인에서는 열환경평가도 필요한 경우가 있다. 열환경평가 시뮬레이션에서도 대표적인 지표(일사투과율, 일사반사율, 일사열취득률)를 사용하는 경우가 많다.

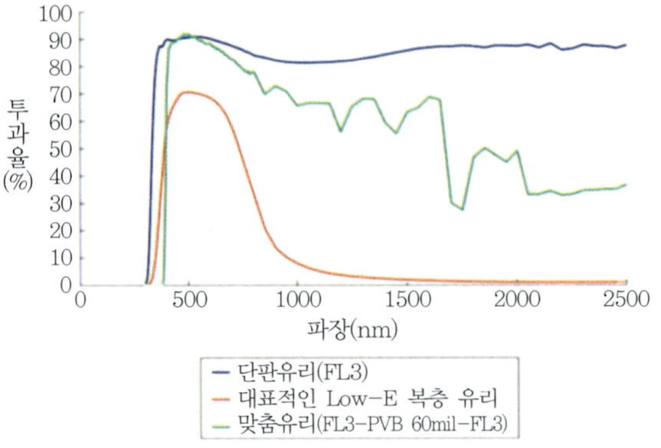

그림 3-4-4 유리의 분광투과율

표 3-4-1 분광특성으로 산출된 광학지표(이들 수치를 사용해 환경설계되는 경우가 많다)

광학특성	단판유리	Low-E 유리	맞춤유리
가시광투과율	90.2	69	89
가시광반사율	8.2	14.2	8.1
일사투과율	85.8	37.1	7.4
일사반사율	7.8	38.1	7.1
자외선투과율	71.1	17.4	0
일사열취득률	0.88	0.49	0.8
Selectivity*	1.05	1.86	1.2

Selectivity*=가시광투과율/일사투과율

b. 색에 관한 지표

유리의 경우는 투과색, 반사색이 설계상의 과제이다. 재료설계 단계에서는 xy색도도 등을 이용해 평가하고, 최종적으로 실물 크기 시험체를 사용하여 주변의 부재·건재를 포함한 의장 평가를 하는 경우가 많다.

다양한 측색 수법이 있는데, 여기서는 투과색과 반사색 자체를 측정하는 것이 아니라 투과색의 연색성 평가를 예로 든다. 연색평가수는 기준광원(D65 광원)에 의한 시험색의 색과 얼마나 차이가 있는지 평가하는 것으로 차이가 전혀 없는 경우를 100으로 본다(6.6 참조). ISO 9050을 기준으로 4종류의 유리를 투과한 빛의 연색성을 평가한 결과를 그림 3-4-5, 표 3-4-2에 나타낸다. 광원은 D65 광원으로 하고 380~780nm의 분광투과율로 연색평가수를 계산했다. 연색평가수에는 평균연색평가수 R_a와 시험색별 연색평가수 R_i가 있다. R_i의 첨자인 i는 시험색을 나타낸다(예, $R9$의 9는 붉은 색을 가리킨다). 여기서 나타내는 그린계열 열선흡수유리는 일사투과율(T_e), 일사열취득률(η)이 작고 에너지 절감성이 뛰어난 유리이지만 연색성 평가수는 작다. 특히 $R9$(붉은색)의 수치가 작다. 한편 차열형 맞춤유리는 특히 적(赤)외 영역만을 차단하도록 설계된 것으로 일반 맞춤유리와 연색성은 거의 다르지 않다. 또한 고투과·고투명 유리는 유리 특유의 푸른 기가 적어지도록 재질 조성을 조정한 것으로, 일반 유리에 비해 높은 연색성을 가지며, 특히 투명감이 요구되는 파사드에 적합하다. 유리 면적이 큰 건축물에서는 외관의 의장뿐만 아니라 실내에서 보이는 실외풍경의 질도 중요하다. 실외풍경평가지표의 하나로 연색성을 사용할 수 있다.

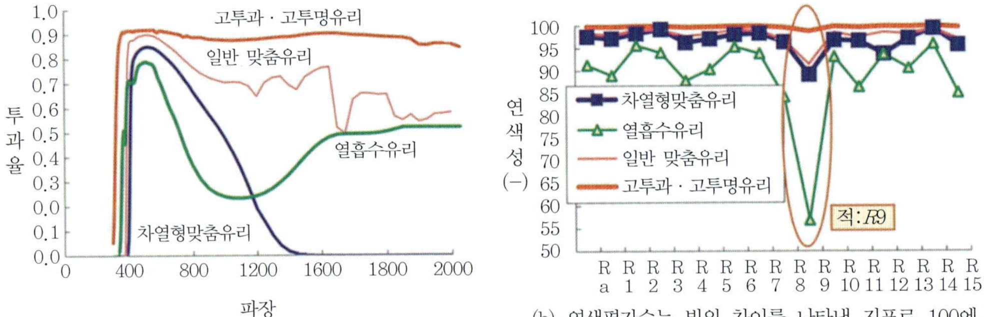

(a) 유리분광투과율

(b) 연색평가수는 빛의 차이를 나타낸 지표로 100에 가까울수록 원래 색에 가깝다고 본다.

그림 3-4-5 몇몇 유리의 분광투과율과 이것으로 계산한 연색성

표 3-4-2 연색성(종합)을 평가한 4종의 유리

	고투과 · 고투명유리	일반맞춤	차열형맞춤	열흡수
T_v(가시광투과율)	91	89	83	75
T_e(일사투과율)	90	77	56	49
n(일사열취득률)	0.9	0.82	0.69	0.65
R9붉은색의 연색성	99	91	89	57
R_a(연색성 종합)	100	98	98	91

(2) 유리의 광학특성 측정

일반적으로 판유리의 광학특성은 JIS R 3106, ISO 9050을 기준으로 측정 · 계산된다. 가시광투과율과 일사투과율의 경우 대상이 되는 파장영역이 다르다. 반사율은 같다. 판유리에는 플로트판유리, 간유리, 형판유리, 망입판유리, 선입판유리, 맞춤유리, 강화유리, 열선흡수판유리, 복층유리, 경면반사재, 열선반사유리, 배강도유리 등이 있다. ISO 9050에서는 자외선투과율 및 연색성을 함께 규정하고 있다.

앞서 말한 방법으로 측정되는 것은 파장의존성이 있는 분광특성이다. 분광특성에는 파장별로 다량의 정보가 포함되는데, 공학 · 설계 분야에서는 번잡하기 때문에 설계상 필요한 정보에 따라 요약한 지표가 사용된다. 표 3-4-1과 같이 측정된 분광특성에서 각종 광학지표가 계산된다.

앞에서 설명한 바와 같이 표면처리가 된 유리에는 입사면에 따라 반사특성이 다르기 때문에 입사면별로 반사율 측정이 필요하다. 또한 JIS R 3106, ISO 9050에서는 방사율 · 일사열취득률에 대한 측정 · 계산방법도 규정되어 있다.

(3) 유리의 광학특성 데이터베이스

미국의 LBNL(Laurence Berkley National Laboratory)의 Windows & Daylighting 그룹에서는 유리의 광학 데이터베이스 International glazing database를 충실히 제공하고 있다. International glazing database는 서양을 중심으로 한 1,750종의 유리에 관한 데이터가 수집되어 있으며, 이는 세계 최대급의 데이터베이스이다. 그림 3-4-6은 International glazing database에 등록된 약 1,500건의 단판유리의 가시광투과율과 일사투과율을 정리한 것이다. 매우 광범위한 광학특성을 가진 유리가 상품화되어 있음을 알 수 있다.

LBNL에서는 데이터베이스 외에 4개의 평가소프트웨어를 제공하고 있으며, 다양한 빛 · 온열환경평가 소프트웨어와 링크할 수 있도록 되어 있는 점도 큰 특징 중 하나이다. 표 3-4-3에 LBNL의 소프트군의 개요를 정리했다. 이들 소프트는 Windows & Daylighting 그룹의 HP(http://windows.lbl.gov/software)에서 다운로드할 수 있다. 창에 관한 여러 정보도 링크되어 있어서 최신 기술의 동향을 아는데 매우 유용하다.

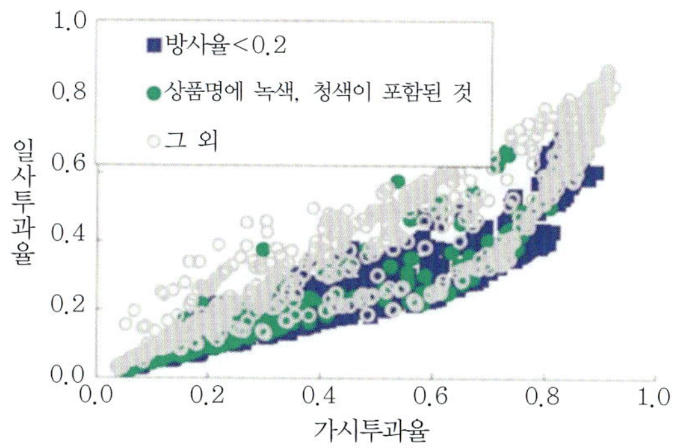

그림 3-4-6 상품화되어 있는 유리의 광학특성(단판)
다양한 유리가 상품화되어 있다. Low-E유리 또는 청색계열 유리의 일사투과율은 작다.

표 3-4-3 LBNL 유리에 관련된 평가 · 해석 도구 일람

International glazing database(IGDB)	단판유리의 분광특성 데이터베이스. Optics5에 의해 내용을 열람, 개별로 아웃풋하는 것이 가능하다.
Optics5	IGDB의 데이터베이스를 기반으로 복층유리, 맞춤유리의 분광특성, 광학지표를 계산하는 소프트웨어. 단층재를 임의로 조합시켰을 경우 등 각종 분광데이터를 계산할 수 있다.
Windows	유리 단판의 광학지표, 새시의 열특성 등으로 유리단체, 창 전체의 열성

	능을 계산하는 소프트웨어. Optics5의 아웃풋 파일을 이용해 임의의 구성에 대해 계산할 수 있다.
Therm	2차원 유한요소법에 의한 열해석 소프트웨어. 열류, 온도분포 외에 새시 등을 포함한 전체적인 열관류율을 계산할 수 있다.
Resfen	비교적 간편한 열부하계산 소프트웨어

주) 링크된 소프트웨어 : 열환경·설비 해석 소프트웨어인 Trnsys, DOE-2, 광환경 해석 소프트웨어인 Adeline, Radiance 등의 링크가 가능하다. 또한 예를 들면 Adeline와 Trnsys를 링크하여 온열·주광의 종합 시뮬레이션이 가능하며 플렉시빌리티, 확장성이 높은 환경으로 되어 있다.

(4) 유리의 메인터넌스

유리는 설치된 환경(항진의 성상이나 양, 폭로기간, 경사각도 등)에 따라 시간이 경과함으로써 오염되어 간다. 일부 오염을 그대로 방치하면 일반적인 세정작업으로는 제거할 수 없는 경우가 있어 빌딩 메인터넌스에 문제가 되는 것 중의 하나이다. 오염을 정량적으로 예측하기는 어려워 자연채광 디자인을 할 때에는 잘 오염되지 않고 메인터넌스를 하기 쉬운 계획으로 해야 하며, 또한 운용시 정기적인 메인터넌스를 하도록 권장하고 있다. 창유리의 오염에 관한 측정 사례는 적다. 차양이 없는 수직면에 78일간 폭로시켰을 경우 투과율이 3~6% 정도 감소되었다는 보고도 있다.

빗물에 의해 콘크리트, 유리 자체에서 용출되는 실리카 고체는 영구오염 중 하나이다. 또한 대기중에 포함된 먼지의 약 60%를 실리카가 차지한다고 알려져 있어 그 영향도 부정할 수 없다.

새 유리는 친수성이 있기 때문에 용출 실리카를 포함한 빗물은 유리면에 퍼져 있어서 고착이 심한 오염은 없다. 그러나 유리가 친수성을 잃으면 빗물은 물방울 형태로 점처럼 건조되기 때문에 국소적으로 고착이 심한 오염이 생긴다. 실리콘 실링재에서 나온 실리콘 오일은 표면장력이 작아 유리가 발수화되는 요인이 된다. 실리콘은 실로키산 결합을 골격으로 한 고분자유기화합물(중합체 폴리머)의 총칭으로 일반적으로는 실리콘 수지 또는 줄여서 실리콘이라 부르는 경우가 많으며 원소·단체의 규소(Si, Silicon, 실리콘) 자체와 섞이기 때문에 주의가 필요하다.

오염을 방지하는 방법에는 다음과 같은 네 가지를 들 수 있다. 또한 그림 3-4-7에 산화티탄의 광촉매 작용을 이용하여 표면의 친수성을 유지하는 유리를 예시한다.

① 유리면에 빗물이 닿지 않도록 차양 등을 설치한다.

② 주변에 실리콘 실링재를 사용하지 않는다.

③ 친수성을 장기적으로 발휘하는 방오염유리를 사용한다.

④ 고착되기 전에 오염을 제거한다.

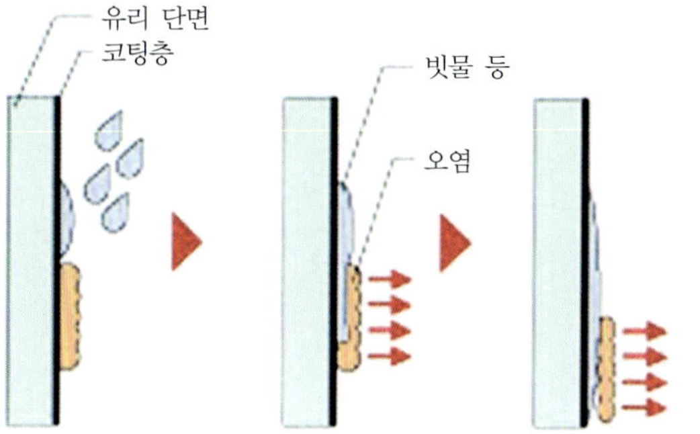

그림 3-4-7 광촉매를 이용해 메인터넌스를 용이하게 한 유리

(5) 빛을 확산시키는 유리

입사된 빛을 확산시킴으로써 빛의 양을 조절하는 유리를 몇 가지 소개한다.

a. 형판유리

표면에 텍스처를 댄 판유리이다. 입사광의 지향성을 약하게 하여 투시성을 나쁘게 한다. 투시성이 나쁘기 때문에 주광을 도입하면서 프라이버시를 유지할 수 있다. 형판유리는 텍스처를 낸 틀에 용해시킨 유리를 통과시켜서 만든다. 표면의 텍스처에 따라 다양한 투시성, 질감을 선택할 수 있다(그림 3-4-8).

b. 간유리

형판유리와 마찬가지로 표면에 텍스처를 만든 판유리이다. 형판유리처럼 지향성을 약하게 할 뿐만 아니라 투시성을 나쁘게 한다. 금강사 등으로 표면을 거칠게 갈아(샌드블라스트) 텍스처를 만든다. 간유리의 표면을 불화수소산으로 반투명화시킨 것을 플로스트유리라고 한다(그림 3-4-8).

c. 확산화 재료 내장 복층유리

빛을 확산시키는 투과재를 복층유리 사이에 넣어 지향성의 강도를 제어한 유리이다. 유리섬유 부직포나 아크릴수지세관을 봉입한 광확산형 복층유리(그림 3-4-9)나 알루미늄제 허니콤재를 봉입한 허니콤식 복층유리(그림 3-4-10) 등이 있다. 광확산형 복

그림 3-4-8 빛을 확산시키는 유리

형판유리(좌), 간유리(중), 플로스트유리(우). 모두 입사광의 지향성을 약하게 하여 확산시킨다(스미토모화학 메타아크릴사업부 제공)

층유리는 직사일광을 확산시키고 실내 자연채광 분포를 균제화하여 글레어를 억제한다. 허니콤식 복층유리는 비스듬하게 입사되는 일사를 리브 표면에서 확산반사시켜 확산광으로 실내를 밝게 비출 수 있다. 측창에 허니콤식 복층유리를 사용하는 경우 허니콤을 비스듬한 방향으로 봤을 때 리브의 두께에 따라 외부 경관이 차단되기 때문에 경관을 중시하는 공간에서의 사용은 주의를 요한다. 천창이나 경관을 중시하지 않는 곳에서 사용하는 것이 좋다.

또한 복층유리 본래의 목적은 창의 단열성을 높이고 공조부하를 저감시키는 데 있다. 복층유리의 기본에 대해서는 3.2.2(1)를 참조한다.

그림 3-4-9 광확산형 복층유리

2장의 유리 사이에 유리섬유부직포가 끼어 있어 직사일광을 확산시킨다.

그림 3-4-10 허님콤식 복층유리

d. **액정조광유리**(Liquid Crystal Window, **줄여서** LCW)

액티브형 조광유리의 일종으로 전압을 가하면(인가라고도 함) 투명해지는 액정조광유리가 있다(그 외의 액티브형 조광유리에 대해서는 3.4.2(6)d 참조). 폴리머 매트릭스 내에 액정을 분산시키고 마이크로캡슐화한 것은 전압을 인가하면 랜덤 방향을 향하던 액정이 일정 방향으로 배열되어 투명해진다. 전압 인가를 정지시키면 원래 상태로 되돌아와 불투명해진다(그림 3-4-11). 액정 디스플레이로 유명한 원리이다. 전압 인가에 따라 주광도입량을 조절할 수 있다. 현재 내후성에 문제가 있기 때문에 채광부에 사용된 예는 없다. 일사차폐 효과는 작다. 건물 내에서 시선 제어용으로 사용하기에 적합하다(그림 3-4-12, 3-4-13).

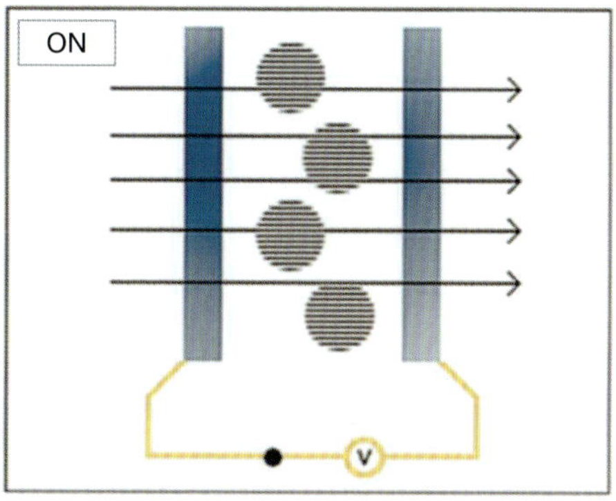

(a) 전압을 인가하면 랜덤 방향을 향하던 액정이 일정 방향으로 배열되어 투명해진다.

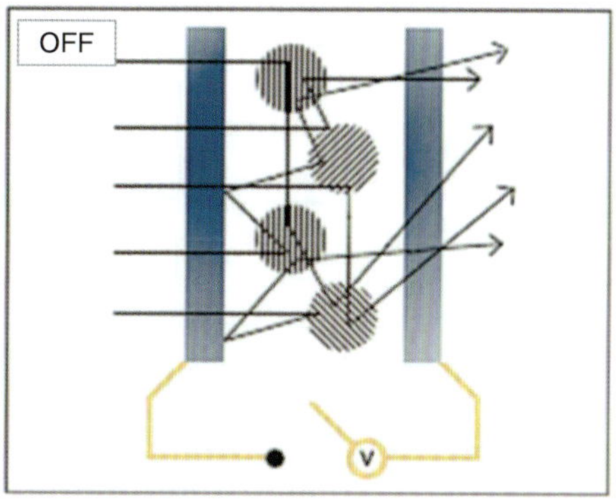

(b) 전압 인가를 정지시키면 액정은 랜덤 방향을 향하며 불투명해진다.

그림 3-4-11 LCW의 원리(SAINT-GOBAIN사 Priva-lite)

그림 3-4-12 시선 차단을 위해 사용된 LCW의 예

그림 3-4-13 LCW 유리를 사용한 문(네덜란드)의 예

화장실 자물쇠에서 전압이 인가되어 문이 하얗게 흐려진다.

e. 패시브조광형 유리(Thermo Chromic Glass, 줄여서 TCW)

온도 변화에 의해 유리 사이에 끼어 있던 유기폴리머나 하이드로겔(고분자용액) 등이 온도 변화에 의해 상전이 되어 하얗게 흐려진다. 단순히 불투명해지는 것뿐 아니라 일사투과율도 크게 변화되어 일사 차폐성이 뛰어나기 때문에 차양 등에 사용된 예가 있다(그림 3-4-14). 자율응답 조광유리라고도 한다. 하얗게 흐려질 때는 완전확산에 가까운 상태가 되어 일사를 차폐할 수 있다. 일정 온도 이하가 되면 다시 투명 상태로 되돌아온다(그림 3-4-15, 3-4-16).

그림 3-4-14 유기폴리머를 사용한 TCW의 예

직사일광에 의해 온도가 상승하여 투명 상태에서 하얗게 흐려진 상태로 층변화를 일으킨다.
(상 : 투명 상태, 하 : 하얗게 흐려진 상태)

그림 3-4-15 TCW의 흐려지는 과정

그림 3-4-16 하얗게 흐려진 TCW

(6) 빛의 색을 바꾸는 유리

a. 착색유리

산화코발트, 산화동, 산화크롬 등을 사용하여 자색을 띤 청색이나 스카이블루, 그린 등으로 착색된 유리를 색유리라고 한다. 색유리를 채광부에 사용하면 색유리 특유의 분광특성에 의해 투과광의 색이 변한다.

b. 세라믹 프린트유리

판유리 표면에 무기도료(세라믹 잉크)를 스크린인쇄하고 열처리 공정에서 동시에 넣고 구워 잉크와 유리가 일체화되어 퇴색이나 마모에 강해진다. 각종 인쇄 패턴이 있으며(그림 3-4-17), 의장에 변화를 줌과 동시에 주광도입량도 조절할 수 있다(그림

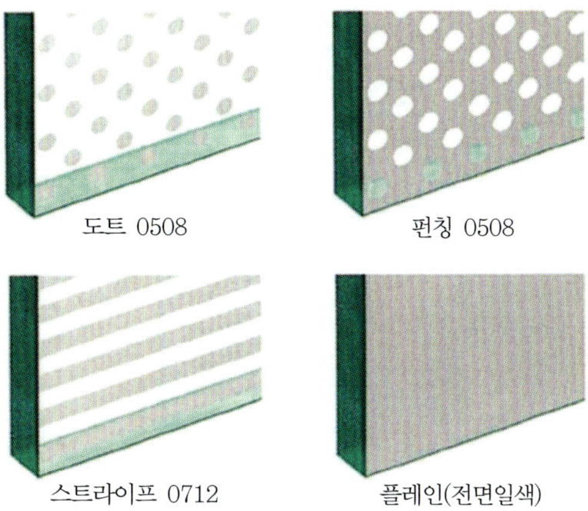

그림 3-4-17 세라믹 프린트유리의 예
다양한 색과 인쇄 패턴이 가능하다.

3-4-18). 색도 다양하며 착색 세라믹 프린트유리를 이용하면 빛의 색도 제어할 수 있게 된다.

일반 판유리는 판의 두께에 따라 가시광투과율이 다른데 세라믹 프린트 유리의 경우 인쇄 패턴에 따라 판두께를 바꾸지 않고 가시광투과율을 임의로 설정할 수 있다. 일반적으로 판유리는 가시광투과율이 아닌 내풍압성, 즉 판두께로 선정된다. 세라믹 프린트유리를 사용하면 판두께를 바꾸지 않고(즉 풍압계산을 수정할 필요 없이) 가시광투과율을 바꿀 수 있다.

그림 3-4-18 세라믹 프린트유리의 사용 예 (덴츠 본사 빌딩)

표면에 인쇄된 세라믹 잉크로 건물에 표정을 주었으며 일사열 입사를 억제한다.

c. 열선흡수유리

투명 판유리에 미량의 철, 니켈, 코발트, 셀레늄 등의 금속을 첨가하여 빛의 흡수성을 갖게 한 착색유리로, 공조부하 경감과 글레어 억제를 목적으로 개발된 것이다.

투과광의 색을 바꾸기 위해 사용되는 것은 아니지만 투과된 빛의 색이 바뀐다. 열선흡수에 의해 열선흡수유리 자체가 고온이 되어 복사열을 내기 때문에 최근에는 별로 사용되지 않는다.

d. 액티브 조광형유리
(Electro Chromic Window, Gas Chromic Window, 줄여서 ECW, GCW)

산화환원반응을 일으켜 특유의 색으로 착색된 유리로, 투과된 빛의 색을 바꾼다. 전압을 인가하여 산화환원반응을 일으키는 일렉트로 크로믹(ECW)과 극히 저농도의 수소가스를 도입하여 산화환원반응을 일으키는 가스 크로믹(GCW)의 2종류가 있다. 둘 다 산화텅스텐 WO_3을 사용한 것이 많으며, 일렉트로 크로믹, 가스 크로믹 모두 청색으로 변화된다. 산화환원재를 끼워 넣은 2장의 판유리를 처음부터 착색해 두면 일렉트로 크로믹도 청색이 아닌 판유리의 색을 진하게 한 것 같은 느낌으로 변화된다. 착색을 원래 상태로 되돌리려면 반대 전압을 인가하거나 공기를 도입한다. 일렉트로 크로믹과 가스 크로믹 모두 변화에 요하는 시간이 비교적 길어 15~20분 정도 걸린다.

일렉트로 크로믹의 경우 가시광투과율이 70.3%에서 19.8%, 일사투과율이 50.6%에서 12.8%로 크게 낮다(그림 3-4-19). 에너지 절감성이 높은 스마트 윈도에 대한 적용이 기대되고 있다. 이탈리아의 한 연구에 따르면 자동제어 블라인드보다 일렉트로 크로믹에 의한 자동제어가 더 바람직하다고 보고된 바 있다.

그림 3-4-19 ECW의 실용 예(SAGE사)
전압을 인가하여 산화환원반응을 일으켜 착색된다.

산화텅스텐 박막을 사용한 가스 크로믹은 실용화에 가까운 단계에 있으며, 이 기술을 그대로 조광미러재료로 적응할 수 있다. 가스 크로믹의 경우 유리 위에 2층의 박막층(일렉트로 크로믹의 경우 5층)과 매우 얇은 파라듐층만 필요하기 때문에 값이 저렴하고 대형 유리를 만들 수 있는 이점이 있다(그림 3-4-20).

그림 3-4-20 Freiburg의 Fraunhofer 연구소에 설치된 GCW
저농도의 수소가스를 넣어 유리를 착색한다. 바깥에서는 실내가 보이지 않지만(위) 안에서는 바깥이 보인다(아래).

e. 패시브조광형 유리(포토크로믹 타입)

빛을 조사하면 포함되어 있던 전해질이 변질되어 유리가 착색된다. 선글라스로 잘 알려진 포토크로믹 타입의 조광유리가 있다. 실내에서는 옅은 색의 선글라스이지만 실외의 강한 빛을 받으면 진한 색의 선글라스로 변하게 된다. 빛 조사에 의한 광유기이성화반응을 이용한 것이다(분자량의 변화가 없고 분자 내에서의 화학결합 변화 등에 의해 분자의 구조 변화를 일으키는 반응. 이를 포토크로믹 반응이라 함).

포토크로믹 반응을 일으키는 재료로는 아조벤젠, 스피로필란, 스피로옥사딘, 프루기드 등이 제안 · 개발되어 있는데 내구성 · 안전성 면에서 단점이 있기 때문에 건축용도의 큰 면적의 것은 만들지 않는다. 또한 주로 가시범위의 변화이며 적외범위의 변화가 작다는 등의 문제점이 있다.

건축의 개구부에 사용하며 겨울철 태양고도가 낮을 때 착색되면 공조부하 저감과 모순되는 경우가 있다.

(7) 빛의 방향을 바꾸는 유리

a. 지향성 유리블록

유리블록 내부 공간의 벽에 요철(프리즘상의 톱니형)이 만들어져 있어서 그 요철에 의해 유리블록에 입사된 빛이 굴절되어 방향을 바꾼다(그림 3-4-21).

일반 유리블록과 마찬가지로 외국산의 경우 얇고 가벼운 것이 시판되고 있다. 주광을 실내에 도입하고자 하는 장치의 특허출원은 많다. 태양고도에 맞춰 지향성 유리블록 자체를 기울임으로써 자연채광장치로 이용하고자 하는 특허도 출원되어 있다.

b. 채광형 유리

유리 내부에 미세하게 규칙성 있는 반사 패턴을 갖게 하여 직사일광을 특정 방향으로 반사시켜 채광하는 유리이다(그림 3-4-22). 루버 및 프리즘을 내장한 복층유리와 동등한 기능을 가지지만 조망 확보 면에서는 떨어진다.

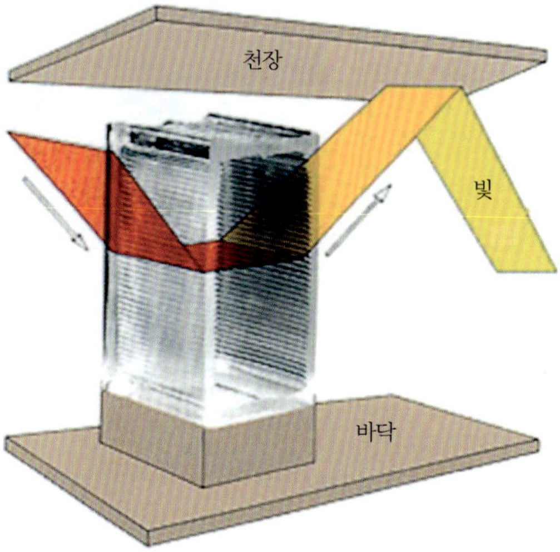

그림 3-4-21 유리블록의 구조
투과된 빛은 유리블록 내벽의 요철에서 굴절되어 방향을 바꾼다.

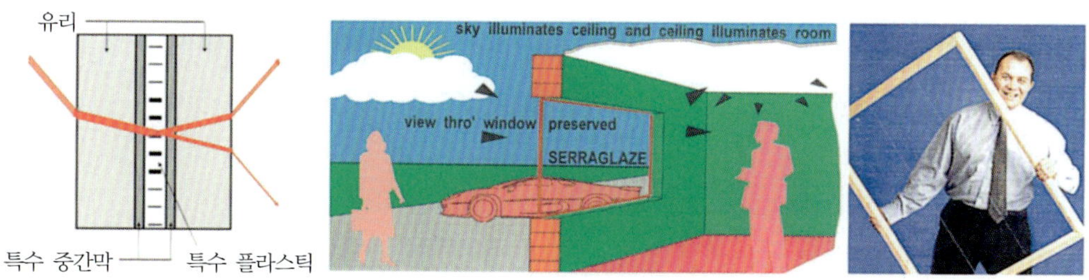

그림 3-4-22 채광형 유리
유리 내부에서 직사일광을 특정 방향으로 굴곡시켜 채광한다.

(8) 빛을 반사하는 유리

a. 열선반사유리, 열선반사필름

투명 판유리 표면에 얇은 금속산화물 막을 형성한 유리이다. 공조부하 저감을 위해 개발된 것으로 거울 같은 외관으로 되어 있다. 그러나 이 막은 물리적으로나 화학적으로 약하기 때문에 막이 실내쪽으로 오도록 사용해야 한다. 또한 화학물질 가스가 발생하는 장소(공장, 실내수영장, 욕실, 주방 등)나 습도가 특히 높은 곳에서는 사용할 수 없다. 막이 거울처럼 주위를 비추고 가시광 투과도 억제되기 때문에 외부의 시선을 차단하여 프라이버시를 지켜준다.

같은 기능을 가진 것으로 열선반사필름도 있다. 이는 PET 등의 필름에 금속막을 코팅한 것이다. 필름의 경우 5년 정도의 간격으로 바꿀 필요가 있다.

b. Low-E 유리

은(Ag) 등의 금속박막을 투명판유리 표면에 여러 겹 형성한 유리이다. 금속막과 유전(誘電)체막을 적절히 조합시켜 가시광투과율을 별로 저하시키지 않고도 원적외선 영역의 반사성능을 높게(저방사율로 함) 할 수 있다. 일반적으로는 그림 3-4-23과 같이 복층유리에 사용된다. 공기층 내에서의 방사열전도를 억제함으로써 높은 단열성을 가지며 일사에 대한 차폐성능도 높다. 투명성과 에너지 절감성이 모두 좋은 하나의 솔루션으로 최근 들어 단독주택뿐 아니라 대형 유리건축에도 많이 사용되고 있다.

그림 3-4-23 Low-E 복층유리의 구조

(9) 아크릴, 폴리카보네이트

아크릴이나 폴리카보네이트 같은 경질합성수지는 유기유리로 분류된다. 유기유리의 성능에는 내광성 외에 ① 가시광투과율, ② 투시휨, ③ 이중상, ④ 색의 선별 같은 네 항목이 규정되어 있다(시험방법은 JIS R 3212에 의함). 단, 이들 성능은 자동차 유리창에 사용하는 경우에만 적용되기 때문에 건축재료로 이용하는 경우는 규정되어 있지 않다. 아크릴과 폴리카보네이트 모두 투명한 열가소성 수지이며 고온이 된 후 금형으로 유입하여 성형(사출성형)하기 때문에 복잡한 형상을 만들 수 있어서 광학재료로 널리 쓰이고 있다.

아크릴의 정식 명칭은 메타크릴산메틸이며 아크릴수지는 메타크릴수지라고도 한다. 줄여서 MMA라고 쓰기도 한다. 가시광투과율이 90% 이상으로 높고 내후성이 높기 때문에 주광제어장치의 투과재료로 자주 사용된다. 투명성이 높기 때문에 '플라스틱의 여왕'이라는 별명도 있다. 또한 내후성이 높아 실외에서 사용해도 누렇게 변색되거나 잘 낡지 않는다. 굴절률도 높기 때문에 광투과시 굴절시킬 수도 있다. 수족관의 대형 수조 등 강도를 필요로 하는 경우는 폴리메타크릴산메틸수지(PMMA)가 사용된다.

무기유리보다 강하고 가공하기 쉬우며 착색도 쉽다.

폴리카보네이트는 카보네이트 결합을 가진 고분자(탄산 폴리에스테르)의 총칭으로, 경량이면서 충격강도, 치수안정성, 내열성이 뛰어나다. 그림 3-4-24는 중공층을 둔

폴리카보네이트 시트로, 단열성이 뛰어나며 시선을 차단할 수도 있다. 그림 3-4-25는 폴리카보네이트 시트와 FRP제 그레이팅을 조합시킨 재료로 강도가 뛰어나서 바닥재로 사용할 수도 있다(3.3.1(4) d 참조).

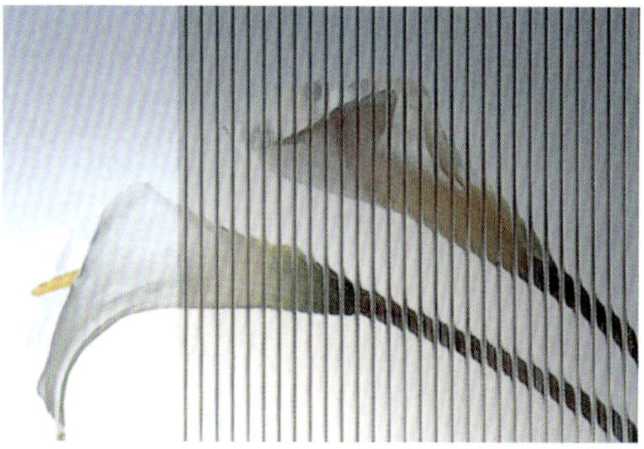

그림 3-4-24 중공층 타입의 폴리카보네이트 시트

단열성이 뛰어나며 시선을 차단할 수도 있다.

그림 3-4-25 FRP제 그레이팅과 조합시킨 폴리카보네이트 시트

투명한 바닥재로도 사용된다.

3.4.3 반사재료

광덕트 시스템(3.3.3(2) a 참조) 등에 사용되는 알루미늄은 경량인 금속(비중은 2.7g/㎤)으로 동이나 철 같은 주요 금속 중에서는 융점이 낮은(약 660℃) 금속이다. 융점이 낮으면 정련보다는 재생을 하는 것이 적은 에너지로 가능하기 때문에 '리사이클의 우등생' 또는 '리사이클의 여왕'이라 불린다. 한편, 재생에너지가 적다기보다 정련(원료인 보키사이트를 수산화나트륨으로 처리하여 산화알루미늄을 취출한 후 용융하여 전기분해하는 것)을 위해 대량의 전기가 소비된다는 점에서 '전기 통조림'이라고도 불린다. 대규모이며 효율적인 발전소 건설과 송전 시스템이 확립되어 대량생산이 가능해졌고 건축재료로도 보급되었다.

알루미늄 자체는 산이나 알칼리의 영향을 받기 쉽지만 공기중에서는 표면에 산화막(알루마이트)이 생겨 내부에 영향을 미치기 어렵다(부동태가 된다는 의미).

광반사재로는 표면 요철을 제한 없이 작게 하여 반사율을 높인 것이 이용된다. 진공증착된 표면에는 같은 금속의 연마면이나 스패터링으로 만들어진 면보다 높은 반사율을 얻을 수 있다(그림 3-4-26).

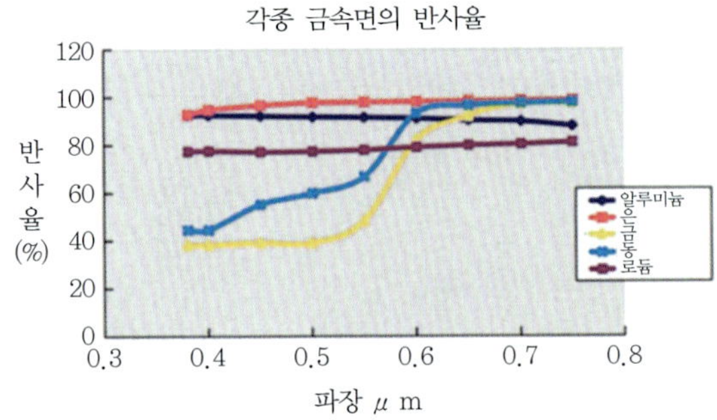

그림 3-4-26 각종 금속의 반사율

알루미늄은 파장에 상관없이 90% 정도의 반사율을 가진다.

3.4.4 굴절재료

(1) 굴절재료의 광학특성

자연채광장치에 사용되는 굴절재는 카메라나 광학기기에 사용되는 굴절재(광학굴절재라고도 하며, 매우 순수한 재료로 만들어진 투명한 유리로 된 굴절재) 만큼의 성능은 필요 없지만 굴절재의 광학특성을 알아두는 것이 좋다. 굴절재도 판유리와 마찬가지로 반사율이나 투과율을 하나의 수치로만 나타낼 수 없다.

광학굴절재의 광학특성은 굴절률(n_d)과 앗베수(v_d)로 나타낸다. 앗베수란 광학항수라고도 하는데, 파장에 의한 굴절률 변화의 크기를 나타낸다. 앗베수가 크면 분광되기 쉽다. 광학굴절재의 특성은 가로축에 앗베수, 세로축에 굴절률을 둔 그림으로 표현된다.

굴절률은 파장의존성이 있어 파장에 따라 수차가 다르기 때문에 색수차가 일어난다. 일반 광학굴절재의 경우 색수차는 작은 것이 바람직하지만 무지개 같은 분광을 자연채광장치로 재현하려면 색수차가 큰 굴절재가 적합하다. 맞춤유리 굴절재를 사용하면 색수차는 저감할 수 있다.

광학굴절재의 경우는 13개의 스펙트럼선에 대한 굴절률을 측정할 수 있다. 가시범위에 한정된 굴절률과 적외범위까지 포함한 굴절률이 다르다. 이과(理科)년표에 따르면 물(20℃)은 589.3nm에 대한 굴절률이 1.3330로 기재되어 있다. 광학유리의 경우는 9종의 빛을 조사했을 때의 굴절률이 기재되어 있다. 정밀한 광학설계를 할 경우는 파장의존성에 유의해야 하는데, 자연채광을 고려할 때는 시각생리 관점에서 조도에 대한 영향이 더 큰 파장에 가까운 546.1nm의 굴절률을 사용하는 것이 타당할 것이다. 표 3-4-4에 광학유리의 굴절률(546.1nm)을 나타냈다. 자연채광장치에서는 고가의 광학유리를 사용하는 경우는 적지만 참고하기 위해 나타냈다. 광학유리라고 한마디로 말했지만 굴절률이 다양하다는 것을 알 수 있다. 광학유리와 마찬가지로 플라스틱계 굴절재도 그 조성에 따라 굴절률이 다르다. 최근, 자주 사용되는 플라스틱계 재료의 굴절률은 업체에 문의하면 가르쳐준다.

표 3-4-4 광학유리의 굴절률(546.1nm)

광학유리의 종류	굴절률(546.1nm)
FK1	1.4724
BK7	1.5187
K3	1.5203
BaK4	1.5713
SK5	1.5914
SSK1	1.6199
LaK3	1.6966
KzF2	1.5319
BaF10	1.6734
LaF2	1.7479
LF5	1.5848
F2	1.6241
SF2	1.6522
SF13	1.7471
SFS1	1.9277

(2) 프리즘 굴절재

얇고 편평한 아크릴수지 시트에 각도가 다른 프리즘 산을 동심원상으로 일정 간격이 되게 배열한 것으로 1매의 큰 굴절재로 기능한다. 각 산의 각도에 따라 굴절재로서의 성능(집광효율 포함)이 정해진다.

프리즘 시트는 베이스 필름과 프리즘층으로 구성되어 있다. 베이스 필름에는 투명성, 내열성 등의 면에서 PET 수지가 사용되고 있다. 프리즘층이 얇으면 굴절률을 크게 할 수 있기 때문에 프리즘 시트에는 아크릴수지폴리머가 사용된다. 주변에서 쉽게 볼 수 있는 것으로 노트북이나 액정디스플레이가 있으며, 휘도를 향상시키기 위해 사용되고 있다. 액정 디스플레이의 경우는 정면 방향의 휘도를 2배로 만든다고 한다.

(3) 렌즈

기존의 프레넬렌즈는 집광 또는 조사 면적을 확대하는 것이 불가능했지만 그림 3-4-27에 나타낸 특수 프레넬렌즈는 4배의 집광을 가능하게 한다(왼쪽이 일반 프레넬렌즈이고, 오른쪽은 특수 프레넬렌즈).

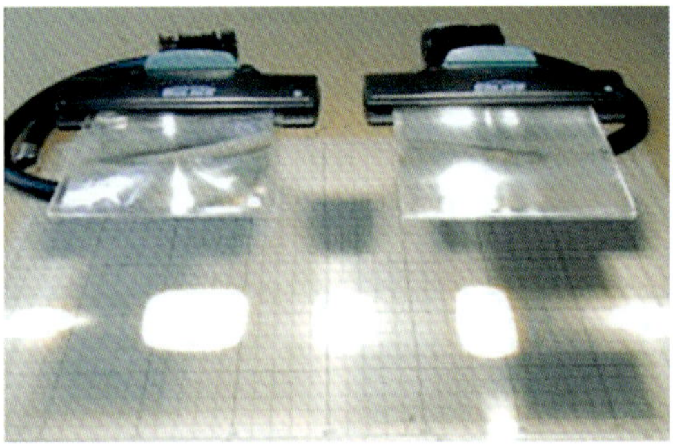

그림 3-4-27 집광하는 특수 프레넬렌즈
(좌 : 일반 프레넬 렌즈, 우 : 특수 프레넬 렌즈)

(4) 기타 굴절재

채광부에 구슬을 깔아 자연채광을 하는 사례를 소개한다(그림 3-4-28). 둥근 모양의 구슬은 모든 각도에서 직사일광이 입사되기 때문에 그 효과를 상세히 검토하기는 어렵다. 입사된 빛을 여러 방향으로 굴절시켜 충분히 확산시키기 때문에 아래에서 올려다봐도 위에 사람이 서 있다는 것밖에 알 수 없다.

그림 3-4-28 구슬을 채광부에 사용한 예
(마루빌딩)
구슬로 굴절시켜 충분히 확산된 빛이 실내에 도입되고 있다.

3.4.5 물

물도 각종 광학재료와 마찬가지로 빛을 투과, 반사, 굴절시킨다. 물은 주광과 마찬가지로 자연스러움을 느끼게 한다. 자연채광의 주목적이 자연스러움을 연출하는 것이라면 물과 조합시키는 것이 유효하다. 물은 자연의 힘(바람이나 중력 등)이나 미량의 동력으로 표면의 형상을 수시로 바꾸기 때문에 수면에 입사된 빛의 각도도 다양하게 변화한다. 입사각이 바뀜에 따라 반사광과 투과광의 진행방향도 바뀐다.

천창 위에 물을 흐르게 하거나 측창 바깥쪽에 물을 흐르게 함으로써 수면이 바람에 의해 움직여 수면에서 반사된 빛과 투과된 빛도 흔들린다(그림 3-4-29).

또한 물을 반사재나 굴절 · 투과재로 사용하면 단열성 향상에도 기여한다(물(0℃)의 열전도율은 공기(0℃)의 약 1/5). 공기보다 열전도율이 작은 물을 사용함으로써 단열성을 향상시키려는 블라인드가 개발중에 있다. 슬랫은 중공의 삼각기둥으로 중공부분에 물이 들어가 있다. 주목적은 단열성 향상이기 때문에 이 블라인드의 자연채광 장치로서의 성능은 검토되지 않았지만 어느 시점에서 슬랫 상면에서 모두 반사되거나 일부 투과광은 내부의 물에 의해 아랫방향으로 굴절되는 등 매우 다양한 광환경을 구체화시키는 장치라는 것을 알 수 있다. 또한 매우 흥미로운 장치이다.

그림 3-4-29 물을 사용한 예(도쿄미드타운)

참고문헌

1) Kim,G and Kim,J-T : A Design and Performance Evaluation of Differentiated Daylight-Glazing Systems Journal of Korean Institute of Illuminatin and Electrical Installation Engineers 2005, Vol.19, No2, pp.13-22
2) 海宝幸一 他:タスク&アンビエントの概念に基づいた自然採光計画(その1 室内光環境の予測), 日本建築学会大会学術講演梗概集, D-1, pp.435-436, 1995
3) Andreas K. Athienitis : Solar energy utilization in buildings : approaching the zero energy target and innovation (athiena@alcor.concordia.ca)
4) カーテンの遮光性試験方法: JIS L 1055-1987
5) Nuiko MIYASAWA, Yoshiki NAKAMURA and Naoki WAKASA : Effect of Personal Adjustment of Brightness on the Satisfaction Level of Office Lighting, J. Light & Vis. Env., Vol.27, No.2, pp.92-106, 2003
6) 戸倉三和子, 岩田利枝 他:昼光利用窓システムのあるオフィスの執務者によるブラインド制御実態と光環境評価, 空気調和·衛生工学会学術講演会講演論文集 I, pp.197-200, 2002.9
7) Valentina Serra, Anna Pellegrino : Experimental Assesment of Daylighting And Arttifical Lighting Control Systems, Proceedings of the Lux Europe 2005, pp.149-152, 2005
8) Leslie,RP.,Raghaven,R. and Eaton,C. : The Potential of Simplified Concepts for Daylight Harvesting, Lighting Research and Technology, Vol.37, No.1, pp.21-40, 2005
9) ディテールジャパン 2006.10, pp.20-21
10) Tetsuaki Yoshida : The School of Architecture, University of Hawai'i at Manoa, Spring 2004 Arch 504 : Practicum Studio A
11) 東京工業大学HP : http://www.iri.titech.ac.jp/research/project/pj002.html
12) 長谷川尭, 黒川哲郎:「建築光幻学 透光不透視の世界」鹿島出版会, 昭和52年
13) 日本電気硝子 : http://www.neg.co.jp/kenzai/
14) ガラスブロック(中空): JIS A 5212-1993
15) Helmut Köster : Vebesserte Tageslichtnutzung und künstliche Beleuchtung-ein integraler Planungsprozess, Proceedings of the Lux Europe 2005, pp.145-148, 2005
16) http://www.alanod.de/opencms/sites/alanod.de/en/Eloxal/Spezialprodukte/SKYBRIGHT/index.html
17) 板ガラス類の透過率·反射率·放射率·日射熱取得率の試験方法 : JIS R 3106-1998
18) Glass in building – Determination of light transmittance, solar direct transmittance, total solar energy transmittance and ultraviolet transmittance, and related glazing factors : ISO9050
19) GLASS & ARCHITECTURE 88-2熱線反射ガラスの汚れとメンテナンス
20) Franco Gugliermetti,Fabio Bisegna : New and traditional light control systems : Toward energy saving and visval comfort, Proceedings of the Lux Europe 2005, pp.231-234, 2005
21) 日本電気硝子HP : http://www.neg.co.jp/kenzai/reflection/glassblock/seinou.html
22) 大成建設出願特許公開2000 – 268609「太陽光採光装置」
23) 自動車用安全ガラス : JIS R 3211-1998
24) Harry D.Kambezidis, George Pasisidis, Tomas Römhild : Light perspectives by means of a new water-blinds shading system, Proceedings of the Lux Europe 2005, pp.254-255, 2005

제 4 장 자연채광에 의한 시환경

이 장에서는 자연채광에 의한 시환경에서 유의해야 할 점과 그 대책에 대해 알아보기로 한다. 시환경에 관한 문제는 명시성뿐만 아니라 분위기 등의 심리적인 영향도 커서 아직까지 불명확한 부분도 많고 연구중인 부분도 많다. 또한 자연채광에서는 인공조명의 기준이나 조명방법을 그대로 적용하기 어렵다. 같은 휘도라도 경관이 있는 경우와 경관이 없는 경우는 그 눈부심의 정도가 다르다.

여기서는 우선 기본적인 시환경의 불쾌감을 없애고 자연채광의 특징을 살려 이점에 따라 결점을 보충하는 방법을 생각해보기로 한다.

4-1 자연채광에 의한 시환경상의 문제

자연채광뿐만 아니라 실내의 시환경 계획에는 몇몇 유의사항이 있다. 예를 들어 '실내작업장의 조명기준'(JIS Z 9125)에서는 '휘도분포', '조도', '글레어', '빛의 지향성', '빛의 색 및 표면의 색채', '플리커' 등이 제시되어 있다. 그 중 '빛의 색 및 표면의 색채', '플리커'는 자연채광으로 하는 것이 인공조명보다 유리하다(빛의 색에 대해서는 5.7.3 참조). 그러나 '휘도분포', '조도', '글레어'에 대해서는 좀더 주의가 필요하며 이들 외에 '변동'이나 '과잉된 조도' 등의 문제가 더해진다. 어떤 문제이든 그 원인에는 직사일광이 관여하고 있다. 직사일광은 인공조명에 없는 요소로 특히 '글레어'나 '변동'을 일으키며 이들은 오피스 등의 작업공간의 경우 시환경상 큰 문제가 된다. 표 4-1-1에 JIS Z 9125의 조명기준에 제시된 요건과 자연채광과의 관련을 정리해 놓았다.

단, 표 4-1-1에 나타낸 것은 작업장을 대상으로 한 것이므로 모든 공간에 적용할 필요는 없다.

표 4-1-1 실내 작업장의 조명 요건과 자연채광

JIS Z 9125에서 제시된 요건	해당 절	측창에 의한 자연채광	직사일광과의 관련
휘도분포	4.6	창이 고휘도	• 태양이 시야 내에 있는(=눈에 직사일광이 들어옴) 경우 외에도 반사나 확산에 의해 고휘도를 만든다.
조도, 조도분포	4.4, 4.5	조도의 과부족, 불균일	• 과잉된 조도
글레어	4.3	창은 글레어의 큰 원인이 된다.	• 반사, 확산에 의해 글레어의 원인이 된다.
빛의 지향성	4.7	창으로부터의 빛의 흐름	• 평행광선, 강한 지향성
빛의 색 및 표면의 색채	–	주광은 연색성이 뛰어나다 *	–
플리커	–	주광에는 플리커가 없다.	–
변동	4.8	천공광은 완만한 변동	• 직사일광 유무에 따른 조도변동이 크다.

* 5.7.3 '연색평가수 R_i와 평균연색평가수 R_a'를 참조.

4-2 직사일광 취급

4.2.1 광원으로서의 직사일광과 제어

주광에 대한 상세한 내용은 제5장에서도 설명하겠지만 직사일광은 양적으로 많으며(직사일광에 의한 대기권 외의 법선조도는 대략 133700lx, 태양의 휘도는 18억cd/m²), 평행광선으로의 지향성이 특징이므로 조명으로서의 이용을 시도해볼만한 가치가 충분히 있다.

그러나 일반적으로 실내에 입사되는 직사일광은 냉방부하가 됨과 동시에 필요 이상의 조도와 조도분포의 불균제, 글레어(4.3.3), 변동(4.3.4)을 초래하기 쉽기 때문에 종래의 자연채광 설계에서는 제외되었다. 열(직달일사)의 경우는 실내에 입사되는 양을 대상으로 검토하는 경우가 많지만 빛(직달일사)의 경우 입사되는 위치가 양과 함께 중요한 검토과제가 된다. 입사되는 위치란 직사일광이 맨처음 물체에 닿는 점으로 바닥,

벽, 실내에 있는 물체의 위치를 의미한다(그림 4-2-1 참조). 재실자의 눈이나 작업면에 직사일광을 입사시키지 않는(직사일광이 닿지 않도록 하는) 것이 필요하다. 이처럼 '과잉된 입사량 제어'뿐만 아니라 '부적절한 장소로의 입사 제어'도 요구된다.

실내에 입사되는 직사일광의 제어에는 다음과 같은 방법이 있다.

① 창(또는 채광부) 실외측에 일사차단재(차양, 측벽, 어닝 등)를 사용하여 실내에 입사되는 직사일광의 양을 제한한다(3.2 참조).
② 창(또는 채광부, 확산부) 유리로 실내에 입사되는 직사일광의 양을 제한한다.
③ 창(또는 확산부) 실내쪽에 차광재(롤스크린, 커튼, 블라인드 등)나 필름 등을 사용하여 거주 범위에 입사되는 직사일광의 양을 줄인다.
④ 라이트쉘프나 반사루버, 광덕트 등의 장치로 반사시켜 입사되는 위치를 바꾼다.

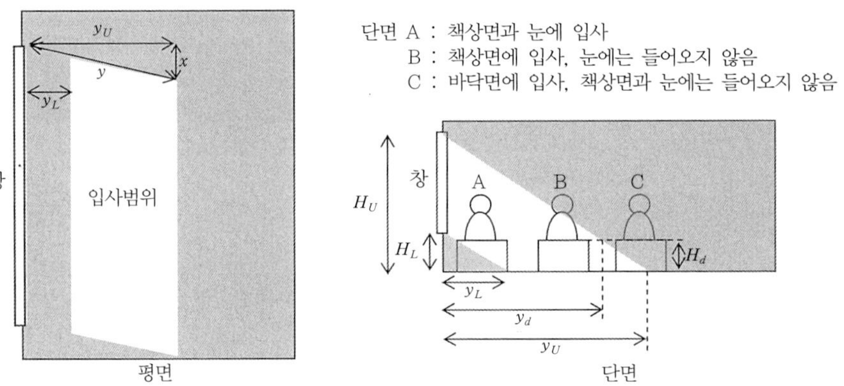

그림 4-2-1 입사위치 평면과 단면

4.2.2 창으로 들어오는 직사일광

창으로 들어오는 직사일광의 입사량, 입사범위는 태양 위치와 창의 방향, 위치, 모양에 의해 정해진다. 태양 위치(고도, 방위각)는 그 대지의 위도, 날짜, 시각의 관계수로 나타낸다(부록 참조).

그림 4-2-1에 입사 범위와 태양 위치, 창 모양의 관계를 나타낸다.

$$y = \frac{H_U}{\tan h} \tag{4-2-1}$$

$$x = y_U \tan(A - Av) \tag{4-2-2}$$

$$y_U = \frac{H_U}{\tan\alpha} \qquad (4\text{-}2\text{-}3)$$

$$y_L = \frac{H_L}{\tan\alpha} \qquad (4\text{-}2\text{-}4)$$

$$y_d = \frac{(H_U - H_d)}{\tan\alpha} \qquad (4\text{-}2\text{-}5)$$

여기서, h : 태양고도

A : 태양방위각

Av : 창면방위각

α : 프로파일각*

H_U : 창 상단의 높이

H_L : 창 하단의 높이

H_d : 책상의 높이

y_U, y_L, y_d : 입사거리(그림 4-2-1)

창이 높고 프로파일각이 작으면 입사거리(창으로부터 입사 위치까지의 거리)가 길어진다.

* 프로파일각

프로파일각 α는 다음과 같이 구할 수 있다.

$$\frac{y_U}{y} = \cos(A - Av) \qquad \text{(그림 4-2-1 참조)}$$

또한 (4-2-1)식과 (4-2-3)식에서

$$\frac{y_U}{y} = \frac{\tan h}{\tan\alpha}$$

$$\alpha = \tan^{-1}\left\{\frac{\tan h}{\cos(A - Av)}\right\} \qquad (4\text{-}2\text{-}6)$$

(또는 그림 4-2-2에서도 같은 식을 구할 수 있다.)

프로파일각은 일시에 따라 변화되며 어느 창면의 방위에서나 동지에는 작아진다(그림 4-2-3). 그림 4-2-4는 창에서 본 태양의 위치와 프로파일각의 관계를 나타낸 것이다.

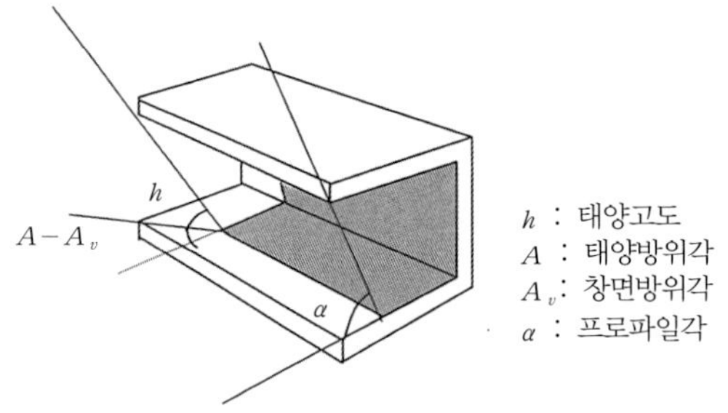

그림 4-2-2 프로파일각

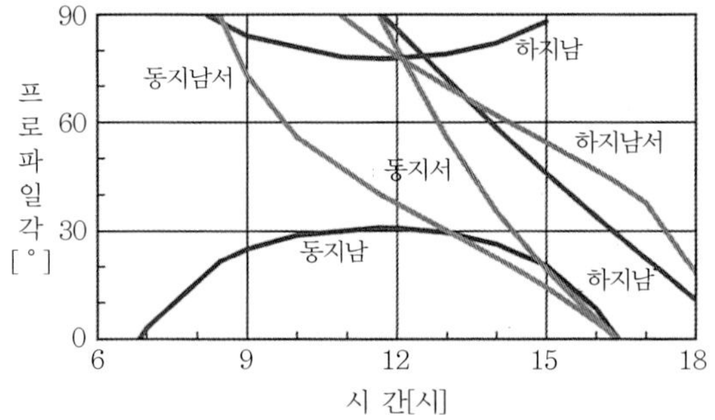

그림 4-2-3 프로파일각의 시간적 변화

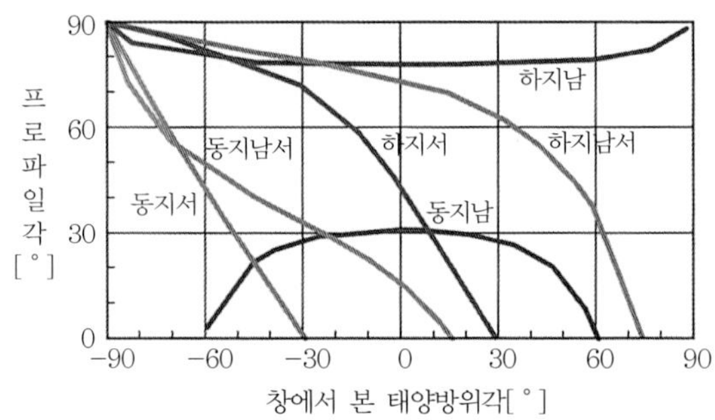

그림 4-2-4 창에서 본 태양 방위와 프로파일각

4.2.3 제어 예

(1) 블라인드의 자동제어

현재 다양한 종류의 블라인드가 시판되고 있는데(제3장 참조), 여기서는 그 중에서도 가장 많이 사용되고 있는 가로형 블라인드의 자동제어에 대해 설명하겠다. 현행 블라인드 자동제어 시스템 중 자동으로 일사를 제어하는 기능 외에 캘린더 제어기능(만년 캘린더를 이용해 원하는 요일, 지정일을 설정하여 1일 블라인드 자동운전을 실시하거나 중지하는 기능), 스케줄표 제어기능(하루 중 일정 고정시간에 블라인드를 원하는 동작상태로 강제로 제어하는 기능, 세입자 빌딩처럼 각 세입자가 다른 조건을 만족시키기 위한 설정기능) 등이 있는데, 여기서는 일사제어 기능에 대해 설명하겠다.

일사제어는 ① 직달일사의 유무 판단과 ② 일시로부터 프로파일각을 산출하여 슬랫각을 결정하는 두 가지에 의해 이루어진다.

① 직달일사의 유무 판단

직달일사가 없는 경우에는 블라인드를 올리거나 슬랫을 수평으로 하여 천공광을 도입하고 조망을 확보하는 것이 바람직하다. '직달일사가 없다'는 것을 판단하는 방법으로는 (A) 직사일광과 천공광을 분리하여 측정하는 방법, (B) 창면 바깥쪽 수직면 조도를 측정하는 방법이 있다.

전자(A)는 옥상에 설치한 태양추미식 일사계(또는 조도계)와 일사차폐링을 설치한 일사계(또는 조도계)를 이용해 법선 직사일광조도를 구하고, 이것이 역치 이하가 되면 직사일광이 없는 것으로 판단한다.

그에 비해 후자(B)는 창면에 입사되는 조도(또는 일사량)가 역치 이하가 되었을 경우 블라인드를 사용하지 않는(올리거나 또는 슬랫을 수평으로 함) 것으로 판단한다.

② 슬랫각 제어

직사일광을 차폐하는 슬랫각(그림 4-2-5)은 다음과 같이 산출된다.

$$\text{직사일광차폐 슬랫각} \quad \theta = \tan^{-1}\left\{\frac{W}{S}\frac{\cos\alpha}{\sqrt{1-(W\cos\alpha/S)^2}}\right\} - \alpha \qquad (4\text{-}2\text{-}7)$$

여기서, W : 슬랫의 폭

S : 슬랫 간격

α : 프로파일각(그림 4-2-5)

시판되고 있는 블라인드는 W/S =25mm/21.3mm, 35mm/30mm 등이 있으며, 그 비는 대략 1.2가 된다. 그림 4-2-6에 프로파일각과 슬랫각의 관계를 나타낸다.

자동제어 블라인드의 경우 이 각도에 다시 안전측에 10~15° 정도의 '옵셋각'을 더해 완전하게 직사일광을 차단할 수 있도록 하는 경우가 많다. 옵셋각은 블라인드가 글레어의 원인이 되는 것을 막는다. 글레어에 대해서는 4.3에서 좀더 설명하겠다.

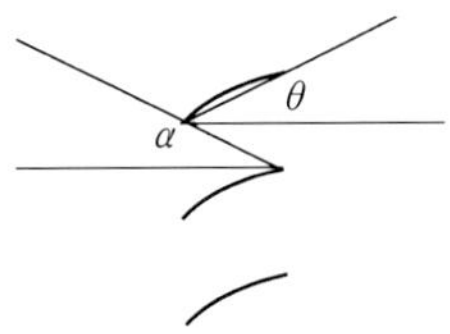

그림 4-2-5 슬랫각

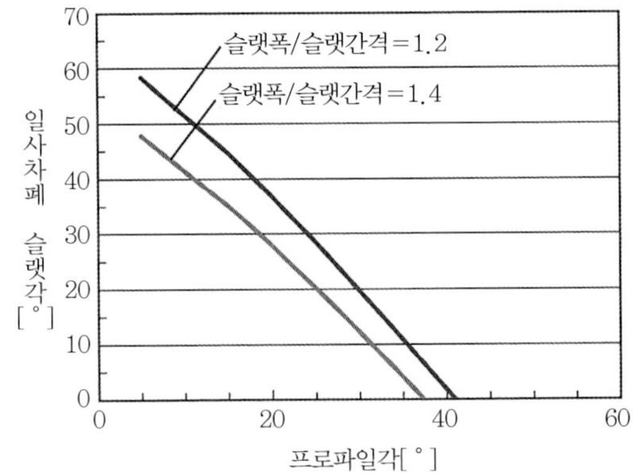

그림 4-2-6 프로파일각과 일사차폐 슬랫각

(2) 라이트쉘프

창을 상하로 분할하듯이 창 바깥쪽과 안쪽에 차양을 설치하여 바깥쪽 차양이 하부창의 차양으로 작용하고 안쪽 차양이 상부창의 차양이 된다. 바깥 차양, 안쪽 차양 모두 상면의 반사율을 높게 확보함으로써 직사일광과 천공광을 반사시켜 천장으로 유도한다(3.2.3 참조).

바깥 차양은 하부창의 경우 일반 차양 설계와 마찬가지라고 보면 된다. 바깥 차양의 길이 상태에 따라 직사일광을 막을 수 있는 범위는 다음과 같이 산출할 수 있다. 프로파일각은 일시에 따라 변화되므로(그림 4-2-3, 4-2-4) 대상으로 할 일시와 직사일광이 입사되어도 되는 거리에 따라 필요로 하는 차양의 길이를 결정한다.

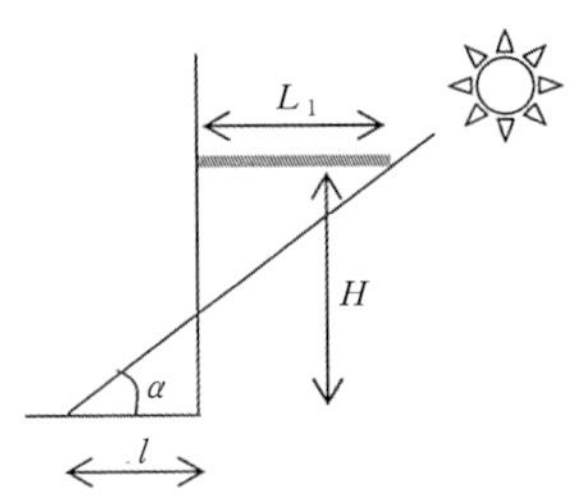

그림 4-2-7 바깥 차양의 설계

$$L_1 = \frac{H}{\tan\alpha} - l \qquad (4\text{-}2\text{-}8)$$

여기서, L_1 : 바깥차양의 돌출 길이(m)

l : 직사일광이 입사되어도 좋은 범위(창으로부터의 거리)(m)

H : 차양 설치부위의 높이(m)

α : 태양의 프로파일각(°)

상부창으로부터의 직사일광은 창 위치가 높기 때문에 방 안쪽까지 들어간다. 안쪽 차양으로 막는 것이 좋지만 안쪽 차양이 압박감을 줄 우려가 있으면 차양 대신 상부창에 루버나 블라인드를 설치한다. 안쪽 차양의 필요 길이는 다음과 같이 산출할 수 있다.

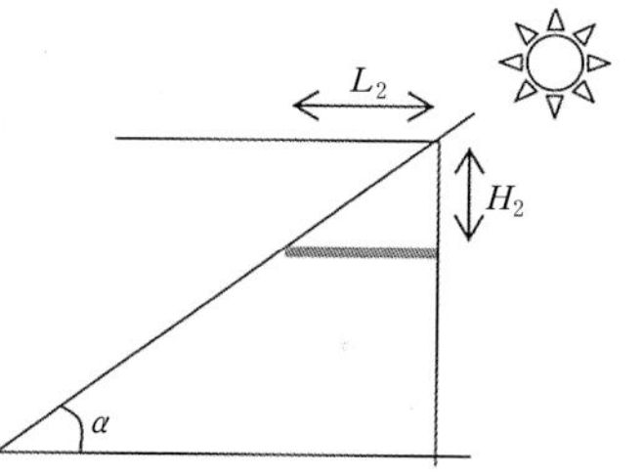

그림 4-2-8 안쪽 차양의 설계

$$L_2 = \frac{H_2}{\tan\alpha} \qquad (4\text{-}2\text{-}9)$$

여기서 L_2 : 안쪽 차양의 길이(m)

H_2 : 상부창의 높이(m)

α : 태양의 프로파일각(°)

토막 지식 **창의 반사광 피해**

이 책에서 건물 내에 주광을 도입하도록 권장하고는 있지만 건물 외피의 많은 면적을 유리로 덮으라고 말하는 것은 아니다. 유리는 빛을 투과하는 재료이지만 빛이 입사되는 각도에 따라 반사재가 될 수도 있다. 건물 외피에서 직사일광의 반사는 예전에 광해(光害)의 하나로 분류되었지만 1998년에 환경성에서 발행한 '광해대책 가이드라인'에서는 광해에서 제외되었다. 이러한 경위로 여기서는 건물 외피에서 직사일광이 반사됨으로써 초래되는 불쾌한 빛을 '반사광해'라고 표기한다. 반사광해가 직접 눈에 들어오는 위치에 있으면 강렬한 고휘전송이 시야에 들어와 불쾌함은 물론 시작업에도 영향을 미친다.

태양은 시시각각 이동하기 때문에 유리가 반사재가 되는 입사 위치에 태양이 오는 경우가 있다. 유리가 반사재가 되었을 경우 어느 곳에 강렬한 빛을 반사시킬지 모른다는 점이 위험하다. 물론 태양의 궤적에 따라 반사광이 생기는 장소를 시뮬레이션할 수 있으므로 어느 곳에 강렬한 빛을 반사시킬지 미리 조사할 수 있지만 어느 범위까지 검토해야 할지는 어렵다.

다음에 1.2km 앞의 상공(초고층 빌딩의 하나의 실)에 반사된 빛이 도달한 예를 나타낸다. 직사일광을 반사한 것은 맨션(10F짜리)의 최상층(다목적 룸) 창유리(왼쪽 사진 참조)이다. 이 유리면에서 반사된 빛이 1.2km 떨어진 장소에 사는 사람에게 약 3분 동안 보름달 이상 크기의 고휘도(천공 전체에 열게 구름이 있는 상태에서 휘도 측정범위 내의 중앙 1/4 면적 2,000cd/m² 정도)의 반사광 피해를 초래하고 있다. 오른쪽 사진(35mm 필름 환산으로 35mm 상당의 화각으로 촬영한 것)의 중앙에 있는 동그라미 안에 하얗게 빛나는 것이 직사일광이 반사된 부분이다. 이 반사광해는 반사광이 도달하는 곳에서 많은 피해자들의 눈에 입사될 뿐만 아니라 반사를 반복하며 다음 피해자를 낳을 가능성도 있다. 피해자들은 어쩌면 가해자 중 한 사람이 될 수도 있다는 것을 모른 채 살고 있다.

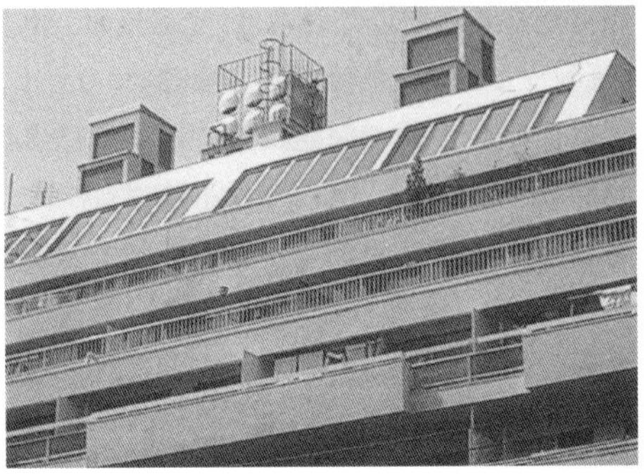

1. 직사일광을 반사하는 유리 – 유리는 직사일광의 입사각에 따라 고휘도 반사광을 주위에 초래하는 경우가 있다.

2. 건물 외피에 의한 장해광 – 보름달 크기의 고휘도가 실내에 들어온다.

(3) 롤스크린, 커튼

롤스크린이나 커튼 등은 섬유 부분에서 반사 또는 확산투과시킴으로써 직사일광의 입사량을 줄인다. 하지만 섬유와 섬유 사이의 공극 부분에서는 직사일광이 그대로 빠져나오게 되므로 공극의 크기에 따라 차광성능이 다르다. 일사를 취급하는 경우에는 '공극'과 '섬유부분의 투과'를 합쳐서 '투과율'이라고 하는 경우가 많다. 차광성능은 일반적으로 JIS(L 1055–1987) '커튼의 차광성 시험방법'으로 정해진 차광률로 나타내지만 이는 1–공극률(공극률은 섬유의 틈새 비율을 나타내는 '개구율'이라고도 함)에 해당한다.[1)] 따라서 차광률이 90%이어도 스크린을 통과하는 광속이 스크린에 입사되는 광속의 10%라는 것이 아니라 실제로는 더 많은 빛을 투과시킨다.

그림 4–2–9에 롤스크린 표면휘도의 구성을 나타낸다. 롤스크린은 섬유로 짠 것이므로 섬유부분과 공극부분(섬유의 틈새)으로 나뉜다. 식(4–2–10)에 나타낸 것처럼 롤스크린의 공극에서는 창밖이 보인다(a). 롤스크린의 섬유부분에서는 창으로부터의 빛은 확산투과되고(b) 실내로

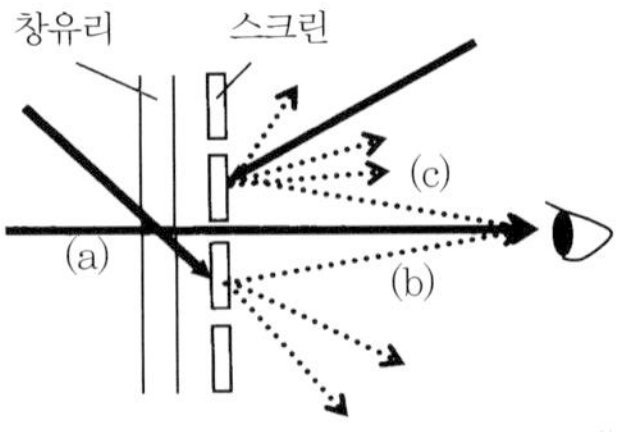

그림 4–2–9 스크린 표면휘도의 구성

1) 특히 휘도계를 사용하는 B법으로 측정한 차광률은 '1–공극률'과 일치한다.

부터의 빛은 확산반사된다(c). 롤스크린 표면의 휘도는 공극부분의 휘도와 섬유부분의 휘도(창으로부터의 광투과분+실내로부터의 광반사분)을 평균한 값이 된다.

$$L_i = \underbrace{L_0 \cdot \eta}_{(a)} + \underbrace{\frac{E_{vo}}{\pi}\tau_y(1-\eta)}_{(b)} + \underbrace{\frac{E_{vi}}{\pi}\rho_y(1-\eta)}_{(c)} \qquad (4\text{-}2\text{-}10)$$

여기서, L_i : 롤스크린 표면휘도(cd/m²)

L_o : 창면휘도(cd/m²)

η : 롤스크린의 공극률(−)

τ_y : 롤스크린 섬유부분의 투과율(−)

ρ_y : 롤스크린 섬유부분의 반사율(−)

E_{vo} : 창면에서 롤스크린에 입사되는 조도(lx)

E_{vi} : 실내에서 롤스크린에 입사되는 조도(lx)

4-3 글레어

글레어는 시각에 미치는 영향에 따라 '감능글레어'와 '불쾌글레어'로 나뉘는데, 발생원에 따라 분류하면 '직접글레어'와 '반사글레어'로 나눌 수 있다. '감능글레어'는 고휘도 부분이 시야 내에 들어와 시대상물을 보기 어려워지는 현상이며, '불쾌글레어'는 인간이 불쾌하다고 느끼는 눈부심을 말한다. '직접글레어'와 '반사글레어'에 대해서는 시야 내의 1차광원에 의해 생기는 글레어를 '직접글레어', 광원 등의 반사상에 의해 생기는 글레어를 '반사글레어'라고 한다. 따라서 예를 들면 반사글레어 내에도 '감능글레어'와 '불쾌글레어'가 있다.

PC 화면에 광원이 들어와 화면상의 물체가 보이게 되거나 광택이 있는 종이 표면에서 빛이 반사되어 지면상의 물체가 보이게 되는데 이들은 '광막반사'라고 하며 '반사글레어'의 일종이라고 할 수 있다.

자연채광 공간에서 문제가 되는 글레어는 주로 불쾌글레어이다. 실내에서는 불쾌글레어를 억제하면 감능글레어도 꽤 억제할 수 있는 경우가 많은데 '광막반사'에 대해서는 광원, 시대상면과 눈의 위치관계에 따라 피할 수 없는 경우도 있다.

4.3.1 불쾌글레어

불쾌글레어의 일반식은 다음과 같이 나타낸다.

$$불쾌글레어의\ 정도 = \log \frac{{L_s}^a \cdot \omega^b}{{L_b}^c \cdot p^a} \quad (4-2-11)$$

여기서, L_s : 글레어광원의 휘도

L_b : 배경휘도

ω : 글레어광원의 입체각

p : 위치지수(포지션 인덱스)

a, b, c : 각 변수의 지수

글레어광원의 휘도가 높아지고 시야에서 차지하는 크기가 커지면 불쾌글레어의 정도도 커진다. 글레어광원 외의 배경이 밝아지면 글레어광원과 배경의 휘도대비가 작아지며, 불쾌글레어의 정도는 작아진다. 위치지수는 글레어광원의 시야 내 위치에 따른 보정을 위한 수이며 이것을 이용하여 같은 눈부심을 일으키는 시야 중심(시점)의 글레어광원 휘도를 구할 수 있는 것이다(6.2 참조). 따라서 L_s와 p의 지수는 같다. 각 변수의 지수 a, b, c는 제안식에 따라 다른 값을 취한다.

큰 글레어광원에 적용할 수 있는 불쾌글레어 평가식 중 하나로 PGSV(Predicted Glare Sensation Vote)가 있다.

$$PGSV = \log_{10} \frac{{L_s}^{3.2} \cdot \omega^{0.64}}{{L_b}^{0.61 - 0.79 \log_{10} \omega}} - 8.2 \quad (4-2-12)$$

여기서, L_s : 글레어광원의 휘도(cd/m²)

ω : 글레어광원의 입체각(sr)

L_b : 배경휘도(cd/m²)

표 4-3-1 PGSV값과 글레어의 정도

PGSV값	글레어 정도
0	눈부심을 느끼기 시작한다.
1	신경 쓰이기 시작한다.
2	불쾌하다고 느끼기 시작한다.
3	심하다고 느끼기 시작한다.

표 4-3-1은 PGSV값과 글레어 정도의 관계를 나타낸 것이다.

글레어광원이 커짐에 따라 배경휘도의 영향이 작아지기 때문에 배경휘도의 멱지수가 일정하지 않아 글레어광원의 입체각 관수로 하였다. 단, 불쾌글레어가 '대비'에 의해 일어나는 것이 아니라 '눈에 들어오는 빛의 총량'에 의해 일어나는 글레어인 경우, 배경은 광원으로 작용하기 때문에 이 식으로는 대응할 수 없다. 또한 이 식에서는 시점의 위치에 글레어광원이 있다는 것을 가정하고 있는데, 사람의 시야는 아래쪽이 넓어 아래쪽에서 들어오는 빛을 더 눈부시다고 느끼기 때문에(6.2) 지표면의 반사율이 높은 경우는 시선보다 아래쪽으로 넓게 창을 내면 불쾌글레어를 일으킬 가능성이 있으므로 주의가 필요하다.

4.3.2 불쾌글레어의 억제

자연채광 공간에서 글레어광원은 고휘도가 되는 창면 또는 주광시스템의 확산부이다. 식(4-2-11)에서도 예상할 수 있듯이 자연채광에 의해 불쾌글레어가 일어나지 않도록 하기 위한 이론적인 방법에는 다음과 같은 것들이 있다.

① 고휘도가 되는 부분의 휘도 L_s를 낮게 한다.

② 고휘도가 되는 부분의 크기 ω를 작게 한다.

③ 배경휘도 L_b를 높게 한다(L_s와 L_b의 대비를 작게 한다). 단, 총량에 의한 글레어인 경우는 역효과.

④ 고휘도가 되는 부분이 시야 내에 들어오지 않도록 한다.

자연채광에서는 눈높이보다 위쪽에서 주광을 도입할 경우(천창 등) 시선이 고휘도가 되는 부분을 향하지 않는 한 불쾌글레어는 거의 일어나지 않는다(④). 한편 창처럼 눈높이와 같은 레벨의 수직방향으로 주광을 도입하는 경우는 ①~③이 되는데 실제로는 ①의 영향이 크다. ②에 대해서는 글레어에 효과가 있는 것은 실제면적이 아니라 시야에서 차지하는 크기이므로 창에서 떨어진 위치라면 문제는 적어진다. 또한 ③의 방법은 실내 표면의 반사율을 조절하는 것이 이에 상당한다. 인공조명에 의해 조도를 높이는 것도 생각할 수 있는데, 소비에너지가 증가하기 때문에 극적인 효과는 기대할 수 없다. 또한 총량에 의한 글레어의 경우 ③은 역효과가 되므로 창에서 가까운 곳은 이 방법을 권하지 않는다.

4.3.3 롤스크린 등에 의한 글레어

확산투과에 의한 직사일광 제어에는 주의가 필요하다. 직사일광은 직접 시선에 입사되지 않는 위치에 있으면 눈부시게 느껴지는 일은 없다. 하지만 확산시킴으로써 모든 방향으로 고휘전송을 발산하게 된다(그림 4-3-1). 예를 들어 그림 4-3-2의 모형은 상부 창의 왼쪽 부분에서 직사일광이 바닥면에 입사되고 있다. 확산시트를 사용한 오른쪽에서는 직사일광이 입사되지 않아 바닥면에 빛나는 부분이 없다. 하지만 상부 창의 휘도는 확산시트를 사용한 오른쪽이 높다.

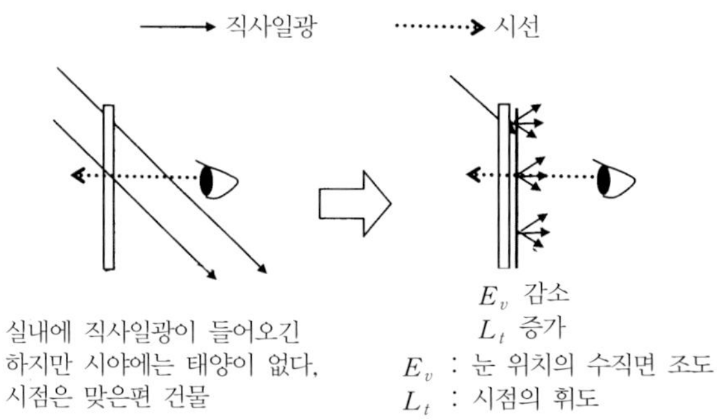

그림 4-3-1 롤스크린이나 커튼에 의한 직사일광 차폐와 시점의 휘도

그림 4-3-2 직사일광의 확산

왼쪽 상부창에서는 직사일광이 들어오고, 오른쪽 상부창은 직사일광을 차폐하고 있음을 바닥면의 모습을 보고 알 수 있다. 하지만 오른쪽 상부창이 왼쪽 상부창보다 휘도가 높아 눈부시다.

4.3.4 광막반사(비쳐들어옴)

빛이 시대상표면에서 반사되어 시대상의 휘도대비가 작아짐에 따라 시대상이 잘 보이지 않게 되는 현상이다.

예를 들어 박물관이나 미술관에서 전시면을 덮는 유리에 광원이나 감상자의 반사영상이 비쳐 잘 보이지 않는 경우가 있다. 본래 보려고 하는 휘도가 L_1, $L_2(L_1 > L_2)$이면 그 휘도대비 C는 다음과 같이 된다.

$$C = \frac{(L_1 - L_2)}{L_1}$$

여기서 유리 표면의 반사광에 의한 휘도를 L_{1r}, L_{2r}이라 하면

$$C = \frac{\{(L_1 + L_{1r}) - (L_2 + L_{2r})\}}{(L_1 + L_{1r})}$$

유리면의 반사휘도가 높은($L_{1r} \gg L_1$, $L_{2r} \gg L_2$) 경우 반사영상이 두드러지게 보인다. 박물관 등에 자연채광을 하는 경우 측창을 채광부로 하는 것은 문제가 된다. 전시케이스의 유리면에 직접 창이 비치게 되는 배치를 피해야 한다. 이는 시인성을 악화시킬 뿐만 아니라 작품의 열화를 촉진한다는 면에서도 반드시 주의해야 한다.

오피스, 주택, 학교 등에서는 PC나 TV 등의 디스플레이에 사물이 비치는 경우가 많다. 최근에는 액정 디스플레이를 많이 사용하고 디스플레이 자체의 성능도 비약적으로 향상되었지만 오피스에서 시환경과 관련된 불만 중 가장 많은 항목이다. 인공조명은 기구에 루버를 다는 등 수직면(또는 그에 가까운) 디스플레이면에 비치지 않도록 하고 있다. 하지만 자연채광의 경우 측창은 디스플레이면에 비치기 쉽다. 그 대책 중 하나로 창면의 휘도를 낮추는 방법을 들 수 있지만 이 방법으로 완전히 없애기는 어렵다. 창면과 디스플레이면 및 눈의 위치관계를 연구하는 것이 첫 번째 해결책이라 할 수 있다.

칠판이나 광택지 표면에서의 광막반사는 광원으로부터 들어오는 빛의 표층반사가 큰 경우에 일어난다. 표층반사의 반사율은 입사각이 클수록 커지므로 눈 위치와의 관계에서 입사각(=반사각)이 커지는 위치가 고휘도가 되는 것을 피한다.

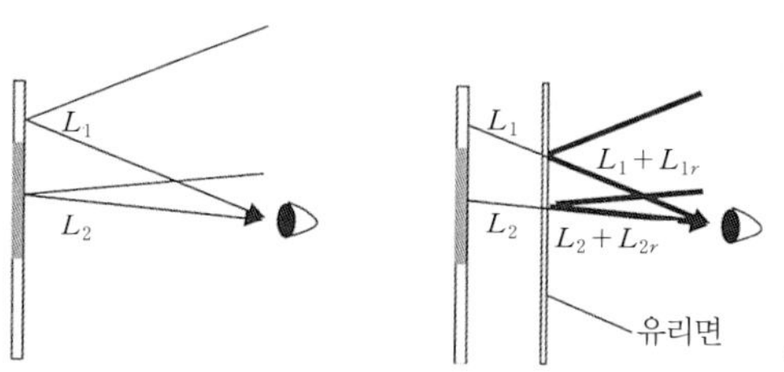

그림 4-3-3 비쳐들어옴

4-4 주광과 조도

공간은 용도에 따라 필요한 조도가 있으므로 이를 확보해야 한다. 작업공간이라면 작업영역 내에서 그 작업에 맞는 수평면, 수직면 등을 기준면으로 하여 그 기준면의 필요조도를 밑도는 일이 없도록 계획한다. 감각적으로 인식할 수 있는 조도의 차이는 거의 1.5배 이상(또는 1/1.5 이하)이라고 알려져 있으며, 1/1.5~1.5배 사이는 '필요 조도의 폭'으로 봐도 좋다. 오랫동안 조도의 기준이 되어온 JIS의 조도기준(JIS Z 9110)은 이러한 견해를 바탕으로 하고 있으며, 이후 ISO 8995 2002(CIE S 008/E) 'Lighting of Indoor Work Places'를 바탕으로 작성된 새로운 JIS 기준(JIS Z 9125)에서도 ISO 8995에는 없는 '폭'이라는 견해를 사용하고 있다.

자연채광의 경우 기후 등에 따라 필요 조도 이하가 되는 경우도 있는데, 인공조명을 이용하여 부족한 부분을 보완하면 된다. 부족한 부분을 보완하기 위한 방법으로 '밝기 센서'가 사용되는 경우가 많은데, 이에 대해서는 제5장에서 설명하겠다. 자연채광을 인공조명으로 보완하는 일이 많을 경우에는 조명의 위치나 광색의 조화가 중요하다. 필요 조도를 확보하는 데 그리 신경을 많이 쓰지 않아도 되는 공간이라면 낮에는 주광으로만 지내다가 인공조명은 주로 밤에 사용하도록 설계하면 된다.

토막 지식 **볼록한 표면과 광막반사**

불투명한 물질의 반사에는 표면에서 반사되는 표피반사와 내부에서 반사되는 층내 반사가 있다. 표면에서 정반사가 일어나며 그 반사율은 입사각에 따라 다른데 입사각이 클수록 커진다. 따라서 광택지의 경우 종이의 색에 관계없이 표층반사에 의해 고휘도가 될 수 있다. 또한 예를 들어 잡지 등의 경우는 오른쪽 그림과 같이 곡면일 경우 고휘도가 되기 쉬우며 그에 따라 시대상(종이에 인쇄되어 있는 것)의 휘도분포를 인식할 수 없게 된다.

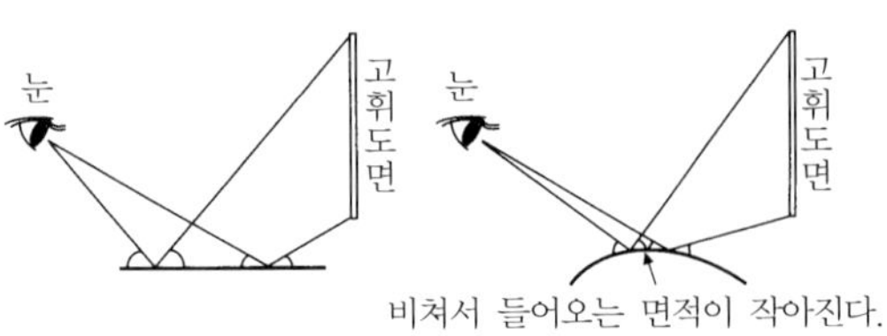

4-5 주광과 조도분포

일반적으로 수평면의 조도분포를 일컬으며 오피스나 일반 교실 같은 공간에서는 균일한 분포가 되도록 하는 것이 바람직하다. 그런 공간에서 작업 영역의 균제도는 0.7 미만이 되지 말아야 하며 작업 근방의 균제도는 0.5 이상을 유지하도록 JIS 기준(JIS Z 9125)에서 권장하고 있다. 여기서 균제도는 다음 식으로 구할 수 있다.

$$\text{균제도 } U = \frac{\text{작업면의 최저조도 } E_{min}}{\text{작업면의 평균조도 } E_{ave}} \tag{4-5-1}$$

조도의 균제도는 광원의 배광과 배치에 의해 결정된다. 최저조도와 평균조도 모두 광원으로부터의 직접성분에 실 표면 등에서의 반사광에 의한 간접성분이 더해지는데, 보통 간접성분은 거의 일정하기 때문에 균제도는 거의 직접성분으로 정해진다고 봐도 좋다.

자연채광에서는 창면(주광시스템의 경우 확산부)을 광원으로 생각하면 된다. 창(또는 확산부)이 천장에 있는 경우는 크기와 배치가 일정하고 간격이 너무 떨어져 있지 않으면 균제도를 유지할 수 있다.

직사일광이 입사되지 않을 경우에는 천공광이나 지물반사광 같은 확산광만 대상이 되며, 측창이나 천창으로부터 들어오는 직접 조도는 수조점에서의 창의 입체각 투사율(5.5 참조)로 나타내며, 그림 4-5-1과 같이 된다. 측창에서는 창의 위치가 높은 쪽이 균제도를 올릴 수 있다. 하지만 직사일광이 입사되는 경우에는 창의 위치가 높으면 입사거리가 길어지기 때문에 주의가 필요하다. 직사일광이 입사되는 시간이 제한되어 있는, 예를 들어 북쪽 천공광을 이용하려면 높은 창이 효과적이다.

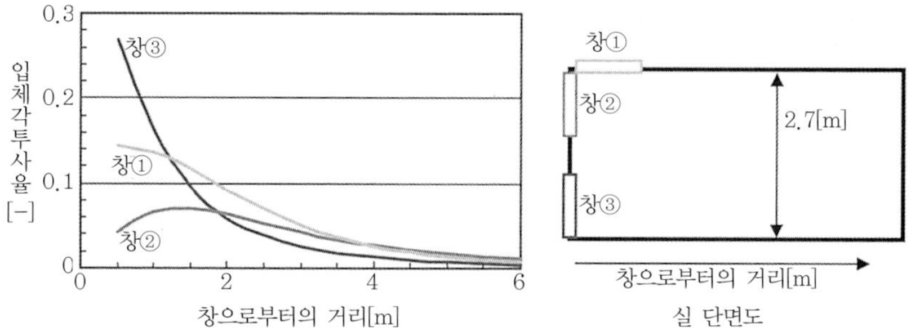

그림 4-5-1 창의 위치와 입체각투사율 분포
창의 크기가 같으며 높이는 1m이고 안길이는 지면과 수직 방향으로 5m

4-6 주광과 휘도분포

실내의 휘도분포에는 내장마감재나 실내가구 등의 표면 반사율이 관련되어 있다. 자연채광에서 휘도분포와 관련하여 유의해야 할 항목으로는 ① 시야 내의 휘도대비가 너무 크게 되어 있거나 ② 건물 내 이동에 따른 순응휘도 변화가 너무 크게 되어 있는 경우를 들 수 있다. ①의 경우, 극단적인 고휘도는 글레어가 되지만 글레어를 일으키지 않는 정도라도 끊임없이 눈의 순응상태가 변하여 시각적 피로감을 일으키기 쉬우며, ②는 순응휘도의 변화가 너무 크면 '어두움'과 '눈부심'을 느낀다.

이에 대한 대책으로 ① 시야 내의 휘도분포에 관해서는 특히 고휘도 부분을 만들지 않는 것이다. 이 점에서도 직사일광 도입은, 예를 들어 눈이나 작업면에 들어오지 않더라도 시야에 들어오기 쉬운 위치에서는 반사를 피하는 것이 좋다. ②에 대해서는 실외→아트리움→복도 같이 연속된 공간의 조도변화가 극단적으로 되지 않도록 동선에 따라 주광 도입량을 변화시키는 것이 권장된다.

4-7 빛의 방향

여기서는 빛의 확산성 · 지향성에 의한 현상으로 '모델링'과 '실루엣현상'에 대해 생각해보기로 한다. '모델링'이란 시대상물의 입체감이나 표면의 질감 등 보는 방법에 관한 종합적인 평가로, 지향성이 강한 빛은 음영이 너무 강해지며 전체 방향에서 들어오는 확산성이 강한 빛은 물체가 평판적으로 보이기도 한다. 측창의 경우 측창으로부터 들어오는 빛과 실내 안쪽에서의 빛의 양의 밸런스가 나빠진다. 하지만 직사일광이 입사되지 않는 경우 창면 자체는 면적이 큰 확산광원이어서 모델링에 대해서는 그다지 문제 삼지 않아도 된다. 평행광선인 직사일광은 강한 그림자를 만들지만 사람 얼굴에 직사일광을 직접 비치는 일은 없다고 볼 수 있다. 창을 향한 수직면조도 E_{vo}[lx]와 실내 안쪽 방향의 수직면 조도 E_{vi}[lx]를 이용한 모델링 평가의 간이지표를 표 4-7-1, 그림 4-7-2에 나타낸다.

'실루엣 현상'이란 광원을 배경으로 했을 경우에 전면이 그림자가 되는 것을 말하며, 창 부근에서 실내 안쪽을 향해 앉아 있는 사람의 얼굴이 어두워 잘 보이지 않게 되는 현상이다. 이는 시대상인 사람 얼굴의 휘도에 비해 배경이 되는 창의 휘도가 높고 보는 사람의 순응휘도가 시대상의 휘도에 대해 너무 높아지기 때문에 일어난다. 이론적으로는 배경 휘도를 내리거나 시대상 휘도를 올리면 해결할 수 있다. 측창의 경우 실루엣 현상을 방지하기 위해서는 실내 안쪽까지 주광을 유도하도록 하여 실내의 반사율을 높이며, 실내의 레이아웃을 고려하는 방법 등을 들 수 있다. 실제로는 실내 안쪽에서 인공조명을 사용하는 경우가 많으며 그렇게 함으로써 실루엣 현상이 일어나는 빈도도 감소된다. 실루엣 현상의 간이 예측방법으로 광원의 휘도 L_s[cd/m²]와 실내 안쪽 방향의 수직면 조도 E_{vi}[lx]를 이용한 지표가 있다. 표 4-7-2, 그림 4-7-2에 실루엣 현상 방지에 필요한 요건을 나타냈다.

표 4-7-1 창가의 모델링 평가를 위한 조도비

단계	E_{vo}/E_{vi} [-]
약간 강하다	10
바람직하다	2~6

표 4-7-2 실루엣 방지를 위해 필요한 E_{vi}/L_w

단계	E_{vi}/L_w [lx/cd/m²]
I 약간 좋다	0.25~0.3
II 필요 하한	0.12~0.15

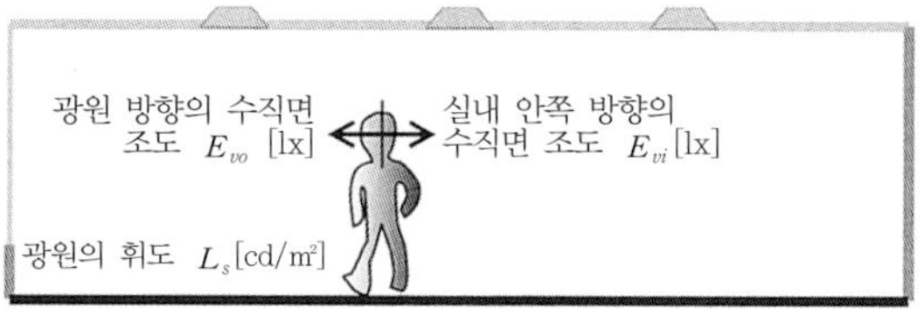

그림 4-7-1 모델링, 실루엣의 평가 파라미터

4-8 양·색의 변동

주광의 특징은 시시각각 변화하는 것이다. 지역, 계절, 시각, 기후 등에 따라 그 양과 색(분광분포, 상관색온도)이 변화된다(5.3 참조). 광량·광색의 변동은 주광다움이라 할 수 있는데, 작업 내용에 따라서는 최대한 억제해야 하는 경우도 있다.

아트리움처럼 외부 환경의 변화를 적극적으로 도입해야 하는 공간에서는 주광다움이 중요하며 광량·색이 변화하는 직사일광을 도입하는 것이 바람직하다. 직사일광이 입사된 밝은 곳에서는 밝기의 변화가 크고 지향성이 강하지만 공간 내의 밝기가 균일하다고 평가되어 밝고 활기 있으며 따뜻한 느낌을 준다. 반대로 직사일광이 입사되지 않는 경우는 차분함이 없고 불안정한 느낌을 준다. 사무소 건축의 리프레시 룸 같은 경우 직사일광이 입사됨에 따라 리프레시 효과가 높은 것으로 알려져 있다. 주광의 양 및 상관색온도(분광분포)의 변화를 적극적으로 도입함으로써 거주자의 쾌적성이 향상될 가능성이 있으며 최근에는 인공조명으로 주광의 변동을 재현한 오피스도 등장하고 있다.

사람은 주광에 대해서는 광량이나 분광분포의 세세한 변화를 인식하지 않으며 바깥의 밝기나 하늘 색 같은 하루에 큰 변화를 중요한 정보로 파악한다. 하루 24시간 주기의 큰 변화는 단순한 시간 정보뿐 아니라 사람의 일일생체 리듬을 정비하는데 중요한 작용이 있다(6.4 참조). 순간의 극단적인 변화는 시작업에 지장을 초래하거나 집무자의 피로로 이어지기도 하기 때문에 바람직하지는 않지만 주광의 1일 동안의 큰 변화를 실내에 도입하는 것은 일부 특수한 공간을 제외하고 재실자의 심리·생리를 건전하게 확보하기 위해 유용하여 더욱 적극적으로 채용해야 한다.

4-9 창에서 유입되는 환경요소

4.9.1 창의 역할

창은 건축 내부와 외부를 직접 연결하는 접점으로 표 4-9-1에 나타낸 것처럼 다양한 환경요소가 유입된다. 창에서 유입되는 시각적 요소로는 밝기 외에도 조망이나 기후 같은 외부 정보가 있다. 창으로 들어오는 외부 정보는 재실자에게 개방감이나 릴랙스 효과를 주어 스트레스를 감소시킨다.

재실자가 바람직하다고 느끼는 창의 조건으로는 바깥 경치를 쉽게 볼 수 있고 개방감(제6장 참조)을 느낄 수 있어야 함을 최우선으로 꼽는다.

창으로 보이는 경치는 하늘이나 지표면만 보이는 것보다는 하늘과 지표면이 모두 보이는 경우를 좋다고 평가한다. 천창의 경우 창을 올려다봤을 때 하늘밖에 보이지 않으며 지표면의 정보는 얻을 수 없다. 눈과 같은 높이인 측창은 지표면과 지표 부근의 하늘 모두를 볼 수 있어 얻을 수 있는 정보량도 많고 재실자의 만족도도 높다. 천장이 높은 방은 시선높이에 있는 창으로 조망을 확보하고 높은 창으로 방 전체를 밝게 할 수 있다. 천장이 낮은 실의 경우 바닥면 가까이의 낮은 창에서 바닥면을 밝게 할 수는 있지만 공간 전체를 밝게 하는 데는 불리하다.

또한 창의 위치는 프라이버시 관점에서도 검토되어야 한다.

표 4-9-1 창을 통과하는 것

	창을 통과하는 것
에너지	빛
	열
	소리
물질 · 물체	공기
	분진
	꽃가루, 진균
	화학물질
	벌레
	사람
정보	시각정보
	청각정보
	후각정보
	촉각정보

4.9.2 일사차폐장치와 조망

창에 일사차폐장치를 설치했을 경우 하지 않은 경우에 비해 조망(창을 통해 볼 수 있는 실외 부분)이 감소된다. 라이트쉘프의 경우 그림 4-9-1에 나타낸 것처럼 조망은 주로 하부창에서 보이는 경치가 된다. 블라인드나 루버의 경우는, 예를 들어 슬랫이 수평 상태여도 볼 수 있는 실외 부분이 매우 적다(그림 4-9-2).

경치가 잘 보이는 것은 재실자가 창에서 실외의 휘도분포를 얼마나 파악할 수 있는지를 말하며 일사차폐장치의 공극부분의 크기뿐만 아니라 휘도대비도 영향을 준다. 예를 들면 같은 공극률의 커튼이라도 외부 경치가 보이는 경우와 보이지 않는 경우가 있다.

한 예로 롤스크린을 설치했을 때 어떻게 경치가 보이는가에 대해 설명하고 있다.

예를 들어 밝은 색의 롤스크린을 사용하거나 실내에서 인공조명을 켰을 경우는 외부휘도와의 불균일이 적어져 경치가 잘 보이지 않게 된다. 또한 롤스크린에 직사일광이 비쳤을 경우도 경치가 잘 보이지 않게 된다. 그림 4-9-3에 그 예를 나타낸다.

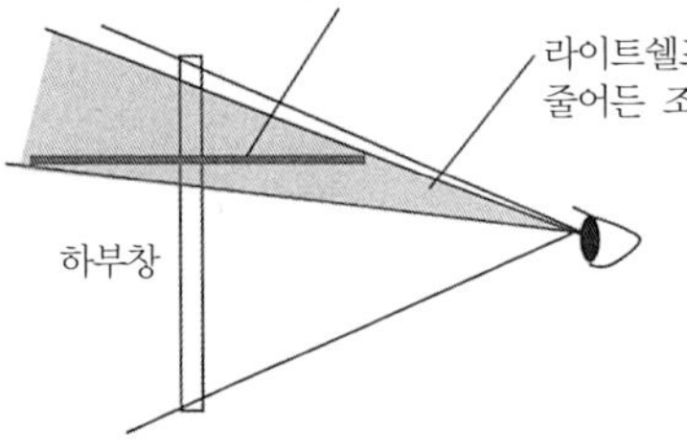

그림 4-9-1 라이트쉘프와 조망

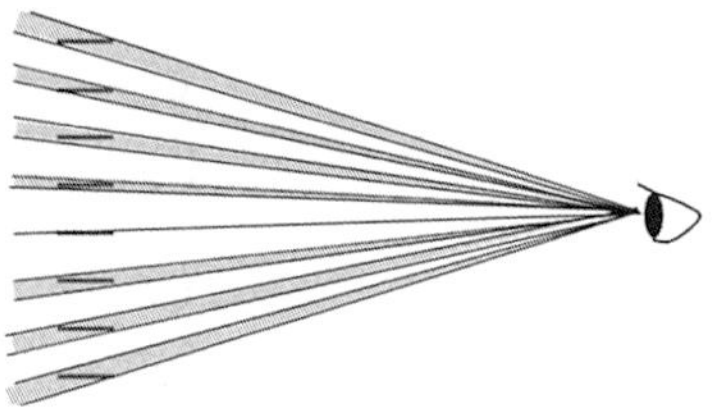

그림 4-9-2 천공상태별 전천공조도

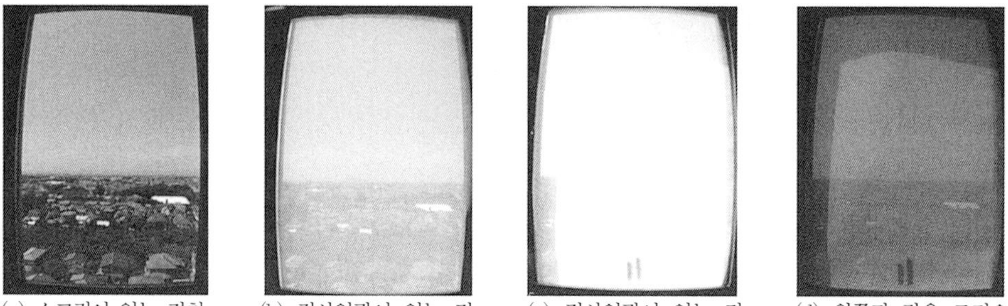

(a) 스크린이 없는 경치

(b) 직사일광이 없는 경우 스크린을 설치한 상태. 어느 정도 경치가 확보된다.

(c) 직사일광이 있는 경우 스크린을 설치한 상태. 창내 좌측과 상부에는 창의 돌출에 의해 직사일광이 비치지 않는다. 비교를 위해 직사일광이 없는 경우와 같은 셔터 스피드로 촬영함

(d) 왼쪽과 같은 조건으로 셔터 스피드를 올려서 촬영한 것

그림 4-9-3 경치와 스크린

(b)와 (c) 사진에서 직사일광이 있으면 경치가 잘 보이지 않음을 알 수 있다.

자주하는 질문(FQA)

Q1 블라인드로 자동제어를 하는데, 맑은 날인데도 불구하고 제어가 제대로 되지 않아 수동으로 전환하는 경우가 있습니다. 옥상에 창면과 같은 방향으로 설치한 조도센서로 판단을 하고 있는데 역치 설정이 제대로 안 된 것일까요?

A1 창면과 같은 방향으로 향한 조도의 일정치로 블라인드 사용의 유무를 제어하는 방법은 창면에서 입사되는 주광량이 적어 블라인드로 제어할 필요가 없다는 판단을 하게 됩니다. 이는 '직사일광이 없다'는 것은 아닙니다. 창면에 입사되는 일사량을 제한한다는 점에서는 적절하지만 직사일광의 유무는 일정 역치로는 판단할 수 없습니다. 수동으로 전환하는 것은 창면에 대한 직사일광의 입사각이 크고(예를 들어 태양의 창면에 대한 방위각이 크고), 양적으로는 적지만 어느 각도에서 보나 직사일광이 시야에 들어오는 경우가 있습니다. 그림 4-F-1은 남쪽 창면에서 역치(설정조도)와 '직사일광이 있는데도 블라인드 조작을 하지 않는 비율'과 '직사일광이 없는데도 블라인드 조작을 하는 비율(8시부터 17시)'에 대해 나타냈습니다.

물론 역치를 낮게 설정하면 전자를 줄일 수 있지만 너무 낮게 설정하면 후자의 비율이 증가됩니다. 또한 계절에 따라서도 상황이 달라서 여름철은 설정 조도를 바꾸면 오차 비율의 변화가 커집니다. 한편 태양고도가 낮은 겨울철에는 '직사일광이 있는데도 블라인드 조작을 하지 않는 비율'을 줄이기가 어렵게 됩니다. 일반적으로 태양고도가 낮아지는 시간대에는 역치에 상관없이 블라인드 조작을 하도록 설정되어 있는 경우가 많지만 그래도 역치가 일정한 경우에는 '직사일광이 있는데도 블라인드 조작을 하지 않는다.'는 상황이 생기게 됩니다. 시환경상 계절과 시각으로 역치를 변화시킨 제어가 바람직하다고 봅니다.

또한 옥상의 센서와 대상으로 하는 창의 경우, 맞은편 건물의 상태가 다른 경우에도 센서의 판단과 실제 상황에 차이가 생깁니다. 창은 맞은편 건물에 의해 직사일광이 차단되는데도 옥상 센서에서는 직사일광이 들어온다고 나타나 직사일광이 들어오지 않는데도 블라인드가 조작되게 됩니다. 옥상의 센서로 모든 층의 창 블라인드 조작을 판단하는 경우에는 미리 각층 창에 직사일광이 비치지 않는 일시를 산출하여 제어 프로그램에 설정해두는 것이 바람직합니다.

어쨌든 센서가 부착되는 장소에 제한이 있으며 반드시 제어대상이 되는 창과 같은 방향을 향하지 않는 경우도 있으므로 캘리브레이션이 필요합니다.

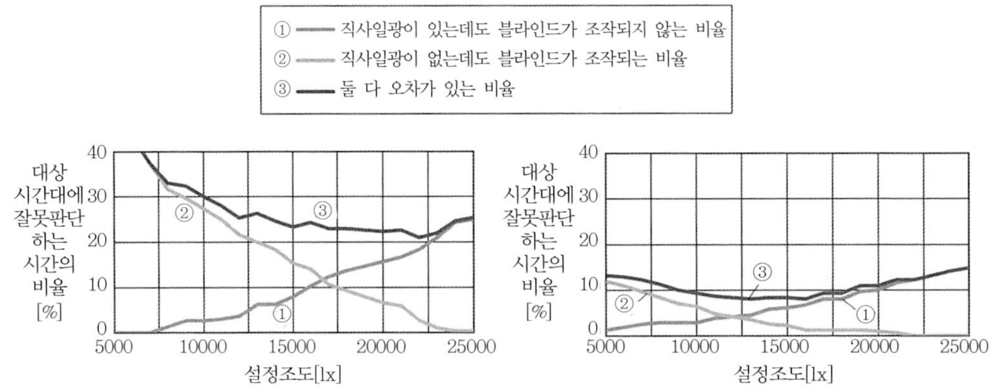

그림 4-F-1 역치의 설정조도와 블라인드 조작의 판단실수 비율

천공지표 0.3 이하를 직사일광이 없다고 판단했다(동경표준년, 확장아메다스 기상데이터를 이용해 남면 창에 대해 산출)

Q2 글레어 억제를 고려한 블라인드 제어가 있습니까?

A2 PGSV값(식 4-2-12)을 제어에 반영시킨 글레어 억제가 실용화되었습니다. 하지만 실제로는 배경휘도를 특정하기 어렵기 때문에 배경휘도에는 인공조명에 의한 수직면 조도로 산정된 값이 사용되고 있습니다. 또한 광원의 휘도에는 블라인드 슬랫면 휘도와 틈새로 보이는 천공휘도의 평균치가 사용되고 있습니다.

그림 4-F-2는 이 PGSV값을 시스템에 반영시키는 과정을 나타냈습니다.

이는 실제 건물 예(1.2.3 참조)로 동면과 서면에 창이 있습니다. 일사량 · 조도 연산부에 설정된 슬랫각에 허용한계가 되는 PGSV에 의한 보정을 더함으로써 에너지 절감과 쾌적한 시환경이 양립하는 최적의 슬랫각을 결정합니다.

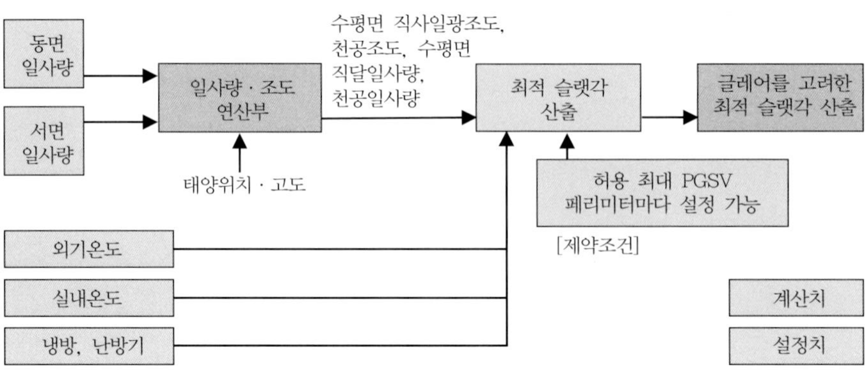

그림 4-F-2 글레어를 고려한 제어

Q3 측창에서 들어오는 자연채광은 '작업영역의 균제도가 0.7 미만이 되지 않을 것'은 불가능한 것이 아닙니까?

A3 측창조명은 균제도의 권장범위를 지키는 것이 어려운 것처럼 생각하기 쉽지만 '작업영역'을 한사람의 작업자 영역으로 생각하면 균제도를 지킬 수 있게 됩니다.

최근 들어 오피스에서는 태스크 앰비언트 조명 시스템을 취하고 있는데, 이는 실내 전체를 균일한 밝기로 유지하는 것이 아니라 작업영역의 조도를 태스크 조명으로 유지하는 방법입니다. 이때 전체조명은 주광을 이용하면 주광 입사량에 대해 그리 신경 쓰지 않아도 될 듯합니다.

참고문헌

1) Tuaycharoen,N. and Tregenza,PR.: Discomfort Glave from Interesting Images, Lighting Res. Technol., 37(4), pp.329-341
2) JIS Z 9125 日本規格協会：屋内作業場の照明基準
3) JIS L 1055-1987 日本規格協会：カーテンの遮光性試験方法, JISハンドブック31, pp.440-442, 2001
4) 中村芳樹, 小林茂雄, 乾正雄, 近藤友洋, 大澤正嗣：窓面に装着するスクリーンの輝度抑制性能と景観透視性能, 日本建築学会計画系論文集, 第484号, pp.9-16, 1996.6
5) 松浦邦男 他：エース建築環境工学Ⅰ, 朝倉書店, p.53, p.63, p.65
6) 例えば, Tokura, M. Iwata,T. and Syukuya, M.: Experimental study on discomfort glare caused by windows Part 3- Development of a method for evaluating discomfort glare from a large Light Source-, Journal of Architecture, Planning and Environmental Engineering, Transaction of Architectural Institute of Japan., No.489, pp.17-25, 1996.11
7) 岩田利枝, 伊藤大輔, 平野祐介：不快グレアの対比効果と総量効果, 日本建築学会環境系論文集, 第618号, pp.1-7, 2007.8
8) 田淵義彦：測窓採光の事務所証明における昼光と人工光の協調の要件, 照明学会誌, 66(10), pp.53-59, 1982
9) 大山能永, 西村正和, 乾正雄：アトリウムの昼光環境に関する研究, 日本建築学会計画系論文集, 第503号, pp.69-76, 1998
10) 大山能永：「リフレッシュルーム」の望ましさ測定方法の提案, 日本建築学会計画系論文集, 第596号, pp.1-6, 2005
11) 奥田紫乃, 佐藤隆二, 山中俊夫：レースカーテンを通した人の顔の見えやすさとそれに対応する明視要素についての検討, 日本建築学会計画系論文集, 第542号, pp.29-34, 2001.4
12) 伊藤大輔, 岩田利枝：自動制御ブラインドの直射日光判断値, 照明学会全国大会講演論文集, 2007
13) Igawa,N., Koga,Y., Matsuzawa,T., Nakamura,H.: Models of sky radiance distribution and sky luminance distribution, Solar Energy 77, pp.137-157, 2004

제 5 장

주광과 인공광

5-1 주광과 지역특성

5.1.1 태양방사의 분류

태양에서 방사되는 전자파는 대기중을 통과할 때 산란과 흡수에 의해 에너지의 일부를 잃지만 대부분은 지표에 도달한다. 태양으로부터 나오는 전자방사, 즉 일사는 파장에 따라 자외방사, 가시방사, 적외방사로 크게 나뉜다. 자외방사는 화학작용이 강하여 화학선이라고도 한다. 가시방사는 눈에 느껴지는 빛으로 밝기의 근원이 된다. 적외방사는 열작용이 강하여 열선이라고도 한다. 자외방사, 가시방사도 최종적으로는 열에너지로 바뀌어 지표의 열환경을 형성한다. 일사의 파장분포를 그림 5-1-1에 나타낸다.

5.1.2 주광의 분류

대기를 통해 지표에 직접 도달하는 가시방사(빛)를 직사일광이라 한다. 대기를 통과하던 중 공기입자로 산란되어 지표에 도달하는 빛을 청공광, 구름에서 확산투과되거나 반사된 빛을 담천광이라 하며, 청공광과 담천광을 합해 천공광이라 한다. 그리고 직사일광과 천공광을 합해 주광이라 한다. 직사일광이나 천공광이 지표에 있는 지물에서 반사된 빛을 지물반사광이라 하며, 주광에 포함되는 경우도 있다. 그림 5-1-2에 직사일광, 천공광, 지물반사광을 각각 나타냈다. 표 5-5-1에는 일사와 주광의 대응을 나타냈다.

주광을 광원으로 할 때 이를 주광광원이라 하며, 주광을 광원으로 하는 조명을 자연채광이라 한다. 직사일광은 방향성이 강해 수조면에 극단적인 밝기 차이를 생기지

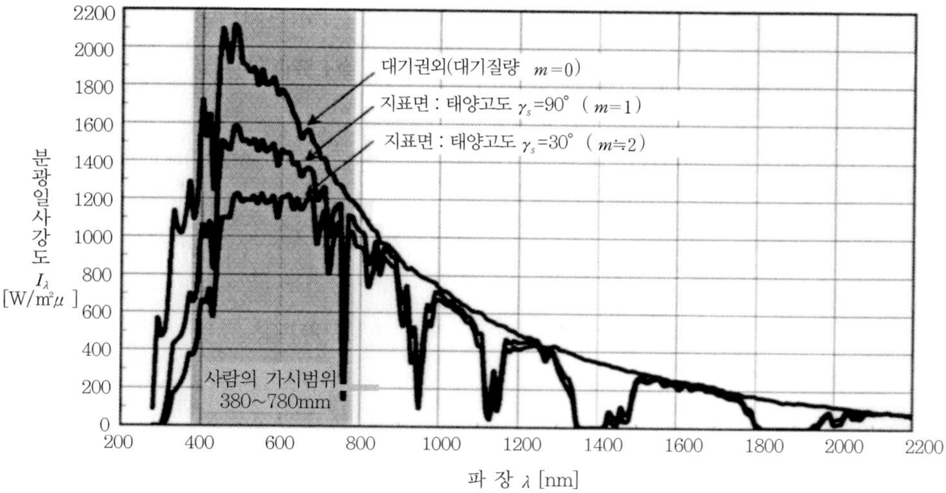

그림 5-1-1 일사의 파장분포(SMARTS2에 의해 작성)
지표에 도달하는 일사의 분광분포는 태양고도(γ_s)에 따라 다르다.

않게 하기 위해 작업공간에 직접 도입하지 않도록 한다. 종래의 자연채광 설계에서는 천공광만 취급하는 것이 일반적이며, 천공광만을 가리켜 주광광원이라 하는 경우가 있다. 하지만 천공광에 비해 직사일광의 양이 매우 크고 자원 절감 · 에너지 절감에 기여하는 자연 에너지 이용이라는 관점에서 직사일광의 활용을 고려해야 한다.

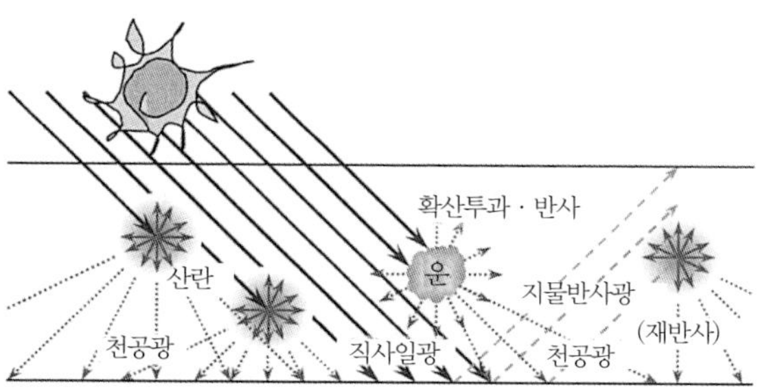

그림 5-1-2 직사일광, 천공광, 지물반사광
대기를 통해 지표에 직접 도달하는 빛을 직사일광, 대기에서 산란되어 도달하는 빛과 구름에서 확산투과 · 반사되어 도달하는 빛을 천공광, 직사일광과 천공광이 지표에 있는 지물에서 반사된 빛을 지물반사광이라 한다.

표 5-1-1 이 책에서 나오는 일사와 주광과의 대응

전자방사	가시방사(빛)
전천일사 global solar radiation	주광 daylight
전천일사량 global irradiance	전주광조도 global illuminance
직달일사 direct solar radiation	직사일광 sunlight
직달일사량 direct irradiance	직사일광조도 sunlight illuminance
천공일사 diffuse sky radiation	천공광 skylight
천공일사량 diffuse irradiance	전천공조도 *1 diffuse sky illuminance
반사일사 reflected solar radiation	지물반사광 *2

*1 조명학회 용어집에서는 '천공광조도'로 되어 있지만, 이 책에서는 JIS Z 8113(1998)의 용어를 사용하고 있다.

*2 조명학회 용어집이나 JIS 어디에도 정의되어 있지 않다.

5.1.3 주광의 지역특성

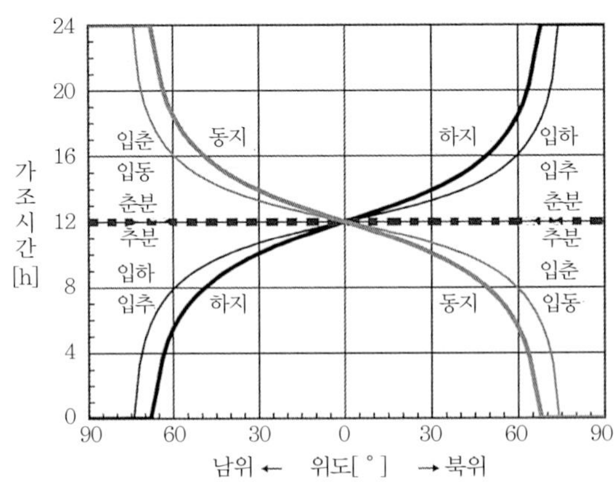

그림 5-1-3 위도와 천문학적 가조시간

해발 0[m]에서 태양고도가 0[°] 이상인 시간

지표에 도달하는 태양방사는 지구상의 위치에 따라 다르다. 지표가 받는 주광도 지리적으로 다르며 기후, 계절, 천공상태, 대기상태 등에 의해 다양하게 변화한다. 예를 들면 고위도 지역에서는 낮이 매우 긴 여름철과 밤이 매우 긴 겨울철이 있고, 태양고도는 낮으며 주광은 적다. 저위도 지역에서는 고위도지역 만큼 여름이나 겨울이 극단적으로 길지는 않으며 1년 내내 주광이 많다. 그림 5-1-3에 위도와 천문학적 가조시간(여기서는 해발 0m에서 태양고도가 0° 이상이 되는 시간을 나타냄. 가조시간에 대해서는 5.4.2(3)을 참조)의 관계를 나타냈다.

같은 위도라도 청천공이 빈번하게 나타나는 지점과 담천공이 빈번하게 나타는 지점에서 주광의 상태가 다르다. 직사일광을 이용하는 자연채광 시스템은 청천공이 많이 나타나는 지점에서는 유효하지만, 담천공이 많이 나타나는 지점에서는 그 효과를 기대할 수 없다.

그림 5-1-4에 1월, 8월 및 연간 일본 전국의 도도부현청 소재지의 일조율을 나타냈다. 1월은 남북에서의 가조시간에 차이가 있으며, 동해측과 태평양측에서는 일조율에도 큰 차이가 있다. 일조시간을 보면 가장 긴 우츠노미야(宇都宮)와 가장 짧은 아키타(秋田)에서는 160시간이나 차이가 난다. 1년 동안의 가조시간은 남북 모두 거의 차이가 없고 일조율도 최대와 최소가 12% 정도의 차이를 보이는데 일조시간은 가장 긴 코후(甲府)와 가장 짧은 아키타(秋田)에서 530시간이나 차이가 난다. 여름철에 일조시간이 긴 지역에서는 주광 도입과 일사 차폐의 밸런스를 맞추는 것이 중요하다.

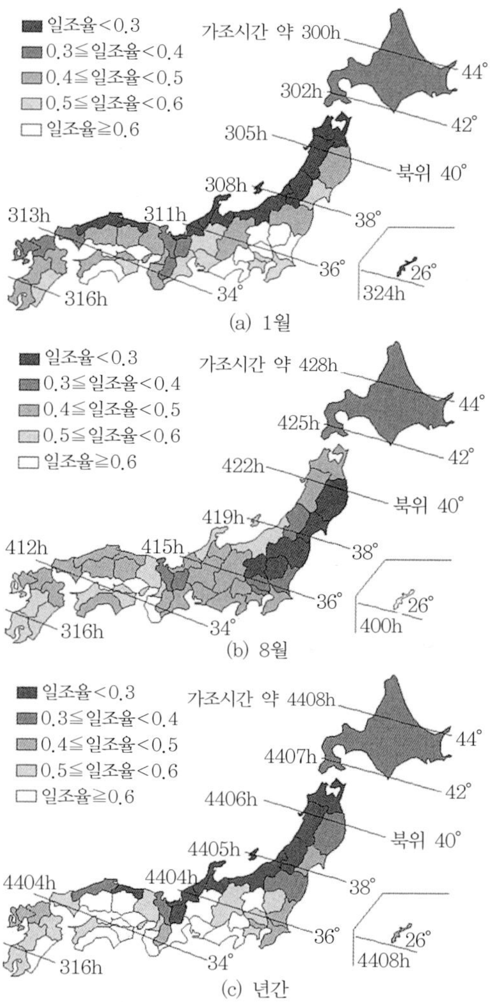

그림 5-1-4 각 도도부현청 소재지의 일조율
(=30년간 평균 일조시간/위도에서 산출한 가조시간)
여름철(8월)에 비하면 겨울철(1월)은 일조율의 지역차가 크다. 동해쪽은 여름철에 크고 태평양쪽은 겨울철에 큰 경향이 있다. 연간 경향은 겨울철의 경향과 유사하다. 가는 선은 위도와 가조시간을 나타냄.

특단의 조치를 하지 않는 한 주광을 실내에 도입하면 일사도 함께 들어온다. 과잉된 주광도입은 열취득이 증대되어 냉방부하 증가로 이어진다. 겨울철에 일조시간이 짧은 지역에서도 적극적인 주광 이용에 의해 인공조명의 점등시간을 삭감할 수 있는 가능성이 있다. 특히 난방이 필요한 실내에서는 창의 단열성을 고려하여 적극적으로 주광을 도입하면 난방부하를 줄일 수 있게 된다. 실의 조건에 따라서는 여름철보다 겨울철에 실내의 과도한 온도 상승을 일으키는 경우가 있다. 자연채광 설계에 있어서는 대상 지점의 주광특성에 맞는 자연채광 시스템을 선택해야 한다(제2장 참조). 그림 5-1-5에 도쿄, 삿포로, 나하의 일조시간, 수평면, 남면, 서면의 일사량, 주광조도(직사일광과 천공광에 의한 조도)의 연간 변화를 나타냈다. 나하의 경우 여름철에는 일사량과 주광조도 모두 남면보다 서면에서 크며 여름철의 쾌적한 실내 환경을 유지하기 위해서는 서면의 일사차폐와 일조 조정이 중요하다.

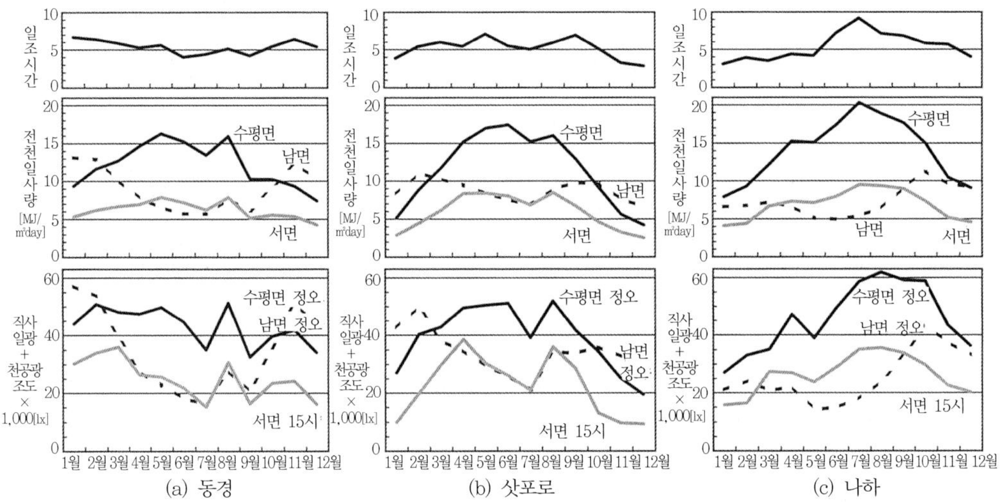

그림 5-1-5 일사량의 연간 변화(확장 아메다스 기상데이터에서 작성)
주광조도 산출에는 5.4.6에 나타낸 발광효율 추정식을 사용했다.

5-2 천공광과 천공휘도분포 · 천공방사휘도분포

5.2.1 태양이 천공휘도분포에 미치는 영향

일반적으로 자연채광 계산에서는 천공의 휘도분포를 설정할 필요가 있다. 실측이 어렵고 천공의 휘도에 관한 지식이 부족했던 시대에는 천공의 모든 위치에서 휘도가 일정하다고 자연채광환경 예측평가를 했다. 그러나 오늘날의 천공휘도분포는 일정하다고 보지 않는다. 구름 한 점 없이 쾌청하고 맑은 하늘은 태양 주변의 휘도가 매우 높으며 천장을 끼고 태양과 약 90° 떨어진 부분의 휘도는 매우 낮다. 전체적으로 두터운 구름으로 덮인 하늘은 태양 위치의 영향이 작으며 지평 부근의 휘도보다 천정 부근의 휘도가 높은 경향을 보인다. 천공휘도에 대응하는 천공방사휘도에 대해서도 천공 전체에 걸쳐 일정하다고 취급하는 경우가 많지만 실제로는 천공휘도와 같은 분포를 보인다.

5.2.2 천공상태의 분류

CIE(국제조명위원회 : Commission Internationale de I'Eclairange)는 완전히 맑은 청천공과 전체적으로 구름이 많이 낀 담천공에 대해 각각 'CIE 표준청천공'과 'CIE 표준담천공'이라는 천공휘도분포의 표준을 정했다. 기상학에서는 강수나 시정장해현상이 없고 하늘 전체에 대한 구름량이 1/10 이하인 상태를 '쾌청', 강수나 시정장해현상이 없고 하늘 전체에 대한 구름량이 2/10 이상 8/10 이하인 상태를 '맑음(청천)' 강수가 없고 하늘 전체에 대한 구름량이 9/10 이상이며 중·하층의 구름이 상층의 구름보다 많은 상태를 '흐림(담천)'으로 보아 CIE의 천공상태 정의와는 약간 다르다.

청천공과 담천공의 중간상태에 있는 천공을 중간천공이라 한다. 나카무라 연구팀은 중간천공의 휘도분포 모델을 제안했다. 또한 일본에서 1분간의 출현 빈도는 청천공이 5% 정도, 중간천공이 70% 정도, 담천공이 25% 정도로 추정되고 있다.

천공의 미소부분을 천공요소라 하며 CIE 표준청천공의 휘도분포는 천공요소의 고도와 방위 및 태양의 고도와 방위의 관수로, CIE 표준담천공의 휘도분포는 천공요소의 고도의 관수로 정의되어 있다.

5.2.3 청천공의 휘도분포

CIE 표준청천공에서 임의의 천공요소의 휘도 L_{cl}는 천정휘도를 L_{zcl}로 하여 다음 식으로 나타낸다. 그림 5-2-1에 CIE 표준청천공의 예를 나타낸다.

$$\frac{L_{cl}}{L_{zcl}} = \frac{f(\zeta)\cdot\phi(\gamma)}{f\left(\frac{\pi}{2}-\gamma_s\right)\cdot\phi\left(\frac{\pi}{2}\right)} \tag{5-2-1}$$

$$\zeta = \cos^{-1}(\sin\gamma_s\cdot\sin\gamma + \cos\gamma_s\cdot\cos\gamma\cdot\cos|\alpha_s-\alpha|) \tag{5-2-2}$$

대기가 맑은 경우,

$$f(\zeta) = 0.91 + 10\cdot e^{-3\zeta} + 0.45\cos^2\zeta \tag{5-2-3}$$

$$f\left(\frac{\pi}{2}-\gamma_s\right) = 0.91 + 10\cdot e^{-3\left(\frac{\pi}{2}-\gamma_s\right)} + 0.45\cos^2\left(\frac{\pi}{2}-\gamma_s\right) \tag{5-2-4}$$

대기가 오염되거나 혼탁한 경우,

$$f'(\zeta) = 0.856 + 16\cdot e^{-3\zeta} + 0.3\cos^2\zeta \tag{5-2-5}$$

$$f'\left(\frac{\pi}{2}-\gamma_s\right) = 0.856 + 16\cdot e^{-3\left(\frac{\pi}{2}-\gamma_s\right)} + 0.3\cos^2\left(\frac{\pi}{2}-\gamma_s\right) \tag{5-2-6}$$

$$\phi(\gamma) = 1 - e^{\frac{0.32}{\sin\gamma}} \tag{5-2-7}$$

$$\phi\left(\frac{\pi}{2}\right) = 0.27385 \tag{5-2-8}$$

여기서, L_{cl} : 청천공의 휘도[cd/m²]

L_{zcl} : 청천공의 천정휘도[cd/m²]

γ : 천공요소의 고도[rad]

γ_s : 태양고도[rad]

ζ : 천공요소와 태양과의 각거리[rad]

α_s : 태양방위

α : 천공요소의 방위

$f(\zeta)$: 맑은 대기(린케의 혼탁인자 2.45)에 관한 상대산란관수[−]

$f'(\zeta)$: 오염 또는 혼탁한 대기(린케의 혼탁인자 5.5)에 관한 상대산란관수[−]

$\phi(\gamma)$: 대기의 계조관수[−]

e : 네이피아수(≒2.7183)

주) 1. 린케의 혼탁인자란 대기의 혼탁 정도를 나타내는 지표이다(5.4.3 참조).
2. 네이피아수란 자연대수의 밑으로 사용되는 수학정수.

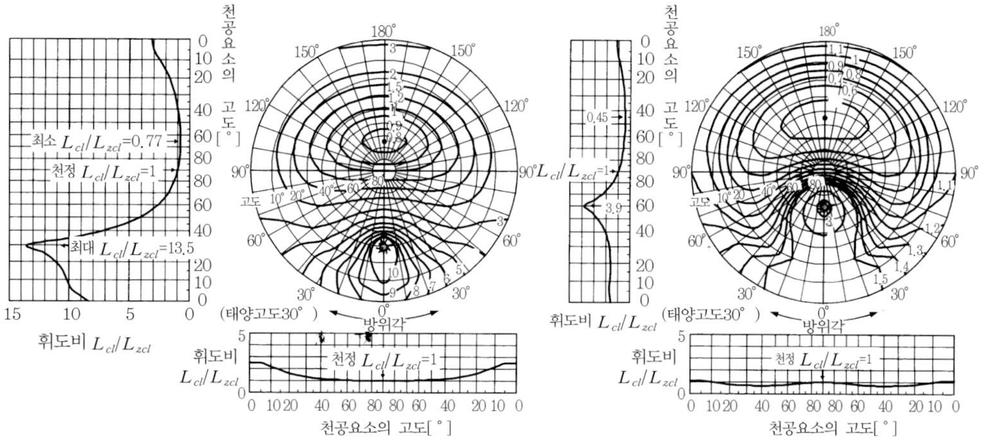

그림 5-2-1 CIE 표준청천공의 예

청천공의 휘도분포는 태양 주변이 높고 태양으로부터 천정을 지나 약 90° 떨어진 부분이 낮다.

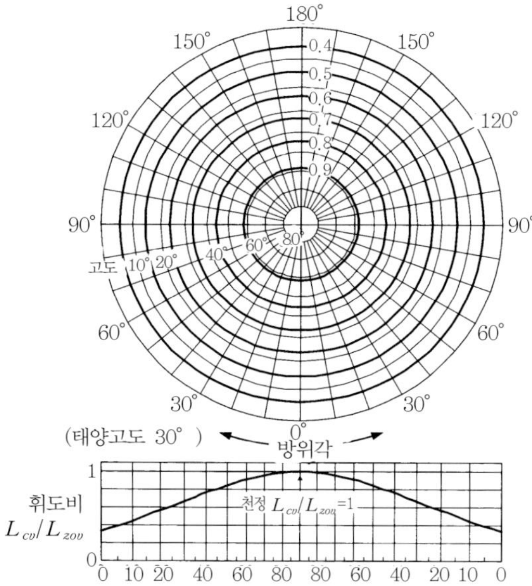

그림 5-2-2 CIE 표준담천공의 예

태양이 보이지 않는 담천공의 휘도분포는 태양의 위치에 관계없이 천공요소의 고도에 의해 변화된다.

5.2.4 담천공의 휘도분포

CIE 표준담천공의 휘도 L_{ov}는 천정휘도를 L_{zov}로 하여 다음 식으로 나타낸다. 그림 5-2-2에 CIE 표준담천공의 예를 나타낸다.

$$\frac{L_{ov}}{L_{zov}} = \frac{1 + 2\sin\gamma}{3} \qquad (5\text{-}2\text{-}9)$$

여기서, L_{ov} : 담천공의 휘도[cd/m²]

L_{zov} : 담천공의 천정휘도[cd/m²]

γ : 천공요소의 고도[rad]

5.2.5 중간천공의 휘도분포

실제로 나타나는 천공상태는 완전한 청천이나 담천만이 아니다. 천공상태는 청천공, 담천공, 그 사이의 천공으로 크게 나눌 수 있다. 중간천공의 휘도 L_{in}은 천정휘도를 L_{zin}으로 하여 다음 식으로 나타낸다.

$$\frac{L_{in}}{L_{zin}} = \frac{L(\gamma_s,\ \gamma,\ \zeta)}{L\left(\gamma_s,\ \frac{\pi}{2},\ \frac{\pi}{2} - \gamma_s\right)} \qquad (5\text{-}2\text{-}10)$$

$$L(\gamma_s,\ \gamma,\ \zeta) = a(\gamma_s,\ \gamma) \cdot e^{b(\gamma_s,\ \gamma)\zeta} \qquad (5\text{-}2\text{-}11)$$

$$a(\gamma_s,\ \gamma) = 0.43[\gamma + 0.4799 + 1.35\{\sin(3.59\gamma - 0.009) + 2.31\}(\sin 2.60\gamma + 0.316)] \qquad (5\text{-}2\text{-}12)$$

$$b(\gamma_s,\ \gamma) = -0.563(\gamma + 1.056) \cdot (\gamma_s - 0.008 + 0.812) \qquad (5\text{-}2\text{-}13)$$

$$L\left(\gamma_s,\ \frac{\pi}{2},\ \frac{\pi}{2} - \gamma_s\right) = 0.988\{\sin(2.60\gamma_s + 0.316) + 2.772\} \cdot e^{1.481(\gamma_s + 0.301)(\gamma_s - 1.571)} \qquad (5\text{-}2\text{-}14)$$

여기서, L_{in} : 중간천공의 휘도[cd/m²]

L_{zin} : 중간천공의 천정휘도[cd/m²]

γ : 천공요소의 고도[rad]

γ_s : 태양고도[rad]

ζ : 천공요소와 태양과의 각거리[rad]

e : 네이피아수(≒2.7183)

5.2.6 청천공 · 담천공 · 중간천공의 천정휘도

CIE 표준청천공, CIE 표준담천공, 중간천공의 천공요소 휘도는 모두 천정휘도에 대한 상대값으로 나타내고 있다. 천공요소 휘도의 절대값을 알기 위해서는 천정휘도가 필요하며 다양한 제안식이 있다. 나카무라 팀은 다음과 같은 식을 제안했다.

$$L_{zcl}=6.4\{\tan(0.846\gamma_s)\}^{1.18}+0.14 \quad (5\text{-}2\text{-}15)$$

$$L_{zov}=15.0(\sin\gamma_s)^{1.68}+0.07 \quad (5\text{-}2\text{-}16)$$

$$L_{zin}=9.90(\sin\gamma_s)^{1.68}+3.01\{\tan(0.846\gamma_s)\}^{1.18} \quad (5\text{-}2\text{-}17)$$

여기서, L_{zcl} : 청천공의 천정휘도[cd/m²]

L_{zov} : 담천공의 천정휘도[cd/m²]

L_{zin} : 중간천공의 천정휘도[cd/m²]

γ_s : 태양고도[rad]

5.2.7 포괄적인 천공휘도분포

CIE는 실용적인 자연채광을 설계하기 위해 포괄적인 천공휘도분포 모델인 CIE 표준일반천공을 권장하였다. CIE 표준일반천공은 15종류로 나눈 천공상태의 휘도분포를 동일한 기본식에 의해 정의하고 있다. CIE 표준청천공은 15종류의 천공 휘도분포 중에서 조합하며, CIE 표준담천공은 특수한 경우로 15종류의 천공 휘도분포와는 별도로 더하고 있다. CIE 표준일반천공의 휘도 L_a는 천정휘도 L_{za}의 상대값으로 다음과 같은 기본식으로 나타낸다.

$$\frac{L_a}{L_{za}}=\frac{f(\zeta)\cdot\phi(z)}{f(z_s)\cdot\phi(0)} \quad (5\text{-}2\text{-}18)$$

$$\phi(z)-1+a\cdot\exp\left(\frac{b}{\cos z}\right),\quad 0\leq z\leq\frac{\pi}{2} \quad (5\text{-}2\text{-}19)$$

$$\phi\left(\frac{\pi}{2}\right)=1,\quad z=\frac{\pi}{2} \quad (5\text{-}2\text{-}20)$$

$$\phi(0)=1+a\cdot\exp(b) \quad (5\text{-}2\text{-}21)$$

$$f(\zeta)=1+c\left\{\exp(d\cdot\zeta)-\exp\left(d\cdot\frac{\pi}{2}\right)\right\}+e\cdot\cos^2\zeta \quad (5\text{-}2\text{-}22)$$

$$f(z_s) = 1 + c\left\{\exp(d \cdot z_s) - \exp\left(d \cdot \frac{\pi}{2}\right)\right\} + e \cdot \cos^2 z_s \qquad (5\text{-}2\text{-}23)$$

여기서, L_a : 천공의 휘도[cd/m²]

L_{za} : 천정휘도[cd/m²]

z : 천공요소의 천정각($z = \frac{\pi}{2} - \gamma$)[rad]

z_s : 태양의 천정각($z_s = \frac{\pi}{2} - \gamma_s$)[rad]

ζ : 천공요소와 태양과의 각거리[rad]

$f(\zeta)$: 상대산란관수[−]

$\phi(z)$: 수평선과 천정 사이의 휘도 그라데이션 관수[−]

$\exp(x) = e^x$: 네이피아수(≒2.7183)를 밑으로 하는 지수관수

상대산란관수와 휘도 그라데이션관수에서 계수 a, b, c, d, e는 각각 천공상태에 따라 표 5-2-1과 같이 나타낸다.

CIE 표준일반천공에 관한 천정휘도의 표준은 아직 작성되지 않았다. CIE 표준일반천공 외에 청천공에서 담천공까지의 다양한 천공상태를 나타내는 포괄적인 천공모델로 All Sky Model이라는 제안이 있다. All Sky Model은 천공휘도분포뿐만 아니라 천공방사휘도분포도 나타내며, CIE 표준일반천공과 같은 기본식으로 구성되어 있고 천정휘도도 모델화되어 있다(부록 참조). 확장 아메다스 기상데이터 1981-2000에서는 All Sky Model의 천공휘도분포 및 천정휘도모델을 이용해 천공휘도분포를 산출할 수 있다.

CIE 표준일반천공, 중간천공, All Sky Model 등의 휘도분포는 태양을 지나는 자오선에 대해 대칭이며 완만한 연속관수에 의해 정의된다. 그러한 휘도분포는 청천공이나 구름이 일정하게 존재하는 담천공에 전형적이다. 하지만 구름이 점재하는 천공의 휘도분포도 근사적으로 나타내 자연채광계산 목적에 실용적으로 충분히 대응할 수 있는 정확도를 지닌다.

표 5-2-1 CIE 표준일반천공의 파라미터

분류	계수a	계수b	계수c	계수d	계수e	천공상태
1	4	−0.7	0	−1	0	CIE 표준담천공의 근사치, 천정을 향해 휘도의 급격한 그라데이션이 있다. 방위에 관해서는 일정.
2	4	−0.7	2	−1.5	0.15	담천공, 휘도의 급격한 그라데이션이 있고 태양을 향해 약간 밝아진다.
3	1.1	−0.8	0	−1	0	담천공, 휘도의 완만한 그라데이션이 있고, 방위에 관해서는 일정.
4	1.1	−0.8	2	−1.5	0.15	담천공, 휘도의 완만한 그라데이션이 있고, 태양을 향해 약간 밝아진다.
5	0	−1	0	−1	0	일정한 천공
6	0	−1	2	−1.5	0.15	부분적으로 구름이 존재하는 천공, 천정을 향해 휘도의 그라데이션은 없고 태양을 향해 약간 밝아진다.
7	0	−1	5	−2.5	0.3	부분적으로 구름이 존재하는 천공, 천정을 향해 휘도의 그라데이션은 없고 태양 주위가 밝다.
8	0	−1	10	−3	0.45	부분적으로 구름이 존재하는 천공, 천정을 향해 휘도의 그라데이션은 없고 확실한 광관이 있다.
9	−1	−0.55	2	−1.5	0.15	부분적으로 구름이 존재하는 천공, 태양은 보이지 않는다.
10	−1	−0.55	5	−2.5	0.3	부분적으로 구름이 존재하는 천공, 태양 주위가 밝다.
11	−1	−0.55	10	−3	0.45	새하얀 청천공, 확실한 광관이 있다.
12	−1	−0.32	10	−3	0.45	맑은 대기의 CIE 표준청천공
13	−1	−0.32	16	−3	0.3	오염된 대기의 CIE 표준청천공
14	−1	−0.15	16	−3	0.3	구름이 없는 혼탁한 천공, 넓은 광관이 있다.
15	−1	−0.15	24	−2.8	0.15	하얗고 혼탁한 천공, 넓은 광관이 있다.
16	−	−	−	−	−	CIE 표준담천공

5-3 주광의 색

5.3.1 주광의 색과 색의 변동

색도표에서 주광의 궤적은 흑체방사궤적의 약간 상부에 존재한다(그림 5-7-3 참조). 주광의 색도 여러 가지 요인에 의해 시시각각 변한다. 하늘의 색은 이른 아침~아침~낮~저녁~한밤중으로 하루에도 여러 차례 크게 바뀐다. 주광은 태양으로부터 나오는 빛과 하늘에서 나오는 빛이므로 하늘의 색과 태양의 색이 변화되면 주광의 색(상관색온도, 파장분포)도 변화된다(그림 5-3-1). 태양고도가 높을 때에는 고조도 · 고색온도가 되고 태양고도가 낮을 때에는 저조도 · 저색온도가 되는 경향이 있다. 이는 사람이 살면서 오랫동안 익숙해진 변화이기 때문에 부자연스럽다고 느끼지 못한다(그림 5-3-2).

파장분포는 색을 보는 데 영향을 미치지만, 보통 이를 의식하는 경우가 없으므로 주광의 파장분포 변화를 느끼기는 어렵다. 그림 5-3-3은 가로축을 시각, 세로축을 파장으로 두었을 경우의 등에너지곡선을 나타냈다. 그림에서 숫자는 에너지(μ W/㎠)를 나타낸다. 또한 그림에서 선이 촘촘한 부분은 급격한 변화를, 듬성듬성한 부분은 완만한 변화를 나타낸다. 날씨가 맑을 때 완만한 변화가 많다는 것을 알 수 있다.

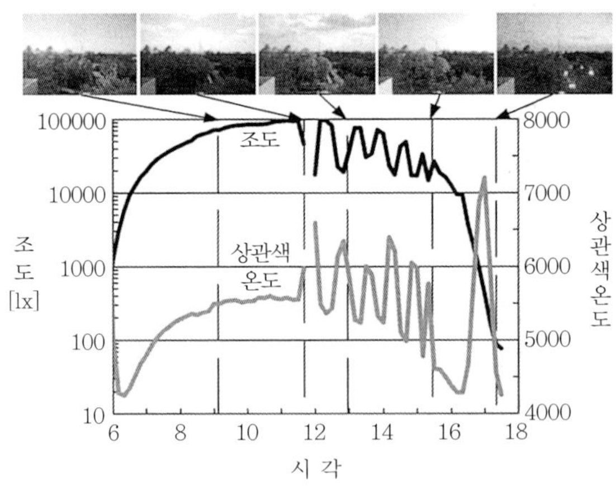

그림 5-3-1 11월 남쪽으로 10도 경사진 면에 입사된 주광의 조도와 상관색온도의 변화

청천시 상관색온도가 높은 북쪽 하늘은 건물로 차폐되기 때문에 청천시의 상관색온도가 담천시보다 낮다.

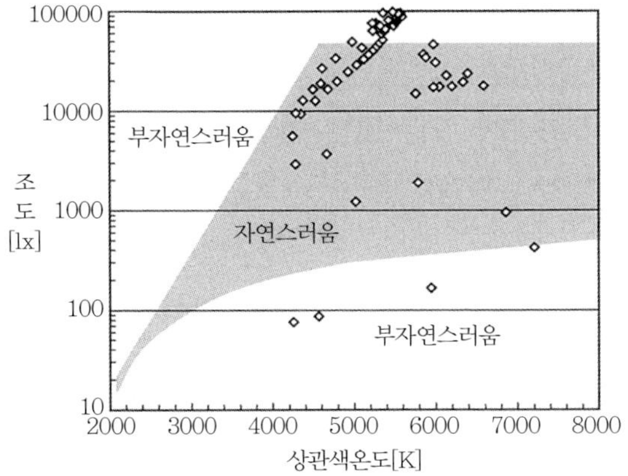

그림 5-3-2 그림 5-3-1의 상관색온도와 조도와의 관계

회색부분은 Kuruithof가 제시한 자연스러운 색온도와 조도 관계의 범위.
사람의 눈은 진화 속에서 익숙해진 주광을 자연으로 느끼고 있다.

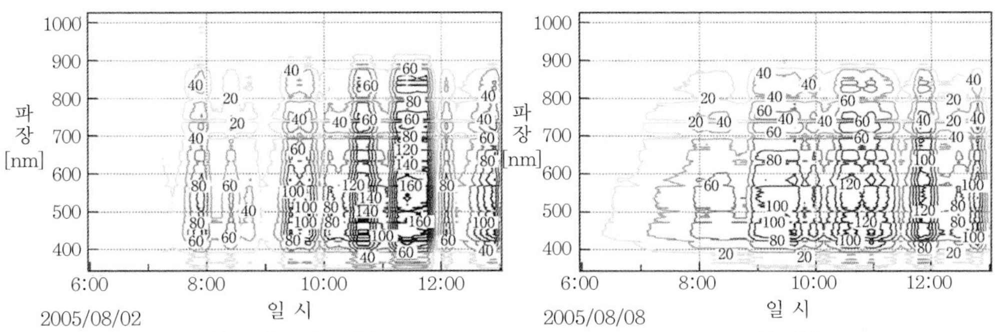

(a) 흐리고 가끔 맑음 (b) 맑음

그림 5-3-3 8월 수평면에 입사된 주광의 파장별 에너지(분광에너지[μ W/㎠ · nm])의 1일 변화

가로축은 시각, 세로축은 파장인 등에너지곡선. 맑은 날씨인 경우 등에너지곡선이 듬성듬성하며 시각방향으로나 파장방향으로 완만한 변화를 보이고 있다.

5-4 주광에 의한 조도

5.4.1 주광에 의한 조도의 분류

직사일광에 의해 지표에 생기는 조도를 직사일광조도라 하고, 천공광에 의해 지표에 생기는 조도를 전천공조도라 하며, 직사일광조도와 전천공조도의 합을 전주광조도(또는 글로벌조도)라고 한다. 직사일광조도와 전천공조도에 지물반사광에 의한 조도를 더해 전주광조도라고 하는 경우도 있다(표 5-1-1 참조).

5.4.2 일조와 일사에 관한 지표

(1) 발광효율

직사일광조도에 대응하는 일사량을 직달일사량, 전천공조도에 대응하는 것을 천공(산란)일사량, 전주광조도에 대응하는 것을 전천일사량이라 한다. 일사량에 대한 조도의 비를 주광의 발광효율이라 한다. 주광의 발광효율도 직사성분, 천공(확산)성분, 글로벌성분으로 나누어 생각할 수 있다. 직사성분이나 글로벌성분의 발광효율은 태양고도에 의존한다.

(2) 클라우드 라티오(Cloud Ratio)

글로벌 성분의 조도(또는 일사량)에 대한 천공(확산) 성분의 조도(또는 일사량)의 비를 주광(또는 일사)의 클라우드 라티오라고 한다. 클라우드 라티오에 의해 대략적인 천공상태를 추측할 수 있다. 담천공의 경우는 직사성분이 약해지기 때문에 클라우드 라티오의 값이 1에 가깝다.

(3) 가조시간 · 일조시간 · 채광주간

어떤 날 어떤 지점에서 직사일광이 입사될 수 있는 시간을 가조시간이라 한다. 가조시간에는 위도뿐 아니라 지형이나 주변환경 등도 영향을 미친다. 2.2.2(2)의 그림 2-2-3에서 태양이 구름 외의 장애물에 차폐되지 않는 시간이 된다. 지형이나 주변환경을 고려하지 않고 주위에 차폐물이 없을 경우의 가조시간을 천문학적 가조시간이라 한다(그림 5-1-3). 가조시간 중 실제로 일조가 있는(직사일광이 비치는) 시간을 일조시간이라 한다. 가조시간에 대한 일조시간의 비를 일조율이라 한다. WMO (World Meteorological Organization : 세계기상기관)에서는 지표의 법선면에서의 직달일사량이 120[W/㎡] 이상일 때 일조가 있는 것으로 본다. 구름을 통해 태양이 보인다 해도 직달일사량이 120[W/㎡] 미만일 때는 일조가 없는 것으로 본다. 일조 유무의 기준은 직사일광에 의해 물체에 영향을 미칠 수 있는지 아닌지이다.

일출 직후와 일몰 직전은 태양고도가 매우 낮아 조명으로 이용할 수 있는 주광이 적다. 그런 시간에 주광을 광원으로 기대하는 것은 무리이므로 채광주간이라는 시간대를 정해 그 시간대에 대해 자연채광 설계를 하는 것이 합리적이라고 본다. 채광주간 외의 시간에는 인공조명에 의존할 수밖에 없다는 것을 의미한다. 오기켄(小木曽)은 많은 실측 자료를 바탕으로 채광주간으로 태양고도 10° 이상인 시간대를 제안했다. 그림 5-4-1에 채광주간의 예(북위 35°)를 나타낸다.

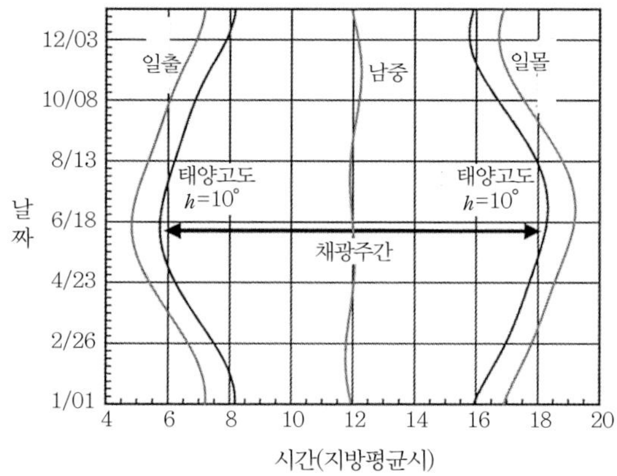

그림 5-4-1 채광주간(북위 35°)

자연채광에 유효한 시간은 일출부터 일몰까지의 시간보다 짧다.

5.4.3 직사일광조도

직사일광의 강도는 대기를 통과할 때 산란이나 흡수를 받아 감쇠된다. 대기 외에서의 직사일광에 의한 법선조도(광원의 광축 방향에 수직인 면 위의 조도)를 대기외 법선조도라고 한다. 태양과 지구와의 거리는 1년을 주기로 변화되며 대기외 법선조도의 수치도 태양과 지구와의 거리에 의해 변화된다. 따라서 태양과 지구가 평균 거리에 있을 때의 대기외 법선조도를 태양조도정수(직사일광정수라고도 함)라고 정의한다. 태양조도정수에 대해서는 각종 연구를 바탕으로 한 수치가 제안되어 있는데, 최근 자료에 의해 추정한 수치는 133,700lx이다. 태양조도정수에 대응하는 일사량을 태양정수라고 한다. 태양정수에 대해서도 오래전부터 연구가 이루어져 왔는데, 현재 가장 신뢰할 수 있는 태양정수의 수치는 1,370W/m²인 것으로 알려졌다. 이것으로 태양과 지구가 평균거리에 있을 때 대기 외에서의 주광(직사일광) 발광효율은 98lm/W가 된다.

태양과 지구와의 평균거리를 단위로 하여 어떤 날의 태양과 지구와의 거리는 비거리로 나타낸다. 대기외 법선조도와 태양조도정수의 관수는 비거리에 의해 다음 식과 같이 나타낸다.

$$E_o = \frac{E_e}{r^2} \tag{5-4-1}$$

여기서, E_0 : 대기외 법선조도[lx]

E_e : 태양조도정수[lx]

r : 태양과 지구와의 비거리[−]

태양과 지구와의 비거리는 계절에 따라 다른데, 일반적으로 1월 3일경에 가장 짧아지고(근일점) 7월 4일경에 가장 길어진다(원일점). 태양과 지구와의 비거리의 정확한 수치는 이과연표 등에 기재되어 있다(그림 5-4-2). 비거리의 1년 동안의 변화는 근일점을 1월 4일로 보고, 1년 동안의 비거리 평균과 최대(또는 최소)와의 차이를 1.67%로 하면 다음 식으로 근사값을 구할 수 있다(오차 0.05% 미만).

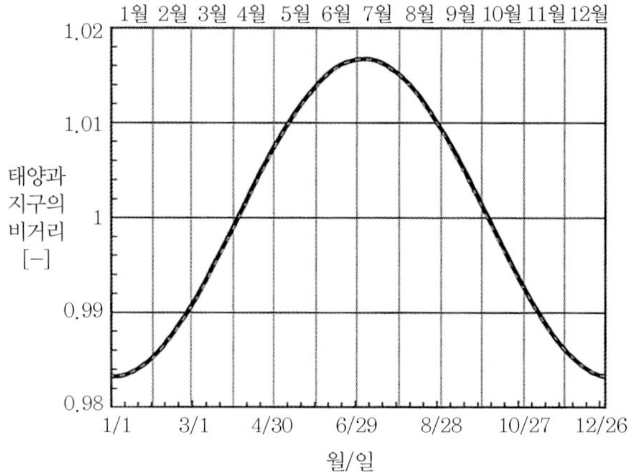

그림 5-4-2 태양과 지구와의 비거리(이과연표에서 작성)
가장 긴 날과 가장 짧은 날이 3.34% 정도 다르다.

$$r = 1 + 0.0167\cos\left\{360\frac{(n-4)}{365}\right\} \tag{5-4-2}$$

여기서, n : 1월 1일을 1로 한 통년일수

식 (5-4-2)에서 구할 수 있는 비거리를 그림 5-4-2에 점선으로 나타낸다.

천정 방향의 대기의 단위면적당 전질량에 대해 직사일광이 통과한 경로에 따른 대기의 단위면적당 전질량의 비를 대기노정이라 한다(질량거리나 광학적 공기량이라고도 함). 대기에 의한 직사일광의 소산 정도를 나타내는 계수를 소산계수라고 한다. 그림 5-4-3에 나타낸 것처럼 지표에서 직사일광에 의한 법선조도는 대기노정과 소산계수에 의해 다음 식으로 나타낸다.

$$E_n = E_0 \cdot e^{-am} \quad (5\text{-}4\text{-}3)$$

또한 수평면 조도는

$$E_{dh} = E_n \cdot \sin\gamma_s \quad (5\text{-}4\text{-}4)$$

여기서, E_n : 지표에서 직사일광에 의한 법선조도[lx]

E_0 : 대기외 법선조도[lx]

e : 네이피아수(≒2.7183)

m : 대기노정[-]

a : 소산계수[-]

E_{dh} : 지표에서 직사일광에 의한 수평면조도[lx]

γ_s : 태양고도[rad] 또는 [°]

대기노정에 대해서는 여러 제안이 있는데, F. Kaster은 다음과 같은 식을 제안했다.

$$m = \frac{1}{\sin\gamma_s + 0.50572(6.07995 + \gamma_s)^{-1.6364}} \quad (5\text{-}4\text{-}5)$$

여기서, m : 대기노정[-]

γ_s : 태양고도[rad] 또는 [°]

대기노정은 지구의 둥글기나 대기에서의 굴절을 무시하면 태양고도 γ_s의 관수 $\mathrm{cosec}\,\gamma_s$로도 근사할 수 있다(부게(Bouguer)의 식, 그림 5-4-3(b) 참조).

$$m = \frac{1}{\sin\gamma_s} = \mathrm{cosec}\,\gamma_s \quad (5\text{-}4\text{-}6)$$

하지만 태양고도가 낮으면(30° 미만) 오차가 커진다.

태양이 천정에 있을 때 지표에서의 법선조도를 E_z라고 하면 대기외 법선조도에 대한 비 E_z/E_0에 의해 대기의 혼탁 정도를 나타낼 수 있다. 이 비를 대기투과율이라 하며, 구름이 없는 청천공에 대해 정의된다. 대기중의 수증기나 먼지 등의 양이 많아지면 대기투과율은 작아진다. 일본에서는 일반적으로 겨울철보다 여름철에 대기중의 수증기량이 많기 때문에 여름철 대기투과율은 작아진다. 또한 도심에서는 교외보다 대기중의 먼지가 많기 때문에 대기투과율이 작아진다. 표 5-4-1에 일본 각지의 대기투과율(12시:1971년부터 2000년까지의 평균치)을 나타냈다.

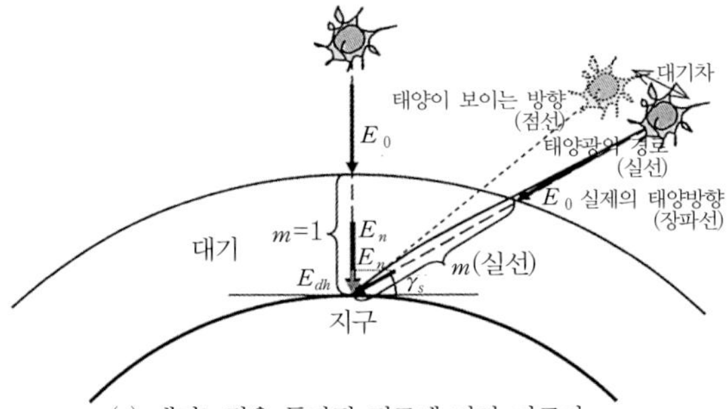

(a) 대기노정은 통과된 경로에 따라 다르다.

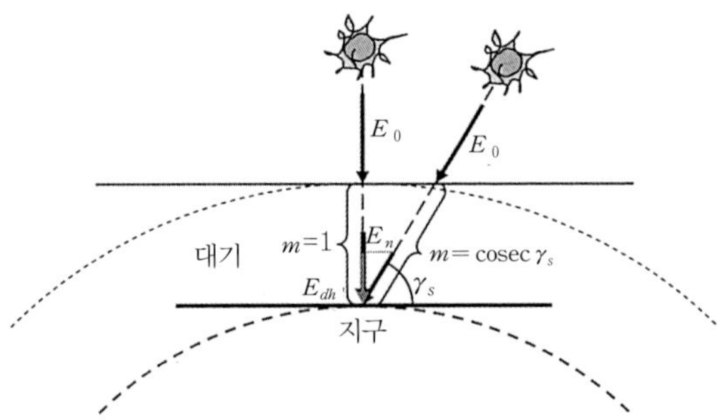

(b) 지구의 둥글기나 대기중에서의 굴절 등을 무시하면 대기노정 m은 sin γ_s의 관계로 나타낸다.

그림 5-4-3 직사일광에 의한 조도

직사일광에 의한 조도는 대기노정에 따라 변화된다.

태양이 천정에 있을 때 대기노정은 1이므로 대기투과율은 다음 식으로 나타낸다.

$$P = \frac{E_s}{E_0} = e^{-\alpha} \qquad (5\text{-}4\text{-}7)$$

여기서, P : 대기투과율[−]

E_z : 태양이 천정에 있을 때 지표에서의 법선조도[lx]

E_0 : 대기외 법선조도[lx]

e : 네이피아수(≒2.7183)

a : 소산계수[−]

이것으로 지표에서 직사일광에 의한 법선조도는 대기투과율에 의해 다음 식으로 나타낸다.

$$E_n = E_0 \cdot P^m \qquad (5\text{–}4\text{–}8)$$

여기서, E_n : 지표에서 직사일광에 의한 법선조도[lx]

E_0 : 대기외 법선조도[lx]

P : 대기투과율[−]

m : 대기노정[−]

린케의 혼탁인자는 건조대기(공기입자만의 레일리 산란)의 소산계수에 대한 혼탁한 대기의 소산계수의 비이며 다음 식으로 나타낸다.

$$T = \frac{a}{a_R} \qquad (5\text{–}4\text{–}9)$$

여기서, T : 린케의 혼탁인자[−]

a : 혼탁한 대기의 소산계수[−]

a_R : 건조대기의 소산계수[−]

레일리 산란이란 빛의 파장거리 입자에 의한 산란으로 산란의 강도는 빛의 파장을 λ로 하여 $1/\lambda^4$에 비례한다. 빛의 파장보다 큰 입자에 의한 산란을 미산란이라 하며, 산란의 강도는 $1/\lambda$에 비례한다. 즉 레일리 산란에서는 파장이 짧은 빛일수록 강하게 산란된다. 일출과 일몰 무렵 태양고도는 낮고 직사일광은 오랫동안 대기를 통과하기 때문에 단파장성분(청색광)은 레일리산란에 의해 없어지고 장파장 성분(적색광)이 도달하여 붉게 보인다.

대기가 혼탁하면 린케의 혼탁인자는 커진다. 대기투과율과 린케의 혼탁인자와의 관계는 다음 식으로 나타낸다.

$$P = e^{-a_R \cdot T} \qquad (5\text{–}4\text{–}10)$$

여기서, P : 대기투과율[−]

T : 린케의 혼탁인자[−]

a_R : 건조대기의 소산계수[−]

표 5-4-1 일본 각지의 대기투과율(12시)의 월별 평균치(1971~2000년의 평균치)

지점	1월	2월	3월	4월	5월	6월	7월	8월	9월	10월	11월	12월
삿포로	0.76	0.73	0.68	0.64	0.62	0.64	0.62	0.65	0.68	0.7	0.74	0.76
네무로	0.78	0.76	0.72	0.68	0.66	0.68	0.67	0.68	0.72	0.74	0.77	0.79
아키타	0.74	0.71	0.68	0.63	0.62	0.63	0.63	0.64	0.67	0.71	0.74	0.74
미야코	0.77	0.74	0.69	0.64	0.62	0.62	0.61	0.63	0.68	0.72	0.75	0.77
와지마	0.74	0.72	0.66	0.64	0.63	0.61	0.62	0.63	0.67	0.71	0.74	0.74
마츠모토	0.76	0.73	0.69	0.65	0.64	0.62	0.62	0.62	0.66	0.7	0.73	0.75
다테노	0.76	0.73	0.69	0.64	0.63	0.61	0.61	0.62	0.65	0.7	0.74	0.75
요나고	0.73	0.69	0.64	0.62	0.61	0.62	0.61	0.62	0.66	0.69	0.72	0.74
시오노미사키	0.75	0.72	0.66	0.63	0.62	0.61	0.6	0.61	0.64	0.69	0.73	0.75
후쿠오카	0.71	0.68	0.63	0.6	0.59	0.58	0.59	0.6	0.63	0.67	0.69	0.71
가고시마	0.74	0.7	0.66	0.63	0.61	0.6	0.63	0.63	0.65	0.68	0.71	0.73
시미즈	0.75	0.72	0.67	0.64	0.63	0.6	0.61	0.62	0.66	0.7	0.73	0.74
이시가키지마	0.68	0.66	0.61	0.6	0.62	0.63	0.64	0.65	0.65	0.66	0.68	0.69
오키나와	0.68	0.65	0.61	0.58	0.61	0.63	0.63	0.63	0.63	0.64	0.68	0.69

5.4.4 전천공조도

전천광은 직사일광에 비해 정도는 작지만 마찬가지로 변동한다. 전천공조도는 태양고도나 천공상태 등에 따라 변화된다. 천공휘도분포를 알면 계산에 의해 전천공조도를 알 수 있다.

5.4.5 지물반사광에 의한 조도

지물반사광에 의한 조도를 예측하기는 어렵다. 담천공의 경우 지물반사광에 의한 조도를 전천공조도의 1/10로 하는 경우가 많다. 지물의 반사율이 높을 때는 지물반사광에 의한 조도가 커진다.

5.4.6 일사량으로 주광조도 예측

건축 설계시 실내환경의 수치 시뮬레이션을 하는 경우, 주광조도 등 실내환경에 영향을 미치는 실외환경 데이터를 이용하는 경우가 많다. 각지의 기상대에서 수평면 전천일사량을 예측하고는 있지만 주광조도 등의 예측은 이루어지고 있지 않아 조도에 관해 이용 가능한 데이터는 아직 없다. 따라서 수평면 전천일사량으로 주광조도를 추정하게 된다.

전천일사량을 직달일사와 천공일사로 분리하여 직달일사, 천공일사 각각에 발광효율을 곱해 직사일광조도, 전천공조도를 산출한다. 수평면 전천일사량, 법선면 직달일사량, 천공일사량에는 다음과 같은 관계식이 성립된다.

$$I_G + I_b \sin\gamma_s + I_d \qquad (5\text{-}4\text{-}11)$$

여기서, I_G : 수평면 전천일사량[W/m²]

I_b : 법선면 직달일사량[W/m²]

I_d : 수평면 천공일사량[W/m²]

γ_s : 태양고도[°]

일사량의 직산분리 방법에는 몇몇 방법이 제안되어 있고 확장 아메다스 기상데이터에서는 5개의 모델이 있어 목적에 맞게 선택할 수 있으며 정확도가 높은 Perez 모델이 권장되고 있지만 복잡한 편이다. 여기서는 5개의 모델 중 가장 간편한 우타가와 모델을 소개한다. 우타가와 모델에서는 수평면 전천일사량과 태양고도로 직달일사량을 추정하고 있다.

$$K_c = (0.5163 + 0.333\sin\gamma_s + 0.00803\sin^2\gamma_s) I_0 \sin\gamma_s \qquad (5\text{-}4\text{-}12)$$

$I_G < K_c$일 때

$$I_{b=} I - 0(2.277 - 1.258\sin\gamma_s + 0.2396\sin^2\gamma_s)\left(\frac{I_G}{I_0\sin\gamma_s}\right)^3 \qquad (5\text{-}4\text{-}13)$$

$I_G \geq K_c$일 때

$$I_b = I_0\left(-0.43 + 1.43\frac{I_G}{I_0\sin\gamma_s}\right) \qquad (5\text{-}4\text{-}14)$$

여기서, K_c : 계수

I_0 : 대기권 외의 법선면 일사량[W/m²](=1,370W/m²)

I_G : 수평면 전천일사량[W/m²]

I_b : 법선면 직달일사량[W/m²]

γ_s : 태양고도[rad] 또는 [°]

발광효율에도 몇몇 추정식이 제안되어 있다. 이카와(井川)는 전천일사량, 천공일사량, 대기노정 등에 의해 천공상태를 나타내는 청천지표와 징청지표를 정의하고, 천공광, 직사일광, 주광의 발광효율을 높은 정확도로 추정하는 식을 제안하고 있다.

$$\eta = a + b \cdot Kc + c \cdot Cle + d \cdot \log(Kc + 0.1) + e \cdot \log(cle \cdot 0.1) + f \cdot \exp(Kc) + g \cdot \exp(Cle) \tag{5-4-15}$$

$$Kc = \frac{Eeg}{Seeg} \tag{5-4-16}$$

$$Cle = \frac{1 - Ce}{1 - Ces} \tag{5-4-17}$$

$$Seeg = 0.84 \cdot \frac{Eeo}{m} \cdot \exp(-0.0675 \cdot m) \tag{5-4-18}$$

$$C_e = \frac{Eed}{Eeg} \tag{5-4-19}$$

$$C_{es} = 0.01299 + 0.07698 \cdot m - 0.003857 \cdot m^2 + 0.0001054 \cdot m^3 - 0.000001031 \cdot m^4 \tag{5-4-20}$$

$$m = \frac{1}{\sin\gamma_s + 0.50572 \cdot (6.07995 + \gamma_s)^{-1.6364}} \tag{5-4-21}$$

여기서, η : 일사의 발광효율[lm/W]

Kc : 청천지표[−]

Cle : 징청지표[−]

Eeg : 전천일사량[W/m²]

$Seeg$: 기준 전천일사량[W/m²]

Ce : 클라우드 라티오[−]

Ces : 기준 클라우드 라티오[−]

Eeo : 대기외 법선 직달일사량[W/m²](=1370)

m : 대기노정[−]

Eed : 천공일사량[W/m²]

γ_s : 태양고도[rad]

$\exp(x)=e^{x}$: 네이피어수 e를(≒2.7183)을 바닥으로 하는 지수관수

발광효율의 계수 a, b, c, d, e, f, g는 태양고도 γ_s의 관수로 천공일사, 직달일사, 전천일사 각각에 대해 설정되어 있다. 각 계수는 $A+B\cdot\gamma_s$라는 태양고도 γ_s의 1차식(직달일사의 a는 $A+B\cdot\gamma_s+C\cdot\gamma_s^2$의 2차식)으로 나타낸다. 표 5-4-2에 각 계수를 산출하기 위한 A와 B를 나타낸다.

표 5-4-2 천공일사, 직달일사, 전천일사의 발광효율에 관한 각 계수

	천공일사량[W/㎡] ↓ 전천공조도[lx]		직달일사량[W/㎡] ↓ 직사일광조도[lx]			전천일사량[W/㎡] ↓ 전주광조도[lx]	
	A	B	A	B	C	A	B
a	124.717	5.892	-32.392	-49.512	-22.291	63.114	-3.063
b	131.757	173.663	121.697	306.701		105.839	49.131
c	45.348	98.534	170.603	60.012		-100.714	51.906
d	-31.502	-38.605	-96.886	-40.389		-32.273	-20.451
e	-4.599	-14.377	-40.698	-54.987		2.904	-3.357
f	-63.802	-54.061	-0.468	-111.917		-39.662	-2.255
g	-1.281	-46.963	-70.235	27.969		51.615	-28.286

주) 계수 $=A+B\cdot\gamma_s$. 단, 직달일사의 계수 a만 $a=A+B\cdot\gamma_s+C\cdot\gamma_s^2$.

확장 아메다스(AMeDAS, Automated Meteorological / Data Acguisition System) 1981-2000은 천공의 휘도분포를 고려하지 않는 방법으로 경사면천공조도를 산출할 수 있다. 하지만 이것은 모델화된 간편한 수법이기 때문에 상세한 자연채광 계산은 천공휘도분포를 바탕으로 계산해야 한다. 확산유리 등을 이용한 확산성이 높은 창의 주광조도를 검토할 때에는 휘도분포를 고려한 경사면천공조도를 이용하는 것도 유용하다.

5.4.7 주광에 의한 실내의 조도

주광은 직사일광과 천공광(지물반사광을 포함하는 경우도 있음)이라는 성질이 다른 빛으로 구성된다. 실내 어느 지점에서의 주광에 의한 조도는 그 지점에 직접 입사되는 직사일광, 천공광(지물반사광을 포함하는 경우도 있음)에 의한 조도와 실내 표면에서

확산반사를 하여 그 지점에 간접적으로 입사되는 주광을 합한 것이 된다.

실내 어느 지점에서의 직사일광에 의한 직접조도는 그 지점과 태양의 위치관계에 의해 변화된다. 실내 어느 지점에서 창 등의 개구를 통해 태양이 보이면 그 지점에 직사일광이 직접 입사된다. 그 지점의 직사일광에 의한 직접조도는 대략 실외에서의 직사일광 조도에 창 등의 개구 투과율을 곱한 값이 된다.

실내 어느 지점에서의 천공광에 의한 직접조도는 그 지점에서 보이는 천공의 크기에 의해 변화된다. 실내 어느 지점에서 창 등의 개구를 통해 보이는 천공의 범위가 그 지점에 직접 입사되는 천공광의 광원이 되는 부분이다. 그 지점에서 보이는 어느 천공부분에 의한 직접조도는, 그 천공부분의 휘도에 천공부분의 그 지점에서의 입체각 투사율을 곱한 값에 창 등의 개구 투과율을 곱한 것이 된다. 어느 지점의 천공광에 의한 직접조도는 휘도와 입체각투사율과 개구 투과율을 곱한 값을, 그 지점에서 보이는 모든 천공부분에 대해 합한 값이 된다.

실내 어느 지점의 주광에 의한 조도는 그 지점에 직접 입사되는 양뿐만 아니라 실내에 입사된 주광이 실내 표면에서 확산반사되어 간접적으로 입사되는 양도 포함된다. 간접조도는 실내 표면의 반사율이나 실내 용적에 대한 표면적의 비율 등에 의해 변화된다.

다음 절에서는 직사일광과 천공의 휘도분포를 고려하지 않은 주광률에 대해 소개하겠는데, 주광률은 PC가 발달되기 전에 손계산으로 대략적인 주광조도를 계산하기 위한 지표이며, 실제로 주광조도 계산이 가능한 정확도 높은 것은 아니다. 실제 주광조도 계산에서는 직사일광이나 천공의 휘도분포 영향을 고려할 필요가 있으며, 이를 위한 소프트웨어도 다수 개발되어 있다. 소프트웨어 이용에 대해서는 필요한 정확도에 맞는 것을 선택하는 것이 중요하다.

5-5 자연채광계산

5.5.1 주광률과 전천공조도

실외의 주광 변동에 따라 실내의 밝기도 변화된다. 밝기를 나타내는 일반적인 지표는 조도이지만 주광 상태에 의해 크게 변동되는 조도를 실내의 밝기 기준으로 하는 것은 부적절하다. 예전부터 주광에 의한 실내의 밝기는 주광률이라는 지표로 나타냈다. 그림 5-5-1에 나타낸 것처럼 직사일광을 제외한 천공광 입사를 차단하는 것이 없던 때의 수평한 수조면 조도를 전천공조도라 하고 전천공조도에 대한 실내 조도의 비를 주광률이라 정의한다. 실제로는 실내의 검토점 근처에서 주위에 장해물이 없는 수평면(옥상 등)에서 천공광에 의한 조도를 측정해 전천공조도로 한다.

$$D = \frac{E}{E_s} \times 100 \qquad (5\text{-}5\text{-}1)$$

여기서, D : 주광률[%]

E : 실내 어느 지점에서의 주광에 의한 조도[lx]

E_s : 전천공조도(장해물이 없고 하늘 전체를 볼 수 있는 수평면에서 천공광에 의한 조도)[lx]

주광률은 창의 방위 · 크기 · 위치, 실내 마감면의 반사율, 창밖의 건물이나 수목 등의 상태에 의해 영향을 받는다. 실내 어느 지점에서의 주광률은 실외 조도와 상관없이 거의 일정한데 엄밀히 말하면 일정하지는 않다. 이는 그 점에서 창을 통해 보는 천공 휘도의 분포형상이 변화되기 때문이다.

주광에 의한 조도를 구하기 위해서는 주광률에 전천공조도를 곱하면 된다. 천공의 휘도가 일정한 분포라면 이때의 휘도를 L_u라 하고, 전천공조도 E_{su}는 다음 식으로 구할 수 있다.

$$E_{su} = \pi \cdot L_u \qquad (5\text{-}5\text{-}2)$$

여기서, E_{su} : 일정천공의 전천공조도[lx]

L_u : 일정천공의 휘도[cd/m²]

표 5-5-1에 천공상태별 전천공조도를 나타낸다. 전천공조도에 대해 태양고도의 관수로 하는 다양한 제안도 있다. 그림 5-5-2에 전천공조도와 출현빈도와의 관계를 예로 나타낸다.

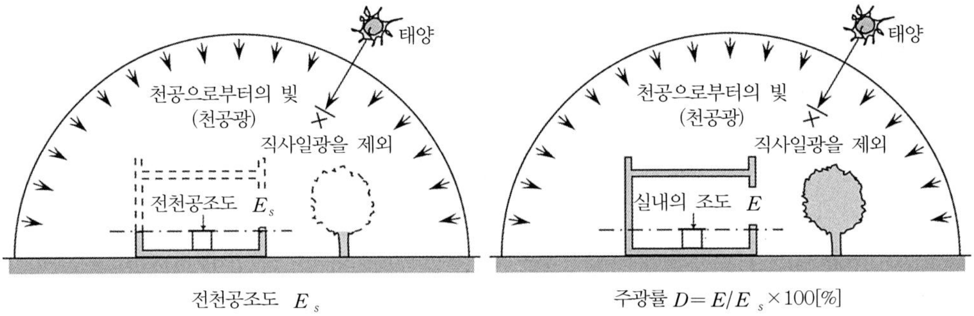

그림 5-5-1 주광률의 정의

주광률이란 장해물이 없고 하늘 전체를 볼 수 있는 수평면에서 전천공조도에 대한 실내 주광조도의 비이다. 직사일광의 영향은 고려하지 않는다.

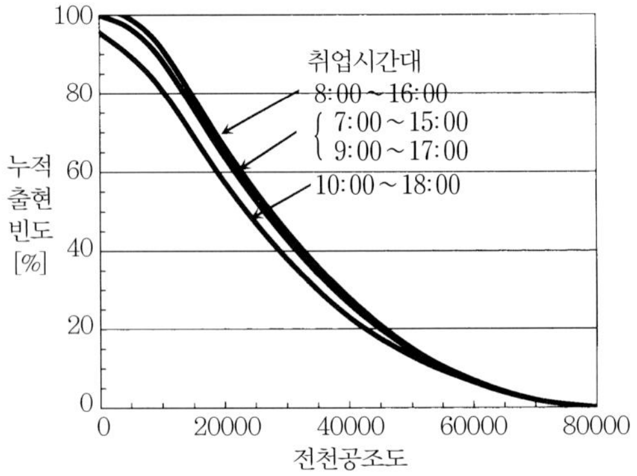

그림 5-5-2 전천공조도의 연간 출현빈도

표 5-5-1 천공상태별 전천공조도

천공상태	전천공조도[lx]
특히 밝은 날(엷은 구름 · 구름이 많은 청천)	50000
밝은 날	30000
보통인 날	15000
어두운 날	5000
매우 밝은 날(뇌운, 강설중)	2000
쾌청한 파란 하늘	16000

5.5.2 주광률 · 주광조도의 계산

자연채광 계산의 구체적인 내용은 다음과 같이 누가, 어떤 목적으로, 무엇을 계산하느냐에 따라 다르다.

① 건축설계자가 주광에 의한 실내의 밝기를 알아보기 위해 대표적인 위치에서의 주광률을 구한다.
② 건축설계자 · 조명기술자가 실내 주광량의 최저기준이 확보되었는지의 여부를 검토하기 위해 최저주광률을 구한다.
③ 건축설계자 · 조명기술자가 실내 주광량의 평균적인 기준을 만족시키는지의 여부를 검토하기 위해 주광률 또는 주광조도를 구한다.
④ 건축설계자 · 조명기술자가 직사일광을 포함한 주광조도를 예측한다.
⑤ 건축설계자 · 조명기술자가 주광의 양뿐만 아니라 주광의 질을 알아보기 위해 필요한 계산을 한다.
⑥ 설비설계자가 주광과 인공광의 병용조명을 고려할 때 전력량과 열부하를 알아보기 위해 필요한 계산을 한다.

검토사항 중 주광률 또는 주광조도를 구하기 위해서는 일반적으로 직접성분과 간접성분으로 나누어 계산한다. 직접주광률은 주광에 의한 직접조도의 전천공조도에 대한 비이며, 창의 크기와 위치, 창의 광학적 성상, 창면을 통해 보이는 천공의 휘도분포, 창밖의 장해물 등의 영향을 받는다. 간접주광률은 천장 · 벽 · 바닥 등에서 반사된 주광에 의한 간접조도의 전천공조도에 대한 비이며, 창에서 들어오는 주광량, 실내표면의 반사특성 등의 영향을 받는다. 주광률은 자연채광에 의한 실내의 밝기를 검토하는데는 유효하지만 자연채광과 인공조명 병용에 의한 실내의 밝기는 주광조도와 인공조명에 의한 조도의 합으로 검토되어야 한다. 직사일광의 영향을 포함한 주광조도의 계산은 직사일광에 대한 가정도 필요하다.

휘도가 일정하고 균등확산면인 면광원에 의한 직접조도 계산은 입체각투사의 법칙에 따라 다음 식으로 계산할 수 있다.

$$E_d = \pi \cdot L \cdot c \qquad (5\text{-}5\text{-}3)$$

$$c = \int_S \frac{\cos\theta \cdot \cos\varphi}{r^2} dS \qquad (5\text{-}5\text{-}4)$$

여기서, E_d : 직접조도[lx]

L : 면광원의 휘도[cd/m²]

c : 입체각투사율[−]

θ : 면광원과 수조점을 연결한 선에 대한 면광원의 방향[rad]

ϕ : 면광원과 수조점을 연결한 선에 대한 수조면의 방향[rad]

r : 면광원과 수조점과의 거리[m]

창을 면광원에 해당한다고 보고 입체각투사율의 법칙에 의해 직접조도를 계산할 수 있다. 그림 5-5-3은 입체각투사율의 개념을 나타낸 것이다. 일반적으로 창면의 휘도는 일정하지 않지만 일정하다고 보이는 부분에서 분할하면 된다. 또한 실제 창에서는 재료의 투과성상이나 창 새시의 영향을 고려한다.

$$E_d = \pi \Sigma L_i \cdot c_i \qquad (5\text{–}5\text{–}5)$$

$$I_i = \tau \cdot m \cdot R \cdot L_{oi} \qquad (5\text{–}5\text{–}6)$$

여기서, E_d : 직접조도[lx]

L_i : 분할면 i의 휘도[cd/m²]

L_{oi} : 분할면 i의 창재료를 통과하지 않는 경우의 휘도[cd/m²]

c_i : 분할면 i의 입체각투사율[−]

τ : 창재료의 투과율[−]

m : 오염을 고려한 보수율[−]

R : 창면적유효율[−]

창밖의 지물반사 휘도는 대략 천공휘도의 1/10로 보는 경우가 많다. 보수율은 표 5-5-2에 나타낸 값을 사용하면 된다. 창면적유효율은 창 새시에 의한 투과광량의 감소를 고려한 면적유효율과 벽두께에 의한 유효율의 곱이다. 입체각투사율 산정을 실외측에서 할 경우, 벽두께에 의한 유효율은 1로 보면 된다. 창 새시에 의한 면적유효율은 다음 식으로 구할 수 있다.

$$\text{창 새시에 의한 면적유효율} = 1 - \frac{\text{창새시면적}}{\text{창면적}} \qquad (5\text{–}5\text{–}7)$$

수평면상의 어느 지점에서 창을 통해 보이는 천공의 방위각투사율을 천공률이라 한다. 천공휘도분포가 일정하다면 천공률과 주광률의 값이 일치하여, 주광률의 계산은 용이해진다. 하지만 실제 천공휘도분포는 일정하지 않기 때문에 창의 천공률을 계산하여 주광률로 보는 것은 잘못된 것이다.

수조면과 수직인 장방형 광원의 입체각투사율(그림 5-5-4(a))는 다음과 같다.

$$c_v = \int_0^b \int_0^a \frac{yd}{\pi(x^2+y^2+d^2)} dydx$$

$$= \frac{1}{2\pi}\left(\tan^{-1}\frac{a}{d} - \frac{d}{\sqrt{d^2+b^2}}\tan^{-1}\frac{a}{\sqrt{d^2+b^2}}\right) \quad (5-5-8)$$

여기서, c_v : 수조면과 수직인 장방형 광원의 입체각투사율

a, b : 장방형 광원의 변의 길이

d : 장방형 광원의 한 모서리와 수조점과의 거리

수조면과 평행인 장방형 광원의 입체각투사율(그림 5-5-4(b))은 다음과 같다.

$$c_h = \int_0^b \int_0^a \frac{d^2}{\pi(x^2+y^2+d^2)^2} dydx$$

$$= \frac{1}{2\pi}\left(\frac{a}{\sqrt{a^2+d^2}}\tan^{-1}\frac{b}{\sqrt{a^2+d^2}} + \frac{b}{\sqrt{b^2+d^2}}\tan^{-1}\frac{a}{\sqrt{b^2+d^2}}\right) \quad (5-5-9)$$

여기서, c_h : 수조면과 평행인 장방형 광원의 입체각투사율

a, b : 장방형 광원의 변의 길이

d : 장방형 광원의 한 모서리와 수조점과의 거리

간접조도는 직접조도에 비해 적지만 실내면의 반사율이 높은 경우는 주의해야 한다. 간접조도를 포함한 전체조도의 계산은 균등확산반사면으로 이루어진 실내 면적을 적당한 수의 면 요소로 분할하여 어떤 면요소에 입사되는 전체광속을 미지수로 하는 광속전달상호반사식을 푼다.

$$F_i = F_{di} + \sum_{j=1}^{n} \rho_j \cdot c_{ji} \cdot F_j \quad (5-5-10)$$

여기서, F_i : 면 요소 i에 입사되는 전체광속[lm]

F_{di} : 광원에서 면 요소 i에 입사되는 직접광속[lm]

ρ_j : 면 요소 j에서 나오는 광속 중 면 요소 i에 입사되는 광속의 비율(입체각투사율)[−]

n : 실내면적의 분할수[개]

F_j : 면 요소 j에 입사되는 전체광속[lm]

$$cji = \frac{1}{S_j}\int_{S_i}\int_{S_j}\frac{\cos\theta \cdot \cos\varphi}{\pi r^2}\, dS_{jdS_{i2}} \qquad (5\text{-}5\text{-}11)$$

$$E_i = \frac{F_i}{S_i} \qquad (5\text{-}5\text{-}12)$$

$$L_i = \rho_i \frac{E_i}{\pi} \qquad (5\text{-}5\text{-}13)$$

여기서, S_i : 면 요소 i의 면적[m²]

E_i : 면 요소 i의 전체조도[lx]

L_i : 면 요소 i의 휘도[cd/m²]

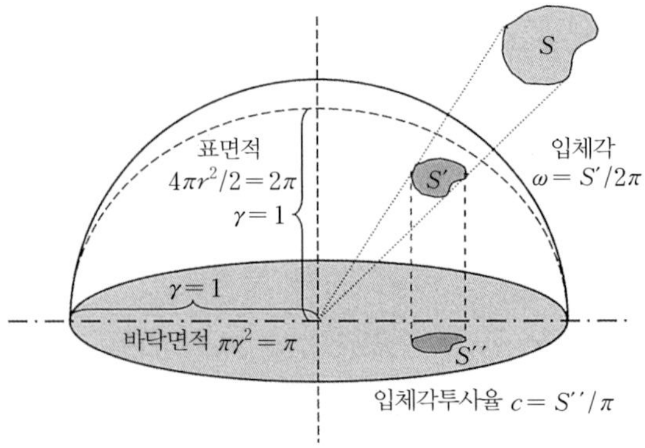

그림 5-5-3 입체각투사율의 개념도

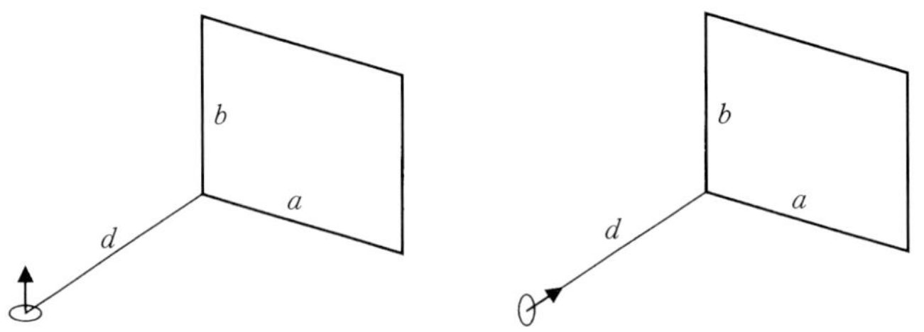

(a) 광원면과 수조면이 수직 – 측창과 수평면 등

(b) 광원면과 수조면이 평행 – 천창과 수평면 등

그림 5-5-4 입체각투사율

CIE는 CIE 표준담천공을 바탕으로 한 자연채광계산법을 권고했다. 최신 CIE 표준일반천공을 바탕으로 한 자연채광계산법에 대해서는 연구가 진행되고 있다.

표 5-5-2 보수율

(a) 유리

지 역	분 류	경사각		
		0°~30°	30°~60°	60°~90°
시골 · 교외	청결	0.8	0.85	0.9
	오염	0.55	0.6	0.7
주택지역	청결	0.7	0.75	0.8
	오염	0.4	0.5	0.6
공장지역	청결	0.55	0.6	0.7
	오염	0.25	0.35	0.5

(b) 실내표면

분 류	수직면	수평면	
		하 향	상 향
청결	0.85	0.92	0.72
오염	0.72	0.85	0.52

5-6 주광에 따른 인공조명 제어

주광을 효과적으로 활용하여 에너지 절감을 도모하기 위해서는 주광에 따른 인공조명 제어가 필요하다. 이 절에서는 주광에 따른 인공조명을 제어하는 데 고려해야 할 사항과 제어법의 기본적인 방법에 대해 설명하기로 한다.

5.6.1 병용조명의 유의점

(1) 변동에 대한 대응

주광은 시시각각 양이 변화된다. 밝기의 급격한 변화는 재실자에게 불쾌감을 주기 때문에 일반적으로 일정한 밝기를 유지하는 것을 목적으로 하며 인공조명에 의한 밝기를 주광 변동에 즉시 맞춰서 변동시키는 것이 바람직하다. 하지만 센서와 조명 제어의 응답속도에는 한계가 있어서 실시간으로 맞추려고 하면 시간적으로 약간의 어긋남이 생겨 오히려 불쾌한 밝기 변화가 발생하게 되는 경우도 있다.

따라서 인공조명 제어에서는 얼마나 재실자에게 불쾌감을 주지 않고 주광 변동에 따를 수 있는지가 과제가 된다.

(2) 분광분포와의 조화

주광과 같은 색으로 느껴지는 인공조명이라도 분광 특성은 다른 경우가 많다. 일반적인 백색형광등, 백열전구, 주광의 분광분포 차이를 그림 5-6-1에 나타낸다. 오피스 같은 일반적인 공간에서 광색이 문제가 되는 경우는 적지만, 예를 들어 미술관의 전시조명 등에 주광을 이용하는 경우는 인공조명과의 분광분포 차이가 문제가 되는 경우가 있기 때문에 주의가 필요하다. 기본적으로 주광과 인공조명의 분광분포는 가깝게 하는 것이 바람직하다. 하지만 실내에서 사용되는 일반적인 광원으로 분광분포를 맞추는 것은 어렵기 때문에 색온도를 맞추는 것이 현실적이다. 일부러 색온도가 다른 인공광원을 사용해 점등시간을 줄이는 시도도 있다(1.2.5 참조).

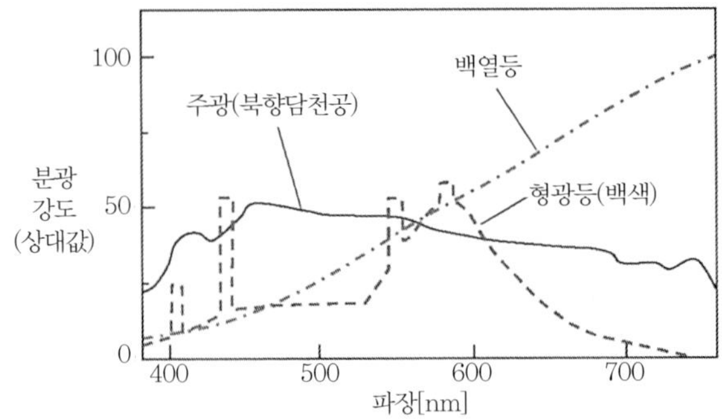

그림 5-6-1 주광과 인공광원의 분광분포

5.6.2 주광에 따른 인공조명 제어의 기본적인 방법

그림 5-6-2에 현재 사무소빌딩 등에서 하고 있는 인공조명 제어기술의 기본적인 방법을 나타냈다. 여기서 인공조명 제어는 창에서 나오는 자연채광을 전제로 하고 있다. 그림 5-6-2에서는 방의 단면도에 조도분포가 그려져 있다.

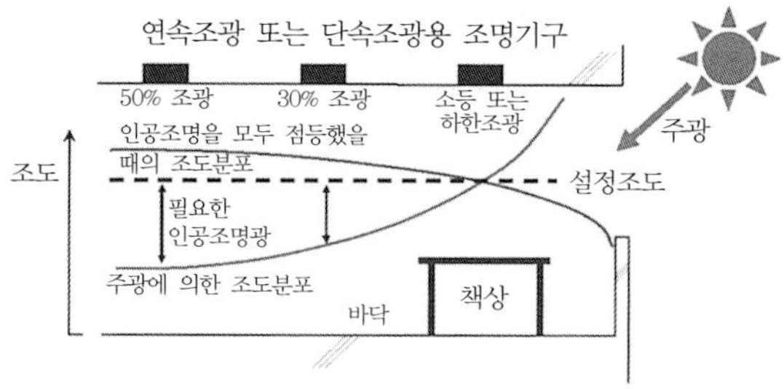

그림 5-6-2 자연채광시 인공조명 제어기술의 기본적인 방법

일반적으로 창을 통해 들어온 주광의 조도분포는 창가가 높은 편이고 실내 안쪽으로 들어갈수록 낮아지기 때문에 인공조명은 설정조도에 대해 실내 안쪽이 높은 조도분포가 되도록 제어한다. 설정조도에 대해 부족한 만큼을 인공조명으로 보완하도록 하면 이상적인 에너지 절감을 실현할 수 있다. 그림 5-6-2에서 말하면 창에서 첫 번째 열의 조명기구는 소등하고 그림 중 화살표로 나타낸 부분을 보완하도록 두 번째 열을 30% 조광, 세 번째 열을 50% 조광으로 하면 이상적인 상태에 가까워진다.

이 경우 문제가 되는 것은 주광으로부터 나오는 빛의 조도를 검지하는 센서의 수이다. 제어대상 범위가 넓고 조도분포가 불균일한 곳에서는 여러 개의 센서를 필요로 한다. 만일 센서가 적으면 주광에 의한 조도 불균일에 대응할 수 없으며 너무 밝거나 너무 어두운 부분이 생겨 쾌적성을 잃게 된다.

한편 센서의 수가 많으면 많을수록 단독으로 제어할 수 있는 범위를 작게 하기 때문에 좀더 상세한 제어를 할 수 있지만 센서 설치와 배선공사 등 여러 노력이 필요하기 때문에 결과적으로 비용이 많이 들게 되는 문제가 생긴다.

또한 자연채광을 고려한 현재의 인공조명 제어방법의 기본적인 방법은 주광만 사용하는 경우는 설정조도를 만족시키지 못하는 부분의 조도를 인공조명으로 보완하게 된다. 한편 Han 팀은 주광이 입사되는 공간에서의 인공조명은 꼭 균일한 것이 바람직한 것은 아니며 약간 불균일한 것이 더 개방적이고 쾌적한 조명공간이 된다고 보고했다. 하지만 불균일한 조명공간에 대응하는 제어방법은 확립되어 있지 않다. 앞으로 그 방면의 기술 확립이 요구된다.

5-7 인공광원

인공조명에 쓰이는 광원을 크게 분류해보면 백열전구, 형광등, HID램프(High Intensity Discharge Lamps : 고휘도 방전램프)가 있다. 또한 최근에는 새로운 광원으로 LED(Light Emitting Diode : 발광다이오드)가 주목을 받아 각종 건축에 사용되고 있다.

이 책에서는 발광원리 같은 광원에 관한 상세한 내용보다는 광원의 특성을 나타내는 평가지표에 대해서만 해설하겠다. 실제 조명설계에서는 광원 선택이 중요하며 이를 위해 쓰이고 있는 것이 광원의 평가지표이다. 광원의 평가지표에는 광속[lm], 발광효율[lm/W], 상관색온도 T_{cp}[K], 평균연색평가수(R_a)가 있으며 이들 지표에 의해 적절한 광원을 선택한다. 다음은 이러한 평가지표에 관해 설명하겠다.

5.7.1 광속[lm]과 발광효율[lm/W]

광원으로부터 나오는 빛의 총량을 나타낸 것이 광속이며, 단위는 [lm](루멘)이다. 예를 들어 같은 E26 크기의 전구 광원이어도 60W의 백열전구는 약 800lm이지만 HID 램프의 일종인 세라믹 메탈할라이드 램프의 70W 타입의 광속은 6,500lm 이상으로 백열전구의 8배의 광량을 내고 있음을 알 수 있다. 또한 그 광속을 얼마나 적은 에너지로 실현시킬 수 있는지 나타낸 것이 1W당 광속을 나타내는 발광효율[lm/W(루멘퍼와트)]이며 에너지 절감의 지표가 된다(그림 5-7-1). 백열전구는 효율이 높은 할로겐전구이어도 약 20lm/W인 것에 반해, 형광램프나 HID 램프 중에는 100lm/W 이상의 발광효율을 가진 것도 있다. LED는 30lm/W를 넘는 발광효율을 가진 것이 상품화되어 있어 이미 백열전구보다 높은 발광효율을 가진 광원이 되었다.

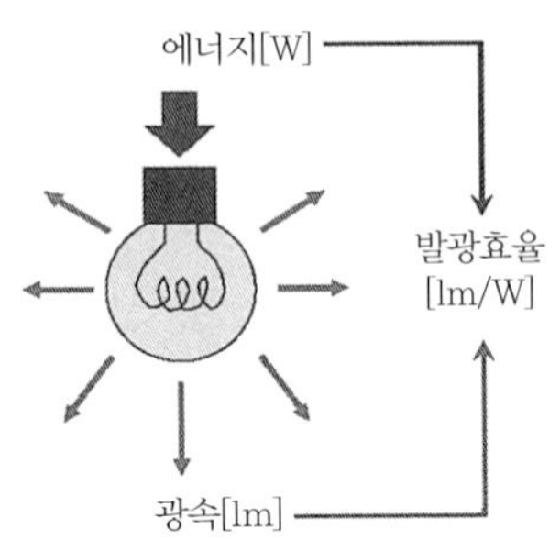

그림 5-7-1 [W]와 [lm]과 [lm/W]

5.7.2 색온도 T_c[K]와 상관색온도 T_{cp}[K]

광원의 광색을 표현한 것이 상관색온도이며, 단위는 K(캘빈)이다. 컬러 디스플레이로 쓰이는 RGB 등을 보면 알 수 있듯이 색은 3종류의 파라미터로 표현된다. 이는 인간의 망막에 존재하는 색을 지각하기 위한 시세포인 추체가 3종류 존재하기 때문이다(6.1.2 참조).

조명에 일반적으로 채용되는 광색은 태양광으로 대표되는 자연광에 가까운 광색이며, 극단적인 색의 조명(예를 들면 '새빨간' 조명이나 '새파란' 조명)은 특수한 용도가 아닌 한 채용되는 일이 적다. 자연광의 광색은 흑체방사의 온도상승으로 얻어지는 광색으로 표현할 수 있다. 흑체란 외부로부터의 방사(전자파) 등의 모든 파장을 완전히 흡수하는 물체이며, 완전한 의미에서의 흑체(완전흑체)는 현실적으로 존재하지 않지만 그에 가까운 물질로 알려져 있는 것이 탄(炭)이다. 고체에 흡수된 빛은 전자와 충돌하여 온도를 높이는데, 상온에서는 눈에 보이는 빛(가시방사)을 내는 경우가 없다. 하지만 많은 빛을 흡수하면 점차 온도가 높아져 온도가 1,000K 정도가 되면 빛이 나오게 된다. 그림 5-7-2에 흑체의 분광방사 발산휘도를 나타낸다.

또한 백열전구 조광시를 관찰하면 최대점등 즉 백열전구로 빛을 내고 있는 필라멘트의 온도가 높을 때는 백색으로 지각되지만 광량을 낮추기 위해 조광하면 필라멘트에 흐르는 전류가 낮아짐과 동시에 필라멘트 온도가 낮아져 노란색을 띤 빛으로 지각된다. 또한 조광하여 필라멘트 온도가 낮아지면 붉은기를 띤 색으로 지각된다. 이와 같이 열방사에 의한 빛은 온도에 의해 최대방사강도의 파장이 변화되기 때문에 광색도 변화된다. 흑체방사도 열방사이므로 그 방사온도의 차이에 따라 광색이 다르기 때문에 온도에 의해 광색을 표현하는 것이 가능해진다. 즉 흑체의 온도가 상승함에 따라 발광하는 색에 가까운 색을 내는 색(예를 들면 태양광)이면 그 색으로 발광하는 흑체방사의 온도를 사용해 광색을 표현하는 것이 가능해진다. 그것이 색온도 T_c이며 단위도 온도 단위인 [K(캘빈)]을 사용한다.

한편 인공조명으로 쓰이는 광원의 대부분이 흑체방사의 온도상승에 의해 발광하는 색과 일치하면 광원의 광색을 색온도[K]로 표현할 수 있는데 실제로는 그렇지 않다.

흑체방사의 온도상승에 의해 발광되는 색의 궤적은 흑체방사궤적이라 부르는데 흑체궤적상의 색으로 발광되는 인공광원은 백열전구의 일부이며 형광램프나 HID램프의 광색은 흑체방사궤적상의 색이 되는 경우가 거의 없다. 따라서 흑체방사궤적상에는 없는 광색에는 상관색온도 T_{cp}를 사용한다. 단위는 색온도와 마찬가지로 [K]이다. CIE

에서 채용하고 있는 좌표계인 CIE1931xy 색도좌표상에 흑체궤적, CIE 주광, 형광램프의 색도범위(JIS Z 9112로 규정)와 상관색온도와의 관계를 나타낸 것이 그림 5-7-3이다.

지금까지 설명한 색온도 또는 상관색온도를 사용하면 조명의 광색을 하나의 지표로 표현할 수 있다. 색온도를 축으로 하여 자연광과 색 연출, 그 광색을 재현할 수 있는 인공광원을 정리한 것이 그림 5-7-4이다.

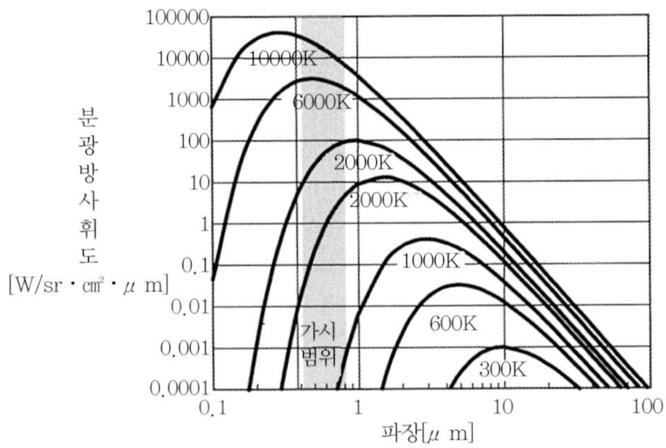

그림 5-7-2 흑체의 분광방사발산휘도

프랭크의 방사법칙으로 산출

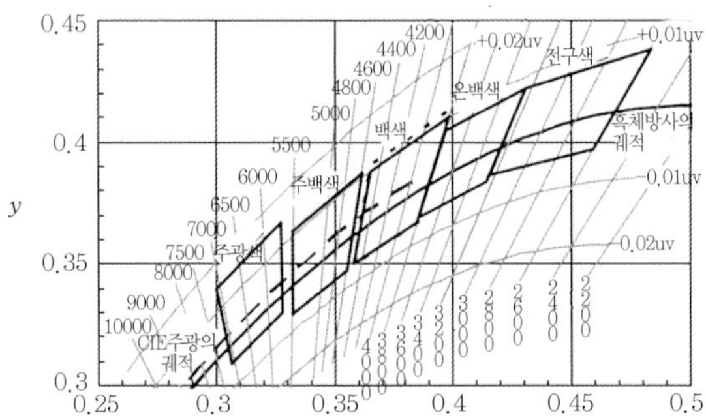

그림 5-7-3 CIE1931xy 색도표상에 표시한 흑체방사궤적, CIE주광의 궤적, 형광램프의 색도범위와 상관색온도와의 관계

색온도	자연광	빛의 색	인공광원
12,000K	쾌청한 북쪽하늘	푸른기가 도는 광색	
10,000K			
9,000K			
8,000K			
7,000K	담천		주광색광원
6,000K			
	청천주광		
	평균 정오의 태양광	5300K	
5,000K	오전 9시/오후 3시		주백색광원
	일출 2시간 후/일몰 2시간 전		
	만월		백색광원
4,000K			
	일출 1시간 후/일몰 1시간 전		온백색광원
		3300K	
3,000K			
	일출 40분 후/일몰 40분 전		전구색광원
			200W 백열전구
			100W 백열전구
	일출 30분 후/일몰 30분 전		60W 전구
			40W 전구
		붉은기가 도는 광색	
2,000K	일출 20분 후 /일몰 20분 전		아세틸렌 불꽃
	일출/일몰		석유등
			양초불꽃

그림 5-7-4 자연광과 색 연출, 그 광색을 재현할 수 있는 인공광원

5.7.3 연색평가수 R_i와 평균연색평가수 R_a

광원의 색 연출의 충실성을 나타내는 것이 연색성이다. JIS에서 채용하고 있는 연색평가수 계산은 표 5-7-1에 나타낸 15종류의 시험색을 이용해 이루어진다. 시험색 i에 대해 계산되는 연색평가수 R_i는 다음 식으로 계산된다.

$$R_i = 100 - 4.6 \Delta E_i \qquad (5\text{-}7\text{-}1)$$

여기서, ΔE_i($i=1\sim15$)는 CIE1960 균등색 공간의 색차이며 CIE1960uv 색도 좌표상에서 기준광원하의 색도와 시험광원하의 색도의 차이다. 이러한 15종류의 시험색에 대해 계산된 R_i 중 평균연색평가수 R_a는 R1~R8에 대한 연색평가수의 평균치이며 다음 식으로 나타낸다.

$$R_a = \frac{\sum_{i=1}^{8} R_1}{8} \qquad (5-7-2)$$

한편, R9~R15는 목적에 맞게 사용되는 시험색이며 평균연색평가 계산에는 쓰이지 않는다.

예를 들면 일본인의 피부색을 평가하고 싶다면 R15의 연색평가수로, 백인의 피부색이라면 R13, 붉은 고기색이라면 R9 등으로 목적에 맞게 연색평가를 하기 위한 시험색이 R9~R15이다. 단, R15의 일본인 피부색의 시험색은 일본에서만 쓰는 독자적인 시험색이기 때문에 JIS에서만 채용하고 있다.

백열전구와 대표적인 형광램프에 대한 연색평가수를 정리한 것이 표 5-7-2이다. 연색평가를 계산하기 위한 기준광에는 시험색이 5000K 이하이면 흑체방사가 쓰이며, 5000K 이상이면 CIE에서 설정한 합성주광이 쓰인다. 즉 연색평가수는 자연광에서 관찰되는 색에 얼마나 충실한지를 수치화한 지표이다. 따라서 표 5-7-2를 보면 알 수 있듯이 자연광과 같은 열방사 메커니즘에 의해 빛을 내고 흑체방사궤적상의 광색으로 발광하는 백열전구의 연색평가수는 모든 시험색에 대해 100이 된다.

여기서 같은 상관색온도의 광원간이 아니면 연색평가수 비교는 불가능하다는 것을 주의해야 한다. 연색평가수는 같은 상관색온도의 기준광원(자연광) 하에서 관찰했을 때의 색 외관에 얼마나 충실한지를 나타낸 지표이기 때문에 다른 상관색온도간의 광원 비교는 의미가 없기 때문이다(그림 5-7-5). 사카이(酒井) 연구팀의 보고에 따르면 일상적인 색채 관찰에서 양호한 색을 표현할 수 있는 광원으로 허용할 수 있는 평균연색평가수 R_a는 상관색온도 4000K이면 80 이상을 필요로 하는 것에 대해 6000K이면 R_a가 70 정도여도 문제가 없다고 되어 있다.

또한 평균연색평가수 R_a는 8종류의 시험색에 대해 계산된 각 연색평가수의 평균치라는 점에도 주의할 필요가 있다. 예를 들면 현재 일반적으로 보급되어 있는 청색발광 LED에 황색형광체를 사용해 백색화시킨 백색 LED의 경우 평균연색평가수 R_a가 80 이상이더라도 시험색 R9(적)에 대한 연색평가수는 다른 시험색에 대한 연색평가수에 비해 극히 낮은 것으로 알려졌다. 평균연색평가수 R_a는 어디까지나 평균치라는 점을 인식하고 필요에 따라 다른 각 시험색에 대한 연색평가수에도 주목할 필요가 있다.

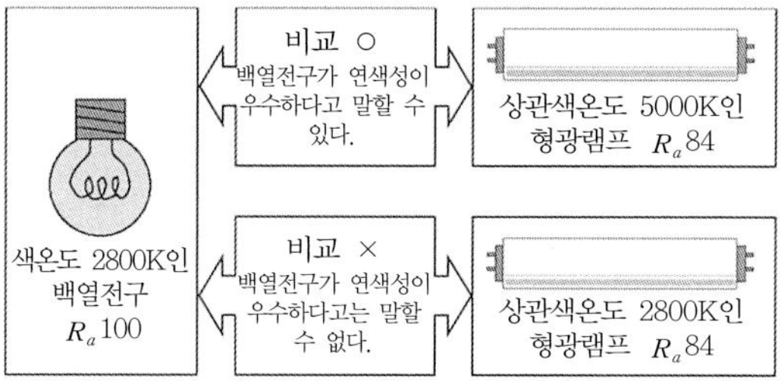

그림 5-7-5 연색평가수의 비교 가능 여부

표 5-7-1 연색평가수 계산에 쓰이는 시험색

R_i	근사적 먼셀기호 (색상 명도/채도)	주광에서의 색 외관
R1	7.5R 6/4	Light grayish red
R2	5Y 6/4	Dark grayish yellow
R3	5GY 6/8	Strong yellow green
R4	2.5G 6/6	Moderate yellowish green
R5	10BG 6/4	Light bluish green
R6	5PB 6/8	Light blue
R7	2.5P 6/8	Light violet
R8	10P 6/8	Light reddish purple
R9	4.5R 4/13	Strong red
R10	5Y 8/10	Strong yellow
R11	4.5G 5/8	Strong green
R12	3PB 3/11	Strong blue
R13	5YR 8/4	Light yellowish pink (human complexion)
R14	5GY 4/4	Moderate olive green (leaf green)
R15	1YR 6/4	일본인의 피부색 (JIS에서의 규격)

표 5-7-2 백열전구와 대표적인 형광램프의 연색평가수(마츠시타전기산업사제)

램프의 종류	평균 연색 평가수 (R_a)	특수연색평가수						
		R9 (적)	R10 (황)	R11 (녹)	R12 (청)	R13 (피부색 · 서양인)	R14 (나뭇잎)	R15 (피부색 · 일본인)
백열전구(2800K)	100	100	100	100	100	100	100	100
삼파장형광램프(3000K)	84	−1	59	79	60	94	70	94
삼파장형광램프(5000K)	84	25	40	66	52	96	68	96
삼파장형광램프(6700K)	84	28	52	72	64	94	75	95
백색형광램프(4200K)	61	−105	36	40	43	56	94	41
주백색형광램프(5000K)	70	−69	50	58	64	66	94	54
연색 AAA 형광램프(2700K)	95	96	91	95	91	97	93	98
연색 AAA 형광램프(5000K)	99	98	98	98	94	98	97	99
연색 AA 형광램프(4500K)	90	88	76	91	80	94	89	92
연색 AA 형광램프(5000K)	89	92	76	92	80	94	89	92
식육전시용형광램프(3700K)	75	70	35	82	71	75	78	78
저유충성형광램프(2750K)	86	79	67	70	68	79	92	87

5.7.4 주광에 따른 제어에 적합한 광원

지금까지 설명한 광원의 평가지표를 이용해 주광에 따른 조광제어를 하는 데 있어서 가장 적합한 광원은 형광램프라고 할 수 있다. 병용조명의 유의점인 주광 변동에 대한 대응과 주광 분광분포의 조화에 있어서 형광램프는 광색을 변화시키지 않는 조광제어뿐 아니라 광색이 다른 여러 개의 형광램프를 조합시킴으로써 광색의 변화를 수반한 조광 제어도 가능하다. 형광램프에는 주광의 광색에 따른 폭넓은 광색이 존재하기 때문에 이들을 제어할 수 있는 것이다. 그리고 무엇보다도 발광효율이 100lm/W 이상인 에너지절감 광원으로 이니셜 코스트도 저렴하다.

5-8 조명기구

5.8.1 기구 효율

광원의 광속이 동일해도 기구에 따라 조명된 공간의 밝기가 다른 경우가 있다. 이는 기구의 구조에 따라 빛이 나가는 방식이 다르기 때문이며 그 레벨을 나타내는 지표가 기구효율이다. 기구효율이란 광원에서 나오는 광속에 대한 조명기구에서 나오는 광속의 비율(=조명기구에서 나오는 광속/광원에서 나오는 광속)로 계산된 지표이다(그림 5-8-1). 예를 들면 광속이 810lm인 60W 백열전구와 12W 콤팩트형 형광램프를 다운라이트 광원으로 이용했을 경우 기구에서 나오는 광속은 백열전구의 경우 500lm 이상인데 반해 형광램프의 경우는 400lm 이하가 되어 그 차이는 30% 이상이 되는 경우도 있다. 이러한 차이가 생기는 주요 원인은 광원의 크기에 기인한다. 광원이 콤팩트해질수록 반사판에 의한 제어를 하기 쉽고 광원으로부터 나오는 빛을 효과적으로 취출할 수 있게 된다. 반대로 광원이 너무 크면 반사판에 의한 제어가 어려우며 반사판에서 반사된 빛이 다시 광원으로 향할 확률이 높아져 빛을 취출하는 효율이 낮아진다.

그림 5-8-2는 다다미 8장 정도 깔리는 공간에 기구효율이 68%인 백열전구를 광원으로 하는 다운라이트를 6개 배치한 조명공간의 바닥면 조도분포와 같은 위치에 기구효율 49%인 형광램프를 광원으로 하는 다운라이트를 배치한 바닥면 조도분포를 비교하여 나타낸 것이다(반사율을 천장면 70%, 벽면 70%, 바닥면 10%, 보수율 0.7로 계산). 광원의 광속은 모두 810lm이지만 바닥면 평균조도는 실제로 40% 차이가 난다. 그림 5-8-2의 경우 형광램프에 의한 조명공간의 바닥면 평균조도를 백열전구에 의한 조명공간의 조도와 같게 하기 위해서는 다시 3개의 등 즉 1.5배의 등수를 필요로 하는데 형광램프의 발광효율은 백열전구의 발광효율에 비해 3배 이상 효율이 좋기 때문에 등수가 1.5배가 되었다고 해도 형광램프의 다운라이트를 채용하는 것이 에너지 절감에 도움이 된다.

지금까지 설명한 사례를 보면 알 수 있듯이 발광효율이 높은 광원을 사용해도 기구효율이 나쁘면 결국 에너지 절감이 되지 않는 경우가 있다는 것에 주의할 필요가 있다.

앞에서 설명한 LED에 관해서도 같다고 말할 수 있으며 LED의 발광효율로 발표된 [lm/W]의 대부분은 LED 칩 자체의 [lm/W]이라는 것에 주의할 필요가 있다. 기구로 구성되면 주위의 온도환경과 반사 특성의 차이에 따라 같은[lm/W] LED 칩이라도 결국 기구에서 나오는 광속은 기구에 따라 다르다는 것을 잊지 말아야 한다.

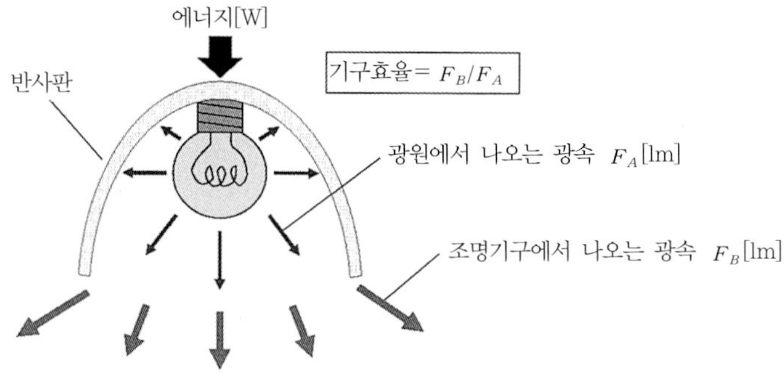

그림 5-8-1 기구효율의 개념도

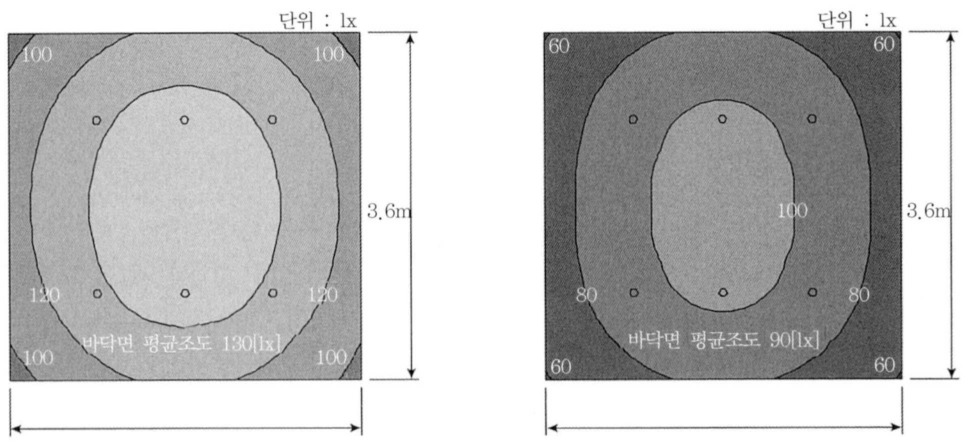

그림 5-8-2 동일한 광속의 램프를 광원으로 하는 백열전구의 다운라이트와 형광램프의 다운라이트에 의해 조명된 공간의 바닥면 조도분포 비교(상 : 백열전구, 하 : 형광램프)

5.8.2 보수율과 초기광속보정 제어

조명설비는 장시간 사용하면 광원의 광속이 저하되며 기구나 광원의 오염에 의해 기구에서 나오는 광속이 서서히 저하된다. 따라서 조명계획은 조명설비의 수명 말기의 상황을 예상하여 예측된 수명 말기의 기구에서 나오는 광속으로 계획을 진행해나가야 한다. 이처럼 광속 저하를 예측하고 조명설계시의 보정계수로 한 것이 보수율이다. 실제 조명설계는 기구에서 나오는 초기 단계의 광속에 보수율을 곱한 수명 말기의 광속으로 이루어진다. 기구에서 나오는 초기 단계의 광속은 초기의 광원광속에 기구효율을 곱해서 계산된다. 형광램프를 광원으로 하는 조명기구의 보수율의 일부를 표 5-8-1에 나타낸다.

현재 조명설계에서는 이러한 보수율을 이용해 수명 말기의 조도가 설정조도 이상이 되도록 하고 있다. 이 경우 초기상태에는 조도가 설정치 이상이며 과잉된 에너지를 사용하고 있는 상태가 된다. 수명이 다하기 전까지의 과잉된 에너지를 삭감하기 위해서는 과잉된 상태 즉 실제 조도가 설정 조도보다 높은 상태에 있는 때는 조광에 의해 설정 조도까지 조도를 내리면 된다.

기구에서 나오는 광속의 점등시간에 대한 저하율에 따라 실제 조도가 일정해지도록 과잉분을 타이머로 조광제어하고 설정 조도까지 내리는 것을 초기광속보정제어라고 한다(그림 5-8-3). 이러한 초기광속보정제어에 의해 약 15%의 에너지 절감을 실현할 수 있다.

한편 5.6.2에서 설명한 센서를 사용한 인공조명제어는 초기조도보정도 동시에 할 수 있다.

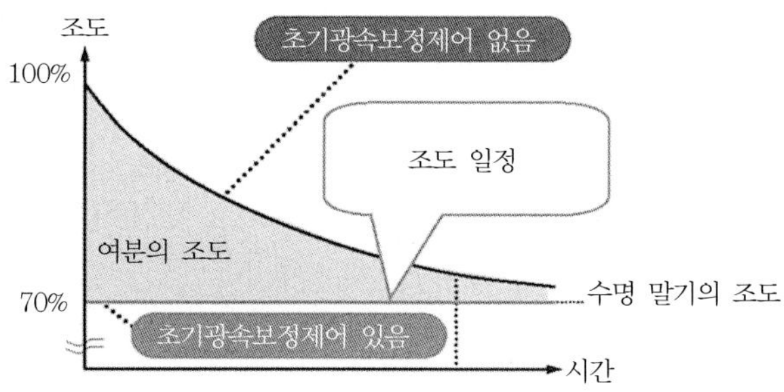

그림 5-8-3 초기광속보정제어의 개념도
보수율이 0.7인 형광램프를 광원으로 하는 조명기구의 경우

표 5-8-1 조명기구의 보수율

조명기구의 종류	FLR			FHF		
	좋음	보통	나쁨	좋음	보통	나쁨
노출형	0.74	0.70	0.61	0.73	0.69	0.61
하면개방형 (하면 루버)	0.74	0.70	0.61	0.73	0.69	0.61
간이밀폐형 (하면 커버 부착)	0.70	0.66	0.61	0.69	0.65	0.61
완전밀폐형 (패킹 부착)	0.78	0.74	0.70	0.78	0.73	0.69

참고문헌

1) C.Gueymard : SMARTS, A Simple Model of the Atmospheric Radiative Transfer of Sunshine : Algorithms and Performance Assessment, Professional Paper FSEC-PF-270-95, Florida Solar Energy Center, 1995
2) 国立天文台編:理科年表, pp.214-215, 2006, 丸善
3) 日本建築学会:拡張アメダス気象データ, 2000
4) CIE : Standardization of luminance distribution on clear skies, Pub. CIE No.22 (TC-4.2), 1973
5) CIE : Natural daylight, Official recommendation, Compte Rendu CIE 13th Session, Committee E-3.2, Vol.Ⅱ, part 3-2, Ⅱ-Ⅳ & 35-37, 1955
6) CIE S 003/E-1996 : Spatial Distribution of Daylight - CIE Standard Overcast Sky and Clear Sky
7) 中村洋 他:代表天空による直接昼光率の予測に関する研究－その1, 代表天空の天空輝度分布, 日本建築学会大会学術講演梗概集, p.213, 1981
8) H.Nakamura et al. : A Study on the Estimation of the Relative Frequency of Occurrences of the Clear Sky, the Intermediate Sky and the Overcast Sky in Japan, J. Light & Visual Environment, Vol.9, No.2, 1985
9) M.R.Rahim et al. : The Modified Equation of the Zenith Luminance of the Clear Sky, 2nd Lux Pacifica, 1993
10) ISO 15469 : 2004/CIE S 011 : 2003 : Spatial Distribution of Daylight－CIE Standard General Sky
11) N.Igawa et al. : Models of Sky Radiance Distribution and Sky Luminance Distribution, Solar Energy, 77, pp.137-157, 2004
12) 日本建築学会:拡張アメダス気象データ 1981-2000, 2006
13) 古賀靖子:雲量の自動測定法の開発に関する研究(学位論文), 1996
14) S.Treado and G. Gillette : Measurements of Sky Luminance, Sky Illuminance, and Horizontal Solar Radiation, Journal of IES, pp.130-135, 1983
15) 小木曾定彰:照明学会雑誌, 40, 8, pp.335-342, 1956
16) CIE 85-1989 : Solar Spectral Irradiance
17) CIE 17.4-1987 : International Lighting Vocabulary
18) 国立天文台編:理科年表, p.93, 2006, 丸善
19) 国立天文台編:理科年表, pp.4-26, 2006, 丸善
20) F. Kasten and A. T. Young : Revised optical air mass tables and approximation formula, Applied Optics, 28(22), pp.4735-4738, 1989
21) 国立天文台編:理科年表, p.259, 2002, 丸善
22) 日本建築学会:拡張アメダス気象データ, p.341, 2000
23) R. Prerez, et al : Dynamic global-to-direct irradiance conversion models, ASHRAE Transactions : Research, pp.354-369, 1992
24) 宇田川光弘, 木村建一:水平面全天日射量観測値よりの直達日射量の推定, 日本建築学会論文報告集, 267号, pp.83-90, 1978
25) 井川憲男, 松本真一:建築環境予測のための気象データのモデル化と拡張アメダス気象データへの展開, IBPSA-Japan講演論文集, pp.233-241, 2005
26) 日本建築学会建築設計々画規準委員会:パンフレットNo.16採光設計, 1963
27) H. Nakamura and M.Oki : Study on the Optimal Time for the Duration of Eight Working Hours Relative to the Available Daylight in Japan, CIBS National Lighting Conference, 1980.
28) 日本建築学会:昼光照明の計算法, 丸善, 1993
29) CIE 16-1970 : Daylight
30) 片山就司:昼光利用による照明制御の変遷, 照学誌, 88-10, pp.793-797, 2004
31) S. Han, et al. : Visual Impression of Lighting from a Window and a Ceiling : a Comparison between the Compound Lighting and the Uniform Lighting, J. Light&Vis. Env., 30, 2, pp.87-94, 2006
32) CIE Publication No.15.3 : Colorimetry, 2004
33) 日本規格協会:JIS Z 9112, 2004
34) 日本規格協会:JIS Z 8726「光源の演色性評価方法」, 1990
35) 酒井英樹, 納谷嘉信:一般色観察光源特性の許容度－その理論的考察, 日本誌色彩学会誌, 29-2, 2005
36) 照明学会:照明設計の保守率と保守計画 第3版, 照明学会・技術指針JIEG-001, 2005

제 6 장 자연채광과 인간

왜 인간에게는 주광이 필요할까? 이 장에서는 주광과 인간의 생리적 및 심리적인 관계에 대해 정리하였다.

6-1 시각의 기초

6.1.1 안구의 구성

빛은 뇌를 포함한 시각계에 의해 느껴지며, 안구는 외부로부터 들어오는 자극의 수용기가 된다. 사람의 안구 광학계는 그림 6-1-1(수직단면)에 나타낸 것처럼 각막, 홍채, 수정체, 망막 등으로 구성된다.

안구에 들어오는 빛은 가장 바깥쪽의 각막에서 굴절되어 동공을 통과한다. 홍채는 동공의 크기를 변화시켜 눈에 들어오는 빛의 양을 조절한다. 동공의 직경은 명암에 따라 2~8mm로 변화된다. 면적으로는 최대일 경우가 최소일 경우의 16배가 된다.

동공을 통과한 빛은 다시 수정체에서 굴절되어 망막에 이른다. 수정체는 진대(zinn 帶)에 의해 지탱되며 다시 그 주변의 모양근에 의해 유지된다. 모양근이 긴장되어 그 고리가 작아지면 진대가 느슨해지고 수정체는 자체의 탄력에 의해 부풀어 초점거리가 짧아진다. 이와는 반대로 모양근의 고리가 커지면 진대가 바깥으로 인장되며 수정체도 인장되어 얇아지고 초점거리가 길어진다. 망막의 시축상에 해당하는 부분은 약간 패여 있으며 이를 중심와라고 부른다.

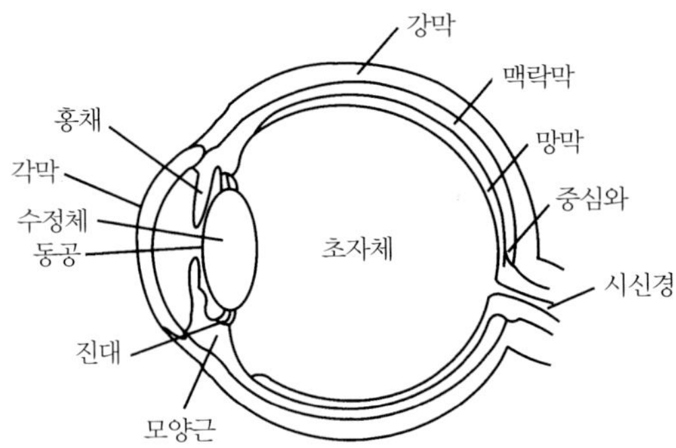

그림 6-1-1 안구의 수직단면도
동공경으로 안구에 들어오는 광량을 조절, 모양근, 진대에서 수정체의 부풀음을 변화시켜 초점거리를 조절한다.

6.1.2 망막과 시세포

망막에는 감도가 높은 rod(간체)와 감도가 낮은 cone(추체)이라는 2종류의 시세포가 분포되어 있다(그림 6-1-2). 추체는 밝은 곳에서 활동하며 간체는 어두운 곳에서 활동한다. 추체세포가 활동하고 있는 상태는 '명소시'(photopic vision : 2cd/㎡ 이상), 간체세포가 활동하고 있는 상태는 '암소시'(scotopic vision : 0.01cd/㎡ 이하)이며 그 사이를 박명시(mesopic vision)라고 한다. 그림 6-1-3에 추체와 간체의 분포상태를 나타낸다. 추체는 중심와 부근에 집중되어 있고 간체는 망막 주변부에 분포되어 있다. 추체와 간체의 분광흡수 특성은 그림 6-1-4처럼 곡선이 된다. 그림 6-1-4에 나타낸 것처럼 추체에는 반응하는 피크파장이 다른 3종류의 시세포가 있으며 이를 S추체, M추체, L추체(또는 R추체, G추체, B추체)라 한다. 이들에 의해 추체는 색을 식별할 수 있는데, 1종류의 시세포밖에 없는

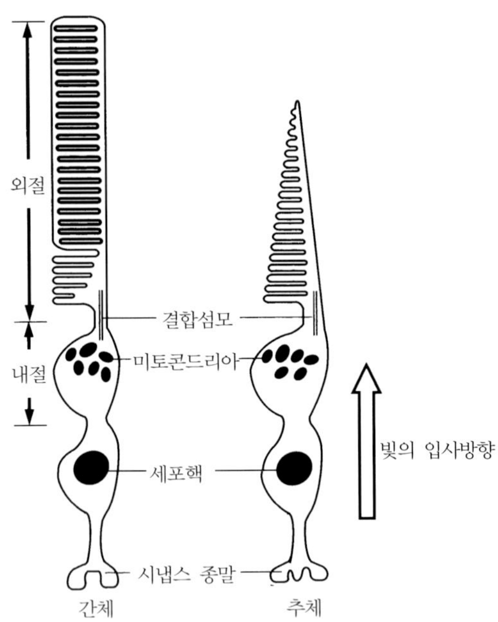

그림 6-1-2 추체와 간체
추체는 감광부분이 원추형으로 되어 있다. 간체는 거의 전체가 같은 굵기의 원주형으로 되어 있다.

간체는 색의 식별이 불가능하다.

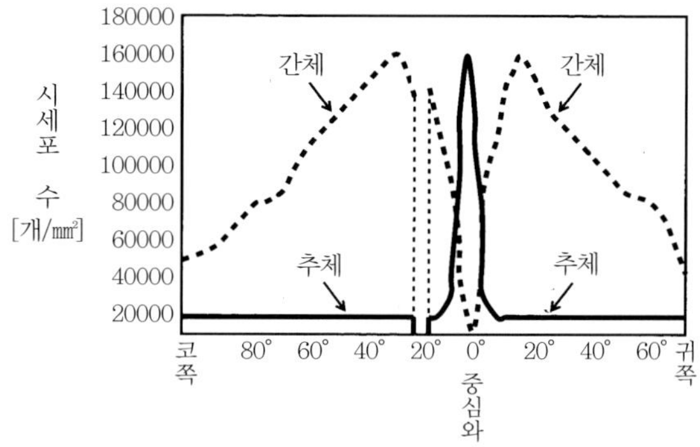

그림 6-1-3 추체와 간체의 분포상태

추체는 망막의 중심에 집중되어 약 650만 개가 있다고 알려졌다. 한편 간체는 망막 전체에 분포되어 1억 개 이상 있다고 알려졌다.

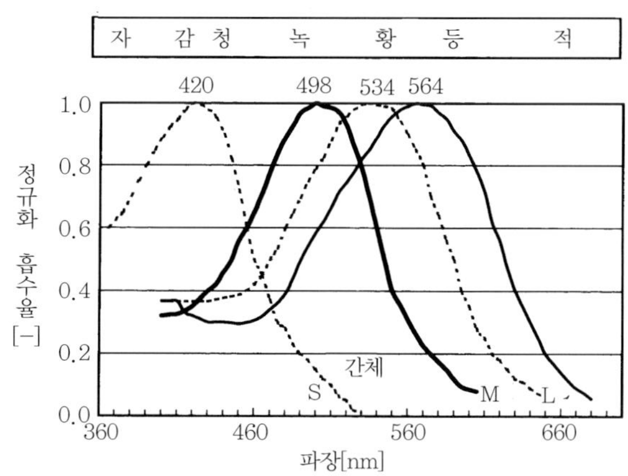

그림 6-1-4 간체, 추체의 분광감도

간체와 추체에서는 파장에 따라 감도가 다르다.

6-2 주광과 시각

6.2.1 주광과 시감도

동공경의 변화는 매우 빠른데 사람의 눈이 폭로되는 광량의 범위(보름달이 뜨는 밤의 0.2lx 정도부터 직사일광이 있는 주간의 10만 lx)에는 동공경에 의한 광량의 조절만으로는 대응하기 어렵다. 망막에 분포하는 감도가 높은 간체와 낮은 추체(6.1.2 참조)에 의해 눈이 지각할 수 있는 광량의 범위가 매우 넓어진다.

또한 그림 6-1-4에 나타낸 것처럼 추체와 간체의 감도는 빛의 파장에 따라 다르다. 명소시의 감도는 현재 분광시감효율(Relative luminous efficacy function 또는 비시감도라고도 함)로 국제조명위원회(CIE)에서 정의하고 있다. 그림 6-2-1과 같이 나타낸다.

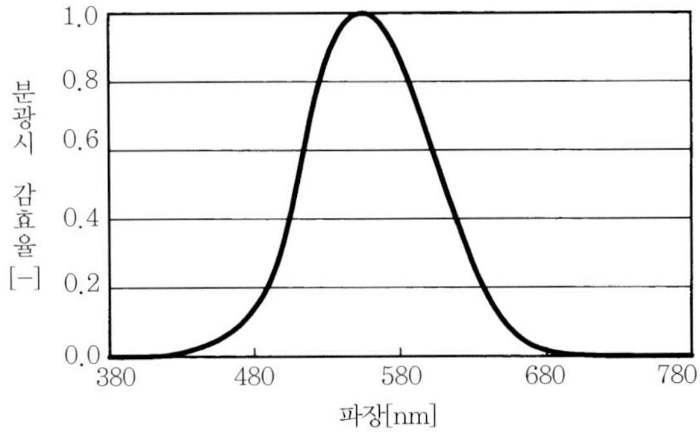

그림 6-2-1 분광시감효율(Relative luminous efficacy function)

국제조명위원회(CIE)에서 정의하고 있는 것으로 명소시에서의 감도이다.

한편 일사 에너지의 스펙트럼 분포는 그림 5-1-1에 나타낸 것 같은 상태로 되어 있다(주 : 그림 5-1-1에서는 파장의 단위로 ㎛를 사용하고 있다. 그림 6-2-1의 횡축 파장의 단위는 nm이므로 주의). 비교하면 지구에 이르는 태양에너지의 양이 큰 파장범위에 가시범위(사람의 눈이 느끼는 파장범위)가 있고, 그 중에서도 에너지량이 큰 파장(555nm) 부근에 추체가 높은 감도를 가지고 있음을 알 수 있다. 이는 사람이 태양으로부터 나오는 빛을 받으면서 진화되어 왔기 때문이다(그림 6-2-2).

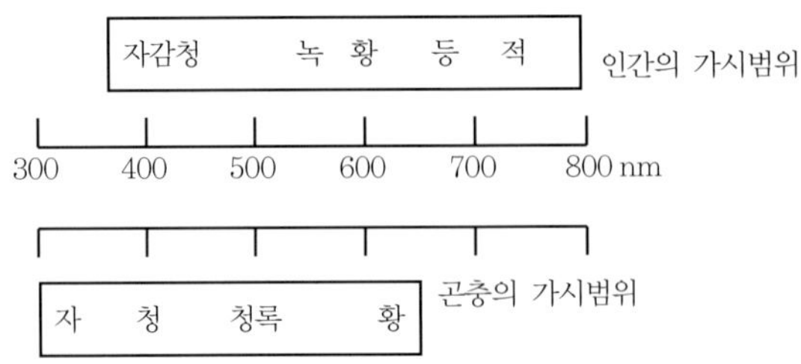

그림 6-2-2 사람과 꿀벌의 가시범위 차이

인간의 가시범위는 380~780nm로 알려져 있다. 같은 지상에 사는 생물이라도 꿀벌이나 나비는 자외범위의 방사를 느낄 수 있다. 예를 들어 사람의 눈에는 배추흰나비의 수컷과 암컷의 날개 모양이 같은 것처럼 보이지만 나비의 눈에는 암컷 날개의 자외방사를 반사하는 부분이 확실히 보여 수컷과 암컷의 날개 외관이 전혀 다르다. 곤충은 인간보다 단파장 쪽에 가시범위가 있다.

6.2.2 시야

망막의 표면은 일정하지 않아 시야의 중심부에서는 높은 시력을 보이지만 주변으로 갈수록 급격히 시력이 떨어진다. 일반적으로 시야란 눈을 움직이지 않고도 보이는 범위를 말한다. 한쪽 눈을 감고 눈을 움직이지 않은 상태에서도 상하좌우 매우 넓은 범위가 보이며 상하는 위쪽으로 약 60°, 아래쪽으로 약 70°, 좌우는 코쪽으로 60°, 귀쪽으로 95°를 볼 수 있다. 양쪽 눈은 좌우가 각 95° 이상이라는 넓은 범위가 된다.

시야 계측에는 보이는 범위 전체를 계측하는 주변시야계(동적 양적 시야계측)와 중심부의 망막감도를 추정하는 중심시야계(정적 양적 시야계측)가 쓰인다. 주변시야계는 한쪽 눈씩 눈이 움직이지 않도록 하여 몇 종류의 밝기, 크기, 색이 다른 시표를 사용해 시야 전체를 정량적으로 추정한다. 시야는 백, 청, 적, 황, 녹색 순으로 좁아지며 일반적으로 백색 시야를 사용한다. 그림 6-2-3에 각 색의 시야를 나타냈다.

그런데 이는 움직이는 지표를 감지할 수 있는 시야 내의 위치를 기준으로 구한 시야 감도이며, 자연채광에서 신경을 써야 할 것은 광원의 시야 내 위치에 따른 눈부심의 감도이다. 이는 불쾌 글레어에 대한 연구에서 포지션 인덱스로 정의하고 있다. 원래 Guth가 인공조명의 불쾌 글레어에 대한 감도를 양쪽 눈에 의해 구한 것으로 그림 6-2-4와 같이 나타내어진다. 이는 시선상에 있는 광원과 같은 눈부심을 일으키기 위해 몇 배의 휘도가 필요한지 나타낸 것이다. 그러나 이 포지션 인덱스는 인공조명을 대상으로 하고 있기 때문에 광원이 시선보다 상부에 있는 경우만 실험되었다.

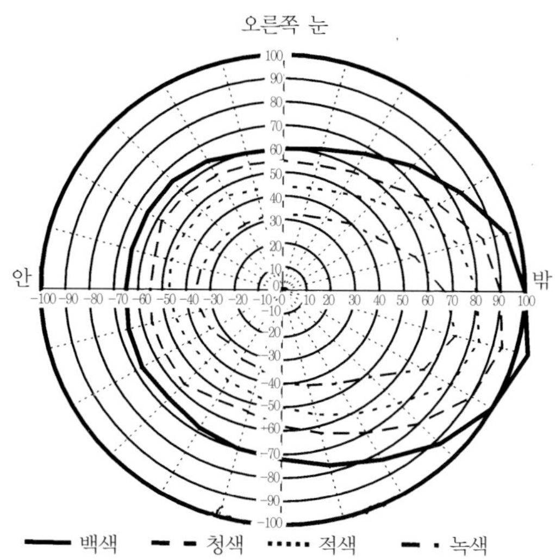

그림 6-2-3 각 색의 시야
일반적으로 백색시야가 쓰인다.

시선보다 아래에 있는 광원에 대한 눈부심으로 구해진 등불쾌곡선은 그림 6-2-5와 같이 된다. 시선에서 광원이 멀어질수록 감도는 둔해지는데 아래쪽으로 멀어진 경우에는 위쪽으로 멀어질수록 감도 저하를 볼 수 없다. 즉 위쪽에서 오는 강한 빛에는 눈부심을 느끼기 어렵고 아래쪽에서 비추는 강한 빛에 더 눈부심을 느끼게 된다.

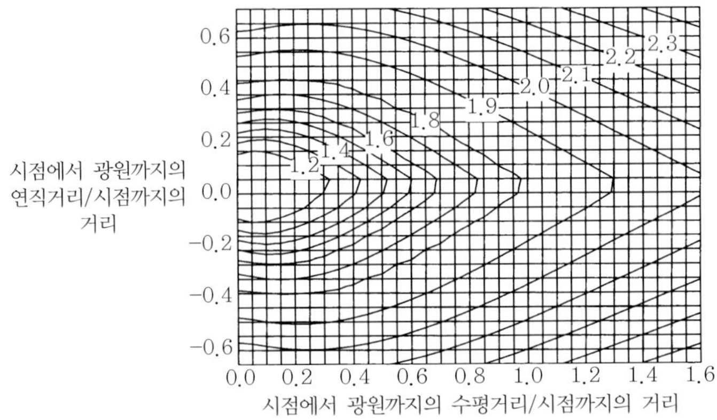

그림 6-2-4 Guth의 포지션 인덱스

인공조명에 대해 구한 것으로 시선보다 아래에 광원이 있는 경우는 고려되지 않는다.

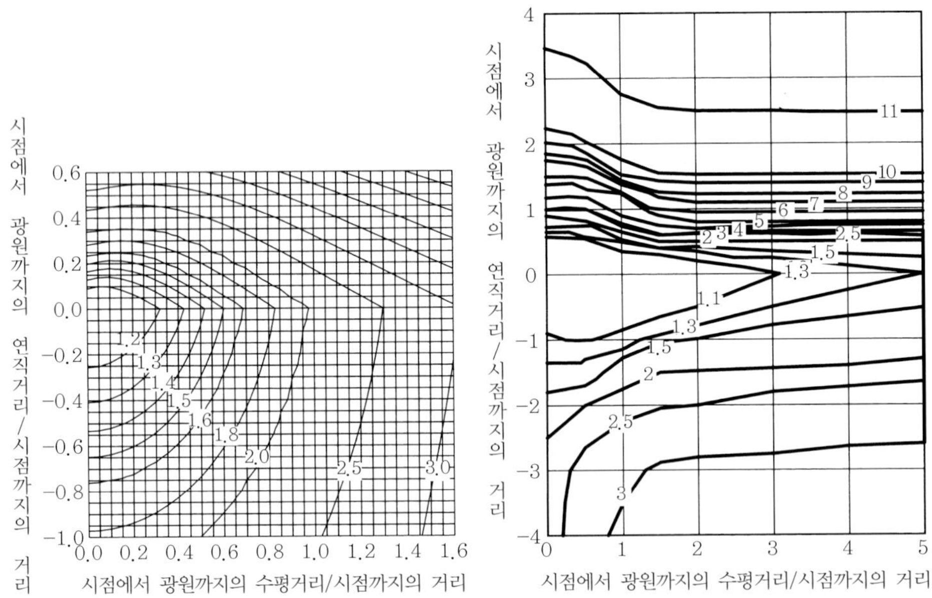

그림 6-2-5 시선보다 아래에 위치한 광원을 고려한 포지션 인덱스
(상 : 이와다연구팀, 하 : 가나야연구팀)

시선보다 아래에 광원이 있을 경우 감도 저하는 그다지 보이지 않는다. 시선보다 아래쪽의 눈부심에는 주의가 필요하다.

그 결과는 실험한 위치가 약간 적고 그 후도 연구가 계속되고 있는데 정성적으로는 인간의 눈이 위에서 오는 빛에 익숙해져 있으며 눈썹이나 눈꺼풀 등의 구조를 봐도 이해할 수 있다. 블라인드 등 시선보다 아래쪽에 있는 반사면에서의 직사일광 반사 등은 불쾌감을 일으키므로 주의가 필요하다.

6.2.3 연령 증가에 따른 영향

시각 감퇴는 20대 후반부터 시작되어 소위 말하는 고령자(65세 이상)에게서만 나타나는 현상은 아니다. 늦어도 40대 후반부터는 시각적으로 고령자라 할 수 있다. 6.1.1에 나타낸 안구 구성 순으로 살펴보겠다.

우선 가령과 함께 조절범위가 작아진다. 동공의 직경은 명암에 따라 2~8mm로 변화된다고 앞에서도 설명했지만 특히 암순응시에 동공경이 충분히 열리지 않게 되는 점을 들 수 있다.

수정체의 탄력성 저하, 모양근의 약체화에 의해 초점조절기능이 떨어지며 근거리에 있는 물체가 망막상에 상을 선명하게 맺지 못하는 현상(노안)이 일어난다. 또한 수정체에서는 투과율 저하가 일어난다. 수정체 내에서 응집한 단백분자는 눈에 입사되는 광량을 감소시킬 뿐만 아니라 눈에 입사된 빛을 안구 내에 산란시킨다(백내장). 이는 글레어 증가로 이어진다고 할 수 있다. 또한 투과율 저하의 크기가 스펙트럼에 따라 달라 파장이 짧은 쪽의 빛(파란 빛)이 더 투과되기 어렵다.

이처럼 가령과 함께 망막에 이르는 빛의 양이 감소되고 질도 변화되는데, 망막에서는 시세포의 수가 감소되고(추체는 60세 때 20세의 1/2) 망막의 감도도 저하된다. 특히 S추체가 현저히 감소된다.

이상의 내용을 정리하면 가령에 의한 시각의 변화는 다음과 같이 다섯 가지를 들 수 있다.

① 어두운 곳에서 잘 보이지 않게 된다(동공이 충분히 열리지 않게 된다).
② 가까운 거리가 잘 보이지 않게 된다(모양근의 약체화에 의해 초점조절기능이 떨어진다).
③ 높은 조도를 필요시한다(수정체의 투과율 저하).
④ 눈부심을 잘 느낀다(수정체에서의 단백질 분자의 응집에 의한 빛의 산란)
⑤ 시야 내의 색 외관이 변화된다(시세포 수의 감소)

자연채광에 있어서 가령의 영향은 ④의 눈부심이 문제가 된다. 불쾌 글레어와 함께 안구 내에서의 빛의 산란에 의해 시대상이 확실히 보이지 않게 되는 감능 글레어를 일으킬 우려가 있다.

6-3 주광과 건강

6.3.1 주광의 과잉·부족에 의한 병

빛 자체는 다른 환경요소 '공기의 질', '물', '온열', '소음' 등에 비하면 이른바 고전적인 건강문제=질병 발생을 일으키는 환경요인으로 거론되는 경우가 적었다. 죽음에 이르는 또는 확실한 질병을 일으키는 원인으로 광량 자체의 최대허용량(서한량)을 대표적인 문제로 삼아야 하는 경우는 일반적으로 매우 특수한 경우이다.

예를 들어 태양처럼 강한 광원을 장기간 응시하면 망막온도가 상승하여 시세포가 변성되는 태양성 망막증이 있다. 하지만 보통은 눈부심 때문에 광원을 응시한다는 것 자체가 어렵다. 일식을 관찰할 때 주관적으로 밝기를 느끼기 어려워 태양을 응시해 버렸거나 관찰용 필터의 감광도가 불충분하거나 할 경우에 일어나는 정도이다. 그 외에 빛의 과잉에 의한 질병으로는 눈의 반사에 의해 일어나는 설안이나 전기용접광 등에 의한 안염이 있는데 이들은 가시범위뿐만 아니라 자외방사의 영향이 크다(6.3.2 참조).

광량 부족에 의한 생리적 상태는 구루병, 황달, 골다공증부터 계절성 감정 장해 같은 매우 다루기 어려운 증상까지 다양하다. 적절한 양과 질의 주광이 사람들을 쾌적하게 하며 창이 있는 방이 바람직하고 경관도 중요하다는 것은 앞에서도 여러 번 말한 바 있지만 현재는 과학적으로도 증명되고 있다.

6.3.2 자외방사와 건강

자외방사(일반적으로 자외선이라 부르지만, 학술용어로는 자외방사)는 가시방사보다 파장이 짧고 X선보다 파장이 긴 10~400nm의 전자파이다. 태양에서 지상에 이르는 방사에는 290~400nm의 자외방사가 포함된다. 태양으로부터 나오는 자외방사는 성층권 오존의 Hartley대(200~300nm)에 강하게 흡수되며 다시 Huggins대(300~340nm)

에서 약해지기 때문에 290nm보다 파장이 짧은 자외방사는 지상에는 거의 도달하지 않는다. 지상에 이르는 자외방사의 대부분은 UV-A(315~400nm)이며 전체 자외방사에서 차지하는 UV-B(280~315nm)의 방사량은 약 4%에 지나지 않는다. 하지만 최근 성층권의 오존이 파괴됨에 따라 생명체에 큰 장해 포텐셜을 가진 UV-B는 2% 증가하여 피부암이나 백내장, 인체의 면역기능 저하에 의한 감염증 같은 장해반응이 3~6% 증가한 것으로 추정되고 있다. 10~290nm의 자외방사는 UV-C라 불리며 지상에는 이르지 않는다. 또한 UV-B와 UV-C는 유전자 DNA에 손상을 미치는 작용이 있다.

UV-A만으로는 피부에 유해한 작용을 주지 않지만 UV-B는 염증을 수반한 그을림(햇볕에 탐)을 일으킨다. 과도한 UV-B는 피부암을 유발하는 원인이 되는 경우도 있다. 또한 눈의 각막이나 결막에 대한 UV의 허용피폭한계작용스펙트럼은 미국정부산업위생관회의의 권고치가 국제적으로 활용되고 있으며, 일본에서는 JIS 규격(JIS Z 8812-1987 : 유해자외방사의 측정방법)으로 제정되어 있다(그림 6-3-1). 눈에 대한 장해영향은 이 작용 스펙트럼(상대분광유해 작용곡선)과 환경의 UV 스펙트럼의 곱으로 나타낸다(피부의 경우는 홍반곡선이 사용됨).

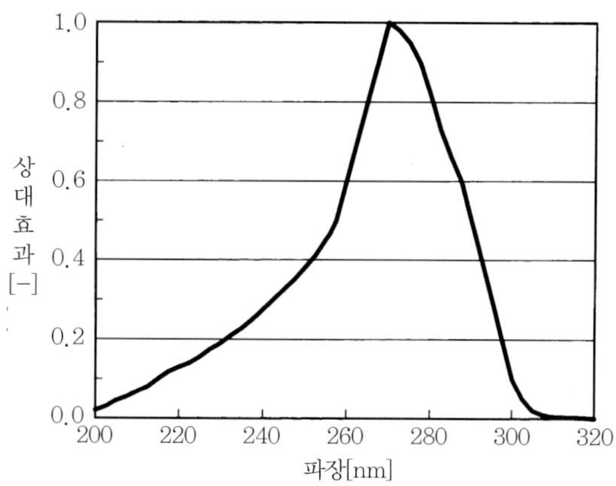

그림 6-3-1 자외방사의 작용 스펙트럼

UV에 의한 생체 영향의 정도는 UV 스펙트럼과 작용 스펙트럼의 곱으로 구해진다.

6.3.3 병원건축에서의 주광

1860년에 출판된 플로렌스 나이팅게일의 저서 중에는 다음과 같은 내용이 있다.

"햇볕이 들어오지 않는 어두운 집은 건강에 좋지 않은 집이며 공기가 더러운 집이고 불결한 집이다. 빛이 들어오지 않으면 아이들의 성장이 늦어지고 결핵성 경부임파선염이나 구루병 등이 퍼진다."

"환자들을 간호해온 나의 경험을 바탕으로 분명하게 말할 수 있는 결론이 있다. 신선한 공기 다음으로 환자에게 필요한 것은 햇볕이라는 것이다. (중략) 환자의 경우는 몸을 일으키거나 돌아눕거나 하지 않아도 침대에서 창밖을 내다보고 설사 아무것도 보이지 않는다 해도 공기와 햇볕만큼은 봐야 한다. 단언하건대 이는 환자가 회복하는데 첫 번째 조건이라고까지는 말할 수 없어도 그에 필적할 만큼의 조건이다."

"Note on Nursing"(간호기록)이라는 제목의 이 책은 '질병을 피하는 것'이 '건강'과 같은 의미였던 시대 또는 인공광원이 개발되기 이전의 시대에 환자에게 있어서 창으로 들어오는 빛이 얼마나 중요한지를 말하고 있다.

주광이 환자의 건강 회복을 촉진시킨다는 보고도 몇몇 있다. 직사일광이 입사되는 밝은 병실은 직사일광이 맞은편 건물에 의해 차단된 어두운 병실에 비해 진통제 복용량이 22% 적었다는 것이다. 또한 직사일광을 받는 시간대에 따라서도 차이가 있다. 저녁보다 아침에 강한 직사일광을 받음으로써 조울병 회복이 빨라졌다는 결과도 있다. 또한 주광과는 거리가 먼 비연속적인 파장분포의 빛을 대량으로 받으면(3500lx에서 2주간) 스트레스를 느끼고 호르몬이 대량 분비된다는 것이다.

창으로 들어오는 자연채광에 부수되는 환경요소로 외부 경관이 있는데 경관의 종류에 따라서도 수술 후의 회복 상황에 차이가 있다. 수술 후에 복용하는 수면제, 진통제의 투여량, 강도, 입원기간을 조사한 결과 나무들이 보이는 병실의 환자가 벽돌벽이 보이는 병실의 환자보다 약의 섭취량이 적고 입원기간도 훨씬 짧았다는 것이다.

창으로 보이는 경관을 포함해 자연채광이 인간들의 생리, 건강에 얼마나 큰 영향을 미치는지 알 수 있을 것이다.

6-1 빛과 생체리듬

6.4.1 생체리듬과 동조인자

사람에게도 주기현상(일일생체 리듬)이 있다. 이는 다양한 생체기능이 하루를 주기로 하여 변하는 현상을 가리키는데, 빛처럼 외부의 영향이 전혀 없는 상황에 격리되면

이 리듬은 24시간보다 긴 주기(약 25시간 주기)가 된다. 이를 자유계속리듬(프리런 리듬)이라 부른다. 일반적으로 사람이 자유계속리듬이 아닌 24시간 주기를 취하는 것은 지구의 자전을 바탕으로 한 24시간 주기 환경에 생체리듬을 동조시키고 있기 때문이며 이 때 빛이 큰 역할을 한다.

유아의 체내시계에 대해 Kleitman(1953)이 관찰 기록한 결과를 그림 6-4-1에 나타낸다. 이 그림에서 흰 부분은 각성 상태이며 검은 부분은 수면상태를 나타낸다. 이제 막 태어난 유아의 경우 낮에는 일어나고 밤에는 잠을 자는 패턴이 아직 형성되어 있지 않아 생후 3주째부터 15주째는 약 25시간 주기이며, 그림에서 흰 부분(각성 상태)을 보면 비스듬히 되어 있다. 하지만 16주 이후부터는 24시간 주기 패턴이 형성되어 그림에서 흰 부분을 보면 세로로 곧게 되어 있다. 사람은 탄생에 이르기까지 약 10개월 동안을 빛이 들지 않는 엄마 뱃속이라는 환경 공간에서 생활하며 약 25시간을 주기로 하는 하나의 체내시계를 만든다(이는 24시간 51분인 달의 공전주기와 관련이 있는 것으로 여겨짐). 그러나 탄생과 함께 주광을 받기 시작하면 24시간에 동조하게 되어 25시간 주기인 체내시계는 더 이상 나타나지 않게 된다.

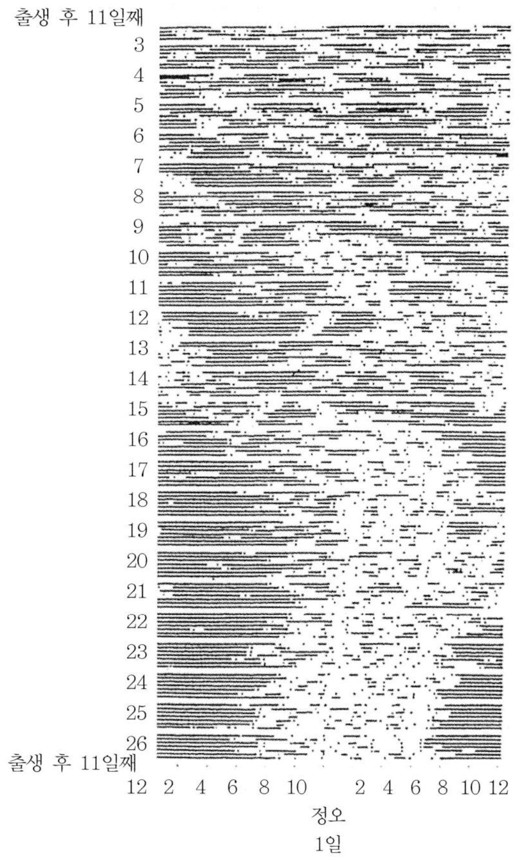

그림 6-4-1 유아의 체내시계 변화

생후 15주까지는 25시간 주기이지만 16주 이후부터 24시간 주기가 형성된다.

과거에는 생체리듬을 동조시키는 환경인자(동조인자)로 사회적인 접촉 등이 중요하다고 여겼지만 최근에는 주요 동조인자가 빛이라는 것이 밝혀졌다. 예를 들어 수면·각성리듬은 빛 외의 인자(강제적인 스케줄 등)에 의해 동조시킬 수도 있는데 생리적인 주기는 이것이 어렵다. 송과체에서 분비되는 멜라토닌의 혈중농도나 심부체온변화가 빛 외의 인자에 의해 동조되기 위해서는 오랜 기간을 필요로 하며 반대로 빛 조사의 영향은 수면 · 각성리듬보다 멜라토닌 리듬이나 체온 리듬에 빨리 나타나는 것을 알 수 있다. 멜라토닌 분비는 일반적으로 그림 6-4-2와 같이 변화되며 분비가 억제되었을 때 각성도가 높아진다. 이처럼 수면 · 각성리듬 자체가 빛에 동조하는 것이 아니라 먼저 멜라토닌 분비 등의 리듬이 빛에 동조되어 그 2차적인 결과로 수면 · 각성리듬이 동조되는 것으로 생각할 수 있게 되었다.

실제로 의료현장에서는 생체 리듬의 동조 불량에 의한 수면장해 치료에 고조전송이 쓰이고 있으며, 일반적으로 환자에게 2500lx 이상의 빛을 하루에 약 2시간 또는 5000lx의 빛을 하루에 약 1시간 조사하는 방법이 쓰이고 있다. 인공광원에 의한 고조전송요법기라는 것을 사용하는 경우가 많다. 하지만 2500lx 이상의 빛을 2시간 동안 받는다는 것은 매우 어렵다. 최근 들어 그다지 높은 조도의 빛이 아니어도 효과를 거둘 수 있다는 연구보고가 발표되어 현재 활발하게 연구가 계속되고 있는 분야이다.

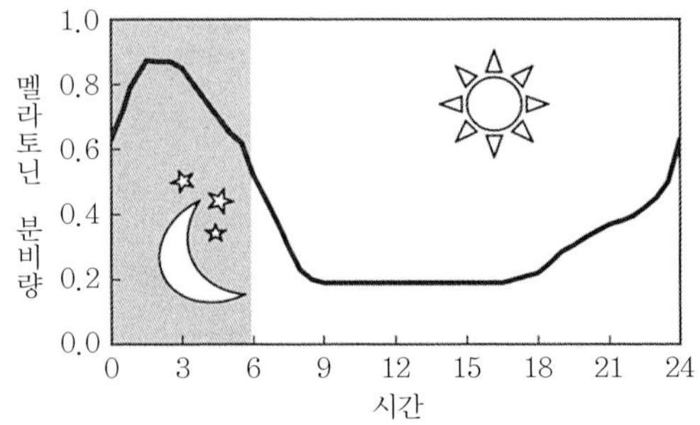

그림 6-4-2 멜라토닌 분비량의 시간 변화
멜라토닌 분비가 억제될수록 각성도가 높아진다.

6.4.2 생체리듬과 스펙트럼

생체리듬에 영향을 미치는 방사의 파장범위에 관해서도 연구가 진행되고 있다. 그 내용에 따르면 사람의 눈은 555nm의 빛을 가장 밝게 느끼며 밝기의 감도(시감도)가 그림 6-2-2에 나타낸 곡선이 되는 것에 대해 멜라토닌 분비 억제에 관여하는 광수용기의 감도는 통상적인 시각의 그것과는 다르다는 것이 보고되었다.

Brainard 연구팀은 빛의 멜라토닌 분비 억제효과에 관여하는 4가지 파라미터 ① 빛의 분광분포, ② 단위시간당 빛의 조사량 ③ 조사시간 ④ 조사시각 중 ③과 ④를 일정하게 한 실험에서 ①과 ②의 영향을 검토하고 있다. 즉 야간 2 : 00~3 : 30에 걸쳐 눈에 빛을 조사해 3 : 30에 각 파장의 빛의 멜라토닌 분비 억제효과를 기준으로 멜라토닌 분비억제의 감도를 구했다. 그 결과 그림 6-4-3의 ②에 나타낸 것처럼 통상적인 분광시감효율(비시감도)보다 파장이 짧은 쪽, 새파란 빛의 멜라토닌 분비억제효과가 높은 것으로 밝혀졌다. Brainard 팀의 연구에서는 멜라토닌 분비 억제의 피크 파장이 460nm이지만 다른 연구자 예를 들어 Berson의 연구에서는 멜라토닌 분비억제의 피크가 479nm로 Brainard보다 약간 긴 파장으로 되어 있다. 또한 Brainard 팀이 추체, 간체 외의 광수용기가 망막상 또는 그 부근에 있다고 생각하는 것에 대해 Berson팀은 망막 바깥쪽에 있는 ganglion cell이 리셉터라고 보고하였다. 이와 같이 멜라토닌 분비억제 연구는 아직 진행중에 있다고 할 수 있는데 억제에 효과적인 파장 범위가 시감도와는 다르다는 것이 여러 연구에 의해 밝혀졌다. 측광량은 555nm를 최대감도로 한 분광시감효율을 기준으로 하고 있으며 엄밀하게 말하면 측광량에서는 빛의 생체리듬에 대한 영향의 크기를 나타내기에는 불충분하다. 최근 조도계의 필터를 바꿔 멜라토닌 분비억제에 대한 영향의 크기로 광량을 나타내는 측정기와 조도와 생체리듬에 영향을 주는 청색광의 방사속을 동시에 측정할 수 있는 저렴하고 간편한 측정 키트도 개발되어 있다.

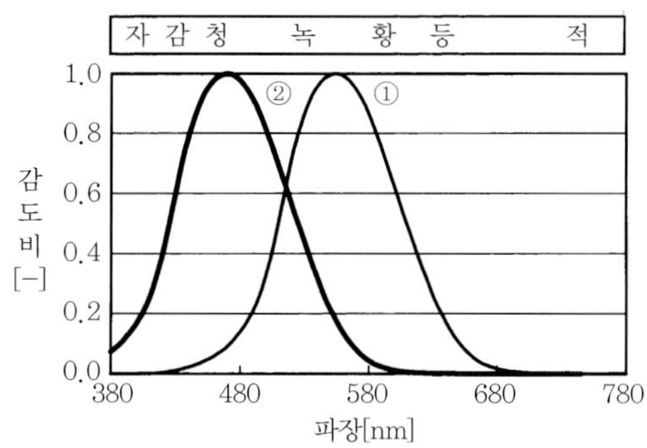

그림 6-4-3 멜라토닌 분비의 억제감도와 분광시감효율
멜라토닌 분비 억제의 피크 파장은 연구자마다 다른데
모두 시각의 감도보다 짧은 파장쪽에서 억제감도가 높다.

6.4.3 주광과 생체리듬

태양이 발하는 빛 자체는 안정적이지만 지상에 이르는 태양의 빛은 지구와 태양의 상대위치관계와 대기의 상태에 따라 변화된다. 때문에 계절, 기후, 시각에 따라 광량 및 빛의 색이 변하며 때로는 광량이 너무 많은 경우도 있다. 하지만 이러한 주광의 단점은 인간의 생체리듬을 고려하면 장점도 된다고 생각할 수 있다.

현대인은 일상생활 중 90%의 시간을 실내에서 보낸다고 할 수 있으며 빛을 받는 방식도 밤과 낮의 차이가 적다. 지하 공간이나 창이 없는 공간 등 태양으로부터 나오는 빛의 입사를 기대할 수 없는 곳에서는 빛의 부족에 의해 일어나는 억울증(예를 들어 겨울철에 일조시간이 현저히 감소되는 북유럽 등의 고위도 지역에서 일어나는 계절성 감정장해(Seasonal Affective Disorder)의 가능성이 있다.

생체리듬을 기준으로 하여 조명의 밝기를 적당한 사이클로 자동제어하고 생체리듬을 활성화시키는 인공조명 시스템도 개발되어 있다. 하지만 주광은 적당한 사이클을 자연스럽게 얻을 수 있고 생체리듬 면에서 고려할 때 자연채광이 가장 이상적이고 안전한 방법이라 할 수 있다.

6-5 주광과 심리

6.5.1 창의 심리효과

창은 기본적으로 개구 또는 그 틀에 지나지 않는다. 창의 심리효과는 창 자체가 가져오는 것과 표 4-9-1에 나타낸 것처럼 에너지, 물질, 정보의 유입·유출에 의해 복합적으로 가져오는 것이 있다. 또한 창을 통과하는 환경요소도 늘 일정하지만은 않다. 예를 들어 빛의 경우도 그 양이 변동하며 창에서 얻을 수 있는 정보는 늘 변화한다. '창의 심리효과'는 일정하지 않은 환경요소가 가져오는 효과가 된다. 여기서는 먼저 재실자의 창 자체에 대한 요구에 대해 설명하고 이후 창의 심리효과에 대해 설명하겠다.

(1) 크기

건축기준법은 주택의 각 실에서 그 방의 바닥면적의 1/7 이상의 채광에 유효한 개구부(창 등)를 두도록 하고 있다(건축기준법시행령 제2조의 2). 하지만 법령에 맞추는 것만으로는 불충분하며 창의 크기는 인간에게 만족감을 줄 수 있어야 한다. 창의 크기는 입사되는 주광의 양과 많은 관련이 있는데 자연채광 계산에 대해서는 5.5에서 설명한 바와 같다. 여기서는 심리적으로 필요한 창의 크기에 대해 설명한다.

창의 존재는 작은 공간보다는 교실이나 공장처럼 큰 공간에서 그 영향이 더 다양하며 두드러진다. 창 면적의 심리적인 최소 한계에 대해서는 Ne'eman의 모형실험에서 바닥 면적의 1/16로 되어 있다. 이는 밖에서 들어오는 시각정보량에 의해 구한 수치이다. 또한 Keighley는 창이 있는 벽에 대한 창의 면적비로 나타내며 오피스에서는 이것이 30%를 넘으면 재실자가 충분히 만족하는 것으로 보고되었다. 같은 크기라도 분할하는 것은 바람직하지 않으며 하나의 창으로 이 정도의 면적이 필요하다고 말한다.

이것들은 모두 1970년대 외국에서 이루어진 연구이며 최근 일본의 연구에서도 거의 같은 결과를 보이고 있어 오피스에서 창/창이 있는 벽의 면적비가 50% 이상이면 그 이상 증가시켜도 만족도 증가는 미약하다고 보고되었다. 그러나 이들 창의 크기의 한계치도 형상 · 위치 · 경관의 영향을 받기 때문에 크기가 확보된다고 해서 반드시 만족시킬 수 있는 것은 아니다.

(2) 형상 · 위치와 경관

일반적으로 창의 형상은 그 창이 있는 벽의 형상과 거의 비슷한 형태로 하는 것이 바람직하다고 말한다. 하지만 이것도 창밖의 경관에 따라 다르다. 경관으로서 영향이 큰 것은 스카이라인(하늘과 지표의 경계)이며 스카이라인이 보이는 높이에 창이 있는 것이 바람직하다. 또한 스카이라인이 보이는 조건에서는 그것을 많이 도입할 수 있는 가로로 긴 창이 바람직하다고 말한다. '근거리', '인공물' 같은 경치가 만족도를 저하시키는 것으로 알려졌다.

(3) 심리효과

앞에서 설명한 바와 같이 창의 크기 · 형상 · 위치의 결정에 경관이 영향을 미치는 것처럼 창의 심리효과는 이를 유입 · 유출하는 것들이 복합적으로 가져오는 것이다. 예를 들어 오피스에서의 '창의 기능의 중요도' 조사에서는 예비조사에서 추출된 평가항목이 '조망', '기후' 같은 정보 자체부터 '안정감', '개방감' 같은 창에서 나오는 정보에 의해서도 얻을 수 있는 심리효과가 있다.

그 결과 17개 항목(조망, 기후, 피난, 안정감, 계절감, 건강 등) 중에서 오피스에서는 '시간의 정보가 있을 것', '개방감이 있을 것', '기분전환을 하기 쉬울 것'의 중요도가 높아졌다. 또한 유창지상, 유창지하, 무창지하의 각 오피스에서 창의 중요도와 만족도를 조사한 결과 그림 6-5-1에 나타낸 바와 같은 결과를 얻었다. 지하의 유창 오피스에서는 시간의 정보는 얻을 수 있지만 개방감은 얻기 어렵다.

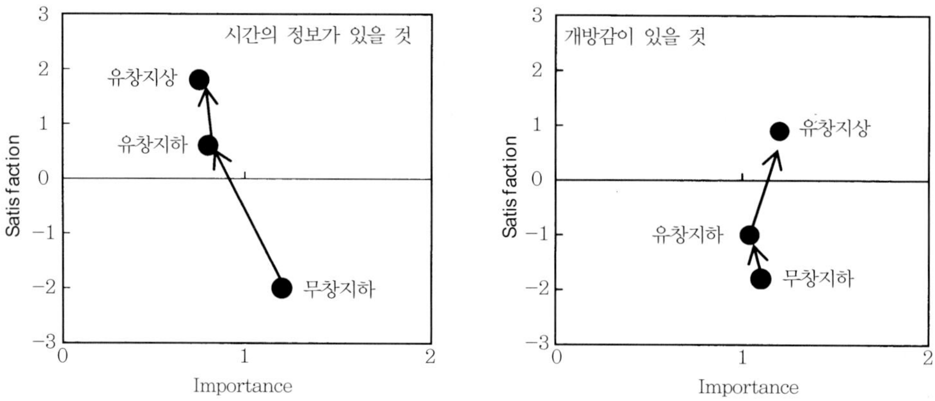

그림 6-5-1 창의 중요도와 만족도

창이 있으면 시간의 정보는 얻을 수 있지만 개방감은 창이 있다고 해서 반드시 얻을 수 있는 것은 아니다.

(4) 개방감

그러면 개방감이란 어떤 것을 말하는 것일까? 한 연구팀은 '어떤 공간에서 인간이 시각을 통해 얻는 공간의 크기에 대한 느낌, 바꿔 말하면 그 공간의 시지각적 용적감'이라고 정의된다.

개방감은 주로 창의 크기, 방의 크기, 실내조도의 세 가지 인자가 관련되어 있다고 할 수 있다. 창의 크기, 방의 크기, 실내조도를 높게 하면 개방감이 커지게 된다. 창의 크기를 ① 창 면적, ② 창 면적의 바닥면적에 대한 비, ③ 피험자의 눈에 들어오는 창의 입체각, ④ 실내 안쪽에 있는 피험자의 눈 위치의 연직면상에서 창의 입체각 투사율을 이용해 검토한 결과 ③과 ④가 개방감과 관련이 높은 것으로 밝혀졌다. 즉 시야에 대한 상대적인 창의 크기가 개방감에 영향을 미치며 같은 방에서도 재실자의 창으로부터의 거리에 따라 개방감이 다르다는 것을 나타낸다.

개방감의 반대되는 개념은 폐쇄감인데 이는 부정적인 이미지가 강하다. 하지만 개방감에 대해서도 늘 큰 것이 좋다고만은 할 수 없다. 실내의 어느 위치에서나 폐쇄감을 주지 않는 창의 크기를 확보하는 것이 합리적이라 할 수 있다.

(5) 가구, 집기 등이 있을 경우의 심리효과

앞에서 설명한 (1) 만족할 수 있는 창의 크기와 (4) 개방감을 주는 창의 크기는 실내에 가구 등이 없고 창 전체가 보이는 상황을 가정한 것이다. 하지만 일본의 오픈 스페이스형 오피스나 학교 교실에서는 재실자의 좌석 위치에서 보이는 창은 여러 가지 사물에 의해 가려져 실제로는 훨씬 작다. 창을 크게 계획하더라도 실내 레이아웃에 따라 기대한 심리효과를 거둘 수 없는 경우도 있다.

6.5.2 주광의 심리효과

자연채광을 창에 의존할 경우 주광광원의 특징 외에 경관이나 외부정보 등 여러 가지 환경 요소도 실내에 동시에 들어온다. 창에 의한 자연채광의 심리효과는 6.5.1에서도 설명한 바 있는데 주광광원에 의한 순수한 심리효과에 대해서는 명확하게 밝혀져 있지 않다.

주광광원과 인공광원의 근본적인 차이는 파장분포이다(상세한 내용은 제5장 참조). 6.3.3에서 설명한 것처럼 파장이 비연속적인 빛을 받으면 스트레스성 호르몬 분비가 활발해진다. 인공조명환경에 있는 아동은 안정을 하지 못하고 정신피로가 심해지는데 주광의 파장분포에 가까운 광원을 사용하면 안정감과 집중력을 회복하여 학습효과가 올라간다는 보고도 있다.

또한 인간의 근본적인 욕구로서 '잘 보고 싶다', '환경자극을 받고 싶다'는 2가지 점이 있다. 물리적, 생리적으로 주광이 다른 광원에 비해 우수하다는 명백한 판단근거는 없지만 높은 조도의 우수한 분광분포를 가지고 시시각각 변하는 주광은 인간의 근원적인 욕구를 만족시키는 광원이라는 견해도 있다.

실내 공간에서 주광에 의한 심리효과는 자연채광방식에 의한 영향을 다분히 받지만 주광광원의 특성이 손상되지 않고 실내에 도입되도록 하면 실내 공간에서도 앞서 설명한 효과를 기대할 수 있을 것이다.

참고문헌

1) 大石正編：光と人間, p.31(図2.6), 朝倉書店, 初版, 1999
2) 日本建築学会編：日本建築学会設計計画パンフレット30 昼光照明の計画, p.64(図3), p.65(図4), 彰国社, 1985
3) 桜井邦朋著：自然の中の光と色－昼の月はなぜ白い, p.50, 中公新書, 1991
4) Iwata,T and Tokura,M：Position Index for a glare source located below the line of vision, Lighting Research & Technology, Vol.29, No.3, pp.172-178, 1997
5) 石倉知永子, 上山大輔, 澤田朋克, 金谷末子：屋内照明における不快グレアの研究－全視野におけるPosition Indexの起案-, 照明学会誌, 第90巻, 第2号, pp.106-109, 2006
6) 関邦博, 坂本和義, 山崎昌廣：人間の許容限界ハンドブック, p.481, 朝倉書店, 1990
7) フローレンス·ナイチンゲール：看護覚え書－看護であること·看護でないこと－, p.48, pp.145-147, 第6版, 第8刷, 現代社, 2006
8) Jeffrey M.Walch, Bruce S.Rabin, Richard Day, Jessica N.Williams, Krissy Choi and James D.Kang：The effect of sunlight on postoperative analgesic medication use- A prospective study of patients undergoing spinal surgery, Psychosomatic Medicine 67, pp.156-163, 2005
9) Francesco Bendetti, Christina Colombo, Barbara Barbini, Euridicr Campori and Enrico Smeraldi：Morning sunlight reduces length of hospitalization in bipolar depression, Journal of Affective Disorders, Vol.62, pp.221-223, 2001

10) F.Hollwich and B.Dieckhues : The effect of natural and artificial light via the eye on the hormonal and metabolic balance of animal and man, Ophthalmologica, Basel 180, pp.188-197, 1980

11) Roger S.Ulrich : View through a window may influence recovery from surgery, Science, Vol.224, pp.420-421, 1984

12) Aschoff J ed.: Biological Rhythms, Handbook of Behavioral Neurobiology, Vol.4, New York, Plenum Press, 1981

13) 中川八郎, 永井克也著:脳と生物時計－からだのリズムのメカニズム, pp.18-19, 共立出版, 1991

14) Korn A.: Bildverarbeitung durch das visuelle system, Berlin Heidelberg, New York, Springer-Verlag, pp.121-124, 1982

15) 白川修一郎, 小林敏孝, 荒川一成, 亀井雄一, 津村豊明, 小栗貢:起床前漸増低照度光照射の目覚め感に対する効果, 第6回日本睡眠環境学会大会報告集, pp.3-6, 1997

16) G.C.Brainard, J.P.Hanifin, J.M.Greeson, B.Byrne, G.Glickman, E.Gerner, and M.D.Rollag : Action Spectrum for Melatonin Regulation in Humans : Evidence for a Novel Circadian Photoreceptor, The Journal of Neuroscience, 21(16), pp.6405-6412, 2001

17) Berson.D.M, Dunn.F.A., and Takao.M.: Phototransduction by retinal ganglion cells that see the circadian clock, Science, February 8, 2002

18) M.D.Rollag, D.M.Berson and I. Provencio : Melanopsin, Ganglion cell photoreceptors and mammalian entrainment, J.Biol.Rhythms, 18(3), pp.227-234, 2003

19) Dietrich Gall, Cornelia Vandahl and Karin Bieske : Ortsaufgelöste Messung von circadianen Strahlungsgrössen an Arbeitsplötzen, Proceedings of LUX EUROPA 2005, pp.347-349, 2005

20) S.Hubalek, D.Zöschg and C. Schierz : Ambulant recording of light for vision and non-visual biological effects, Lighting Research and Technology, Vol.38, No.4, pp.314-324, 2006

21) 田村弘, 岩田利枝:曝露照度と活動量に関する調査研究, 日本建築学会学術講演梗概集, D-1, pp.435-436, 2001

22) 久保田真由, 岩田利枝, 長谷部徹:曝露照度が睡眠状態に与える影響に関する実測調査, 日本建築学会学術講演梗概集D-1, pp.399-400, 2002

23) T.Iwata, T.Hasebe and M.Kubota : Study on exposed illuminance in daily life and circadian rhythm, Proceeding of CIE 25th Session, Division3 Presented Paper, pp. 60-63, 2003

24) Morita T., Koikawa R., Ono K., Terada Y., Hyun K. and Tokura H.: Influence of the amount of light received during the day and night times on the circadian rhythm of melatonin secretion in women living diurnally, Biological Rhythm Research, 33(3), pp.271-277, 2002

25) 伊藤武夫, 小山恵美:生体リズムを考慮した最近の医療福祉施設の照明, 照明学会誌, 84(6), pp.362-367, 2000

26) 野口公喜, 白川修一郎, 駒田陽子, 小山恵美, 阪口敏彦:天井照明を用いた起床前漸増光照射による目覚めの改善, 照明学会誌, 85(5), pp.315-322, 2001

27) P.R.Boyce : Why daylight?, Proceedings of CIE Daylight Conference, Ottawa, 1998

28) Ne'eman, E. and Hopkinson R.G.: Critical minimum acceptable window size : a study of window design and provision of a view, Lighting Research and Technology, vol.2, No.1, pp.17-27, 1970

29) Keighley E.C.: Visual requirements and reduced fenestration in office buildings-A study of window shape, Building science, Vol.8, pp.311-320, 1973

30) Keighley E.C.: Visual requirements and reduced fenestration in offices-A study of multiple apertures and window area, Building science, Vol.8, pp.321-331, 1973

31) 山中俊夫, 佐藤隆二, 甲谷寿史, 西木雅幸, 富田武志:事務室における窓に対する満足度とその評価構造に関する研究, その3. 窓に対する満足度, 日本建築学会大会学術講演梗概集D-1, pp.757-758, 2000

32) 宝田裕美子, 岩田利枝, 木村建一:地下オフィス空間における窓の効果に関する研究, 日本建築学会学術講演梗概集D, pp.1071-1072, 1994

33) 乾正雄, 宮田紀元, 渡辺圭子:開放感に関する研究 1, 日本建築学会論文報告集, 第192号, pp.49-55, 1971

34) 乾正雄, 宮田紀元, 渡辺圭子:開放感に関する研究 2, 日本建築学会論文報告集, 第193号, pp.51-57, 1971

35) Maas.J.B., Jayson.J.K. and Kleiber.D.A.: Effects of spectral differences in illumination on fatigue, Journal of application Psycology, Vol.59, pp.524-526, 1974

제 7 장 자연채광과 엑서지

인간의 신체는 주위환경에서 밝기와 온도 등 여러 가지 정보를 받으며 이들 정보(자극)를 바탕으로 생리적인 반응이나 주체적인 행동을 일으킨다. 이러한 자극과 그에 대한 반응은 인간과 주위환경 · 자연환경이 밀접한 관계에 있음을 나타내는 것 중 하나이다.

여기서는 인간 · 건축 · 도시 · 지역환경, 그리고 지구를 관통하는 일련의 에너지 흐름과 그 흐름에 수반되는 자원에서 폐열 · 폐물의 흐름에 대해 설명하며 인간 · 건축 · 도시 · 지역환경 · 지구의 관계에 대해 생각해봄과 동시에 주광이용이라는 단면에서 어떤 관계를 구축해 나가야할지 필자들의 견해에 대해 설명하겠다.

7-1 '흐름'과 '순환'

7.1.1 에너지의 흐름

인간은 인체라는 특이한 구조와 그 기능을 유지하며 활동해나가기 때문에 외부에서 식료나 물 · 공기 등의 에너지 · 물질을 자원으로 섭취하고 이들 자원이 가진 유용성을 소비하고 있다. 이와 함께 소비의 결과로 사람에게 유용성을 잃은 폐열과 폐물이라는 에너지 · 물질을, 폐열은 땀이나 호기와 함께 폐물은 분뇨로 주위 환경에 버려지고 있다. 즉 사람이라는 '계'의 활동을 유지하기 위해서는 외부로부터의 자원 투입과 소비, 소비 결과 생긴 폐열 · 폐물의 폐기라는 과정을 계속해서 반복해야 한다.

이처럼 에너지 · 물질의 흐름과 흐름을 반복하는 과정(사이클)은 인간과 동식물 등의 생물뿐만 아니라 어떤 활동이나 작용을 하는 모든 '계 : 시스템', 예를 들면 자동차나

가전제품 등의 기기류 등에서도 볼 수 있다.

지구를 이러한 시스템 중 하나로 보면 태양에서 단파역 성분을 주로 하는 방사(전자파)의 에너지를 자원으로 받아들이고 받은 만큼 같은 양의 에너지를 장파장방사 형태로 폐열로 우주공간에 버리는 에너지의 '흐름'이 있다. 받아들일 때에는 눈에서 빛으로 느낄 수 있는 형태이며 폐기할 때에는 눈으로 볼 수 없는 적외선 형태이다. 이는 분명히 자원에서 폐열로 이르는 흐름이다(그림 7-1-1). 이러한 에너지 흐름 중에서 대기권 내의 물이나 공기 같은 물질의 순환이 있다. 지구표면에서의 바람, 해류 등의 기상학적인 현상, 인간이나 동식물의 생물학적인 현상은 이러한 지구에 원래 갖춰진 에너지의 흐름과 지구권 내부에서의 물질 순환상 성립된다. 사람 자신 그 사람이 사는 건축, 건축이나 동식물 · 주위환경 등의 집합체인 거리나 도시 같은 모든 것이 지속 가능한 것이 되기 위해서는 지구에 원래 갖춰진 에너지의 흐름과 물질의 순환에 잘 어우러지도록 자원 · 에너지와 물질을 사용해 흐름과 순환을 막지 않도록 하는 것이 중요하다.

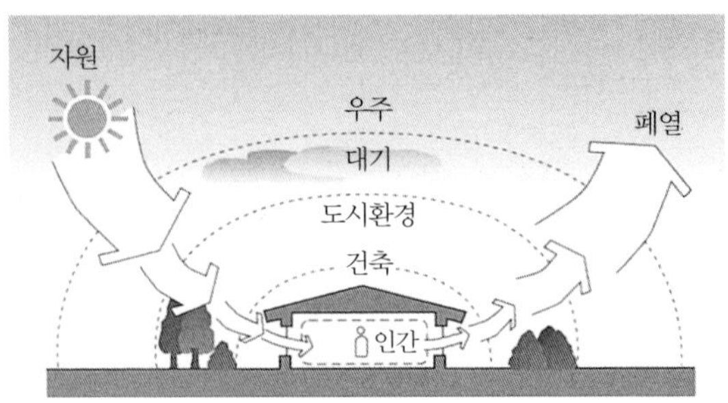

그림 7-1-1 사람 · 건축 · 도시를 관통하는 자원에서 폐열로 가는 '흐름'

지구는 물자에 대해서는 닫힌 계, 즉 물질의 출입은 없다. 한편 에너지에 대해서는 열린 계, 즉 출입이 있는 계이다. 지구는 태양에서 나오는 방사에너지의 일부를 '자원'으로 받아들이며 이와 같은 양의 에너지를 '폐열'로 우주공간에 버려지고 있다. 자원으로서의 태양에너지는 지구상의 여러 기상학적 현상을 일으키거나 식물의 광합성 등에 사용된다. 사람은 이들 식물이나 식물을 먹고 성장한 동물의 고기를 먹음으로써 살아간다. 인체 내부에서 생긴 폐열은 호기나 땀 · 배설에 의해 도입된 에너지와 같은 양의 에너지를 체외로 폐기하며, 유기물질은 분해할 때의 발열에 의해 폐열을 환경에 폐기한다. 이러한 폐열은 대기권 내의 수분 순환과 함께 대기상층으로 운반되며 최종적으로 절대온도에서 3K(캘빈)라는 우주공간에 버려진다.

7.1.2 흐름 속의 자연채광

이러한 지구에 원래 갖춰져 있던 에너지의 흐름을 직접 이용하도록 하는 방법이라면 여분의 폐열 · 폐물을 만들지 않으며 원래의 에너지 흐름을 막지 않는다. 건축에 있어서 이러한 방법 중 하나가 자연채광이다. 자연채광은 태양에서 지구에 이르는 에너지가 원래 가지고 있던 '사람의 눈이 빛으로 감지할 수 있는' 성질을 이용해 건축공간으로 적절히 유도하여 실내조명을 한다. 그 결과 생기는 폐열량은 자연채광을 하지 않았을 때와 같은 양이다.

주광을 실내에 유도하기 위한 여러 가지 건축적 요소에는 예를 들면 주광을 실내에 유도하기 위한 라이트쉘프, 실내에 들어온 주광을 실내 안쪽까지 유도하는 실의 형상 · 벽 · 바닥 · 천장 마감 등이 있는데 여기서는 이러한 총체를 자연채광 시스템으로 다루기로 한다. 마찬가지로 인공조명 시스템이란 화석연료를 자원으로 하는 자원에너지를 발전소나 변전소, 조명기구나 인공광원 등 여러 가지 기기에 투입하여 인공적인 빛을 만들어내는 시스템의 총체로 취급된다. 자연채광 시스템과 인공조명 시스템 모두에 대해 시스템을 출입하는 에너지의 흐름 중에서 무엇이 일어나고 있는지를 파악하여 자연채광의 중요성에 대해 생각해본다.

자연채광에서 에너지의 흐름은 '태양광(주광)의 흐름'이다. 흐름의 근원은 광원인 태양이며, 흐름을 받는 것은 수광면인 방 안의 책상면과 바닥면 · 벽면 · 천장면 등이다. 책상이나 바닥 · 벽 · 천장면 등에 도입된 태양광의 흐름은 그 후 어떻게 될까? 또한 태양광이 자연채광에 사용되지 않았을 경우 흐름은 자연채광의 경우와 어떻게 다를까? 빛의 흐름만을 고려해서는 그 대답을 찾아낼 수 없다. 빛이 있는 면에 입사하여 흡수되면 그 빛은 열이 된다. 조명 전문가는 빛이 열로 변한 후의 내용을 생각하지 않는 경우가 많다.

빛에서 열로 가는 에너지 변화의 흐름 중에서 무엇이 일어나는지를 명확히 파악하기 위해서는 어떻게 하면 좋을까? 또한 에너지라는 것은 무엇일까?

7.1.3 엑서지란?

우리는 '에너지 소비'라는 표현을 자주 접하게 된다. 이때 '에너지'는 우리의 생활을 지원하는 석유나 천연가스, 발전소에서 만들어지는 전력 등을 가리킨다. '에너지 절감'이라고 말할 때의 '에너지'도 그렇다. 한편 자연과학에서 말하는 '에너지'는 '형태는 다양해도 통틀어 말하면 불생불멸이며 보존된다'는 개념이다. 이는 물리학 교과서에 '에너지 보존법칙'으로 잘 설명되어 있다. 보존이란 '지키며 존재한다'는 것이며, 소비란 '쓰여 없어진다'는 것으로 보존과 소비는 서로 완전히 대립되는 개념이므로 에너지가

'보존'된다고 하면 '에너지 소비'란 어떤 것인지 알 수 없게 된다.

따라서 소비를 명확히 하기 위해 '엑서지'라는 개념을 사용한다. 엑서지는 에너지의 자원성을 나타냄과 동시에 자원성의 소비도 명확히 표현하는 개념이다.

엑서지 개념을 이용해 자연채광과 인공조명에 있어서 자원의 투입부터 소비까지의 흐름을 분명하게 한다. 이렇게 함으로써 태양의 빛(주광)의 자원성을 실내 조명에 이용하며 화석연료를 자원으로 하는 전력을 이용해 인공조명을 하는 것의 의미를 설명한다.

다음은 먼저 형광램프를 예로 들어 '엑서지'의 이미지를 파악하고 일반적으로 '에너지 소비'라고 일컬어지는 것이 실제로는 '엑서지 소비'라는 것을 나타낸다. 이어서 어떤 방을 대상으로 자연채광을 했을 경우와 인공조명을 했을 경우의 엑서지 소비를 나타내며 일사 및 화석연료 에너지가 자원에서 폐열에 이르는 일련의 과정을 엑서지 투입과 소비의 과정으로 밝혀낸다.

7-2 형광램프는 전기히터인가?

그림 7-2-1은 소요전력 40W인 형광램프가 정상적으로 빛을 내는 상태를 나타냈다. 40W의 전력이 투입되어 형광램프 표면에서는 9W가 빛에너지로 31W가 열에너지로 나온다. 에너지는 보존되므로 형광램프에 들어온 에너지(전력)와 나오는 빛과 열에너지의 합계는 같다. 형광램프 표면에서 나오는 열에너지는 빛에너지에 비해 약 3.4배 크다.

가장 큰 출력항목으로 기기의 이름을 붙이면 형광램프는 빛을 내는 것을 목적으로 하는 조명기구가 아니며 열을 내는 것을 목적으로 하는 전기히터라고 말할 수 있다.

그림 7-2-2는 같은 형광램프의 엑서지 흐름이다. 형광램프에는 40W의 엑서지가 들어오고 7W가 빛엑서지로 4W가 열엑서지로 형광램프의 표면에서 나온다. 그림에서 ㅁ 안에 나타낸 29W는 들어온 엑서지(40W)와 나온 엑서지의 합계(=7+4)의 차이이다. 이 29W는 형광램프 내부에서 전력으로 가시광을 만드는 과정에서 소비된 엑서지이며 투입 엑서지 40W의 약 70%에 해당한다. 빛엑서지는 열엑서지에 비해 1.7배(=7/4) 크다.

형광램프는 엑서지 시점에서 볼 때 비로소 조명기구라고 말할 수 있다. 형광램프 내부에서의 엑서지 소비는 다음과 같은 형광램프 내부에서의 발광 프로세스에서 소비된다.

발광 프로세스는 형광램프 양끝에 있는 전극의 한쪽에서 다른 쪽을 향해 서로 전자가 나오는 것에서 시작된다. 전자는 형광램프 내 공간을 유리관에 평행하게 떠다니도록 하지만 형광램프 내에 충전된 가스 형태의 수은원자와 충돌한다. 충돌 결과 수은원자에서 자외선이 방출되며 그 자외선이 유리관 내측에 도포된 형광물질에 입사한다. 형광물질은 자외선에 자극되어 가시광을 발산한다. 이러한 일련의 프로세스를 종합하면 전자의 전극을 뛰쳐나오는 운동으로 시작되어 형광램프 외표면에서의 가시광 발산으로 끝난다고 할 수 있다. 이 프로세스는 에너지 확산이며 그 확산을 29W의 엑서지 소비로 표현한 것이다.

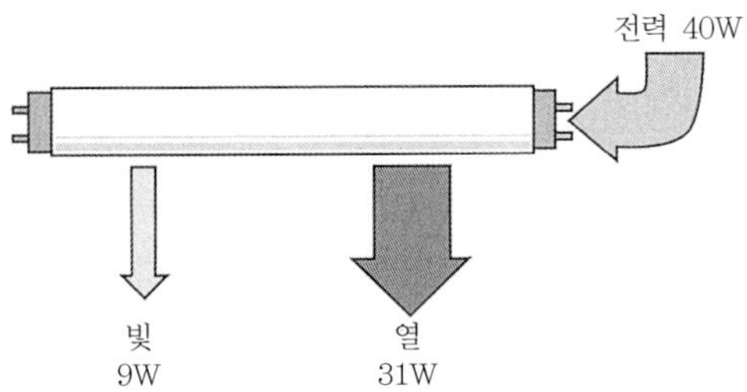

그림 7-2-1 형광램프의 에너지 수지

들어오는 에너지(전력)와 나가는 빛과 열에너지의 합계는 같다. 에너지는 줄지도 늘지도 않고 소비도 되지 않는다. 나오는 열에너지 31W는 빛 에너지 9W의 약 4배나 크다. 나오는 에너지의 크기만으로 판단하면 형광램프는 열을 내보내는 것을 주목적으로 한 전기히터처럼 볼 수 있다.

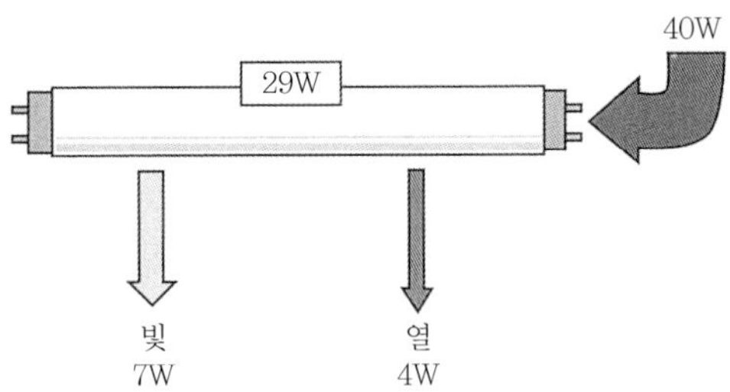

그림 7-2-2 형광램프의 엑서지 투입 · 소비 모습

전력의 엑서지 40W가 투입되어 형광관 표면에서 빛엑서지 7W와 열엑서지 4W가 나온다. 29W(=40-7-4)는 전력으로 가시광을 만드는 프로세스에서 '소비'되어 없어지게 된다. 이는 투입분의 약 70%(29/40)에 상당한다. 또한 빛엑서지(7W)는 열엑서지(4W)의 1.7배 정도 크다. 엑서지 시점에서 보면 비로소 빛을 내보내는 것을 주목적으로 하는 조명기구라고 말할 수 있다.

7-3 자연채광과 인공조명에서의 흐름과 소비

다음은 자연채광과 인공조명을 대상으로 자원의 투입부터 소비에 이르는 엑서지 투입 · 소비과정을 설명한다.

그림 7-3-1은 창면에 입사된 입사 엑서지가 건물의 어느 부위에서 얼마나 소비되는지를 그림으로 나타낸 것이다. 그림에서 가는 선은 그림 상부에 표시한 건물의 창면이 투명유리인 경우이며, 굵은 선은 창면이 열선반사유리인 경우이다. 두 실의 창유리 외의 조건은 모두 같다.

세로축은 엑서지 흐름[W] 및 엑서지가 소비되는 속도[W]이며, 가로축은 일사엑서지가 소비되는 부위와 현상이다. 왼쪽에서 오른쪽 순으로 반사와 흡수 등의 현상이 일어나며 엑서지가 소비되는 것을 나타내고 있다. 엑서지 소비량은 각 항의 상단 및 하단의 차이로 나타내어진다.

굵은 선 · 가는 선이 시작되는 좌단의 약 4300W는 창면 전체에 입사된 일사엑서지이다. 그 일부가 창면에서 반사되어 '창(반사)' 항의 상단과 하단의 차이 약 800W(=4300−3500)가 '창(반사)'에서의 엑서지 소비가 된다. '창(흡수)'이나 '벽 · 천장면(흡수)'에서도 마찬가지로 주광이 흡수되어 빛이 열로 변하며 엑서지가 소비된다.

바닥면을 수조면으로 보면 '바닥 표면(흡수)'에서의 엑서지 소비는 바닥면을 비추기 위해 소비된 엑서지이다. 투명유리실의 경우 '바닥면(흡수)' 항의 선의 기울기가 약간 가파르고 바닥면을 비추기 위해 많은 엑서지가 소비되고 있다. 한편 굵은 선으로 나타낸 열선반사유리로 된 실의 경우 '바닥 표면(흡수)'보다 좌측 즉 '창(흡수)'에서의 엑서지 소비가 크고 '창(흡수)' 다음에 일어나는 '바닥 표면(흡수)'에서의 엑서지 소비가 투명유리실의 그것보다 작아진다.

투명유리실(가는 선)이든 열선반사유리실(굵은 선)이든 오른쪽 단에서는 세로축의 값이 0이 된다. 이는 창면에 입사된 주광, 즉 일사 엑서지는 최종적으로 모두 소비되어 없어짐을 나타내고 있다. 결국 자연채광이란 창유리나 차양 같은 건축적 연구를 함으로써 우리가 조명으로 사용할지 아닌지에 상관없이 최종적으로는 소비되어 없어지는 일사엑서지의 소비과정을 실내조명이라는 목적에 맞는 과정에 적극적으로 바꾸는 것이다.

그림 7-3-2에 인공조명의 엑서지 투입 · 소비과정을 나타낸 것이다. 여기서는 발전소도 인공조명 시스템을 구성하는 일부에 포함하기로 한다. 발전소에서는 화석연료를 태워 고온 · 고압의 수증기를 만들고 그 압력으로 발전기를 돌려 전력이 만들어지기 때문이다.

방의 벽이나 바닥 · 천장 등의 마감 반사율이 그다지 높지 않은 경우(예를 들면 회색 마감)의 '표준반사율실'과 반사율이 비교적 높은 경우(예를 들면 흰색 마감)의 '고반사율실'을 고려한다. 책상면 조도를 500lx로 하기 위해 표준반사율실에서는 40W 형광램프 2등용 조명기구 8대, 고반사율실에서는 같은 조명기구 6대가 천장면에 설치되어 있다.

자연채광의 경우와 마찬가지로 각 항의 엑서지 소비량을 읽는다. 먼저 그림에서 실선으로 표시한 '표준반사율실'을 살펴본다. 실선인 '발전소' 항의 왼쪽 세로축의 값은 약 2000W이며 오른쪽은 약 800W이다. 이 둘의 차이 1200W는 발전소에서 화석연료를 사용해 전력을 만들어내는 일련의 과정에 의해 소비되는 엑서지이며, 발전소에 투입된 전체 엑서지의 약 60%에 해당한다. 이어서 조명기구에서는 전력에서 가시광, 즉 가시범위의 파장을 주로 하는 방사로 변화하는 과정이며 안정기와 형광램프가 각각 약 170W, 500W의 엑서지가 소비된다. 결국 조명기구에서 인공광으로 나오는 엑서지는 가로축 '형광램프' 오른쪽의 엑서지 약 130W이며, 이는 처음에 발전소에 투입된 화석연료 엑서지의 약 6% 정도이다. 본래의 목적인 실내의 벽 · 천장 표면과 책상면을 비추기 위해 가로축 '벽 · 천장면', '책상면' 각각의 항에 표시한 엑서지가 소비된다. 책상면을 비추기 위해 소비되는 엑서지는 약 40W 정도이며 이는 처음에 발전소에 투입된 화석연료 엑서지의 약 2% 정도이다. 발전소에 투입된 화석에너지의 불과 2% 정도만이 책상면을 비추는 목적으로 이용할 수 있다. 인공조명은 스위치를 켜면 바로 점등되고 실내가 밝아져 매우 간편하지만 그 뒤에는 이러한 큰 엑서지 소비라는 희생이 있다.

다음은 '고반사율실'을 살펴보자. 이번에는 가로축 '책상면'에서 왼쪽으로 발전소까지 거슬러 엑서지 소비의 흐름을 따라가 본다. '책상면'에서의 엑서지 소비는 표준반사실과 같이 즉 책상면에 이르는 인공광의 엑서지가 같으며 조도도 같다는 것을 알 수 있다. 왼쪽 항의 '벽 · 천장면'에서는 고반사율실이 표준반사율실보다 아래로 되어 있어 고반사율실의 엑서지 소비가 작아지고 있다. 이는 고반사율실이 반사할 때 흡수되는 인공광이 적고 적은 인공광으로 효율적으로 책상면을 비추기 때문이다. 따라서 표준반사율실보다 조명기구 대수가 적어도 되며 형광램프, 안정기에서의 엑서지 소비도 작다. 결국 이것이 원인이 되어 조명기구에 투입되는 전력의 엑서지 및 그 전력을 발전하기 위해 발전소에 투입되어 소비되는 엑서지가 표준반사율실의 경우보다 작아지고 있다. 고반사율실의 경우 실내반사율을 높게 하여 실 공간 내에서의 엑서지 소비 패턴을 바꿈으로써 맨 처음 발전소에 투입되는 화석연료를 적게 할 수 있음을 나타내고 있다. 투입된 화석연료의 엑서지는 어떤 경로를 거쳐 최종적으로 모두 소비된다. 따라서 엑서지 소비의 경로를 바꾸어 투입량을 줄이면 인공조명 시스템 전체에서 소비되는 엑서지가 줄어든다. 인공조명기구의 효율을 향상시키는 것도 중요하지만 이와 같은 정도의 바닥이나 천장 등을 반사율이 높은 마감으로 하는 것도 소비되는 엑서지를 줄인다. 실 형상에 대한 연구도 마찬가지이며 건축적 수법에 의해 엑서지 투입과 소비의 경로 또는 흐름을 잘 디자인하는 것도 중요하다. 인공조명을 예로 하여 설명하였지만 자연채광에서도 마찬가지이다.

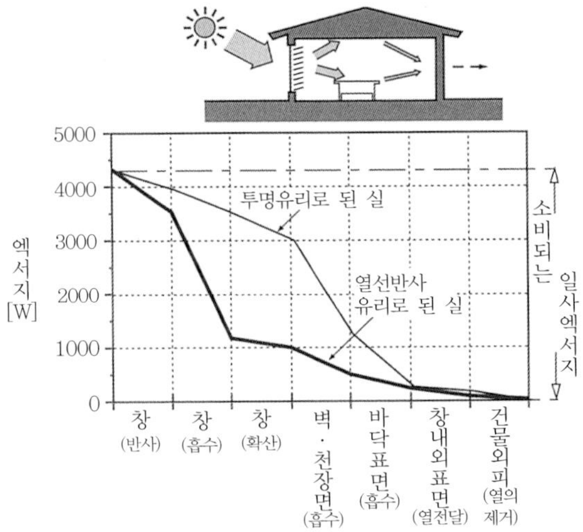

그림 7-3-1 자연채광에서의 태양광 엑서지 투입 · 소비 과정

대상이 되는 이 실은 폭 5m, 안길이 5m, 천장높이 2.6m이며 남면에 폭 5m, 높이 1.7m의 창면이 있다(위쪽 그림). 그림 아래의 가로축은 엑서지가 소비되는 부위와 현상을 나타내고 있으며 가로축의 왼쪽부터 오른쪽으로 순서대로 현상이 일어난다. 세로축은 엑서지가 흐르는 속도 또는 소비되는 속도이며, 가로축 좌단에 대응하는 세로축의 값(약 4300W)는 처음에 창면 전체에 입사된 일사엑서지의 합계이다. 투명유리로 된 실, 열선반사유리로 된 실 모두 창유리 외에 창 면적이나 방의 크기 등의 조건은 동일하므로 창면에 입사된 엑서지도 같다. 열선반사유리로 된 실의 경우 가로축의 창(흡수) 항에서 굵은 선이 급격하게 오른쪽 아래로 내려가고 있다. 이는 창면에서의 일사 흡수에 의해 오른쪽 아래의 비스듬한 선에 상당하는 큰 엑서지가 소비되었음을 나타낸다.

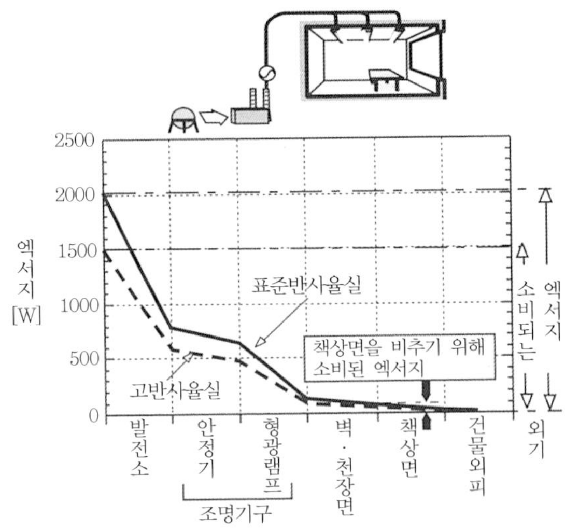

그림 7-3-2 전등조명에서의 화석연료를 원료로 하는 엑서지 투입 · 소비 과정

대상이 되는 이 실은 폭 5m, 안길이 5m, 천장높이 2.6m이다. 가로축은 엑서지가 소비되는 부위 또는 기기로 왼쪽부터 오른쪽으로 현상이 진행되고 있음을 나타낸다. 세로축은 엑서지가 흐르는 속도 또는 소비되는 속도이다. 두 실의 책상면 설계조도는 모두 500lx이며 이를 위해 표준반사율실에서는 40W 2등용 형광등이 8대, 고반사율실에서는 6대가 천장면에 설치되어 있다. 책상면을 비추기 위해 소비되는 엑서지는 두 실 모두 거의 같은데 '고반사율실'이 '벽 · 천장면'에서 소비되는 엑서지가 작고 이것이 '형광램프', '안정기' 나아가서는 '발전소'의 엑서지 소비를 작게 하는 데 기여하고 있다.

7-4 자연채광과 냉방 · 난방의 연결

1.2에서는 사무소 건축에서 자연채광을 했을 경우 전력소비량 삭감 효과에 관한 계산 결과가 소개되었다. 여기서는 같은 사무소 건축을 대상으로 자연채광과 인공조명, 냉방 · 난방을 포함한 건축환경 시스템 전체의 엑서지 소비과정을 설명한다.

조명에 의해 실내에 비춰지는 주광이나 인공광은 최종적으로 모두 열이 된다. 겨울이라면 이 열이 난방으로 공급될 열의 일부가 되지만 여름에는 냉방으로 없애야 할 열의 일부가 된다. 따라서 자연채광 엑서지 소비과정을 고려할 때에는 냉난방에 의한 엑서지 소비과정을 함께 고려해야 할 필요가 있다. 여기서는 그림 7-4-1에 나타낸 사무소 건축의 실내에서 자연채광 · 인공조명 · 냉난방 전체에 대해 엑서지 소비과정을 구한 예를 나타냈다.

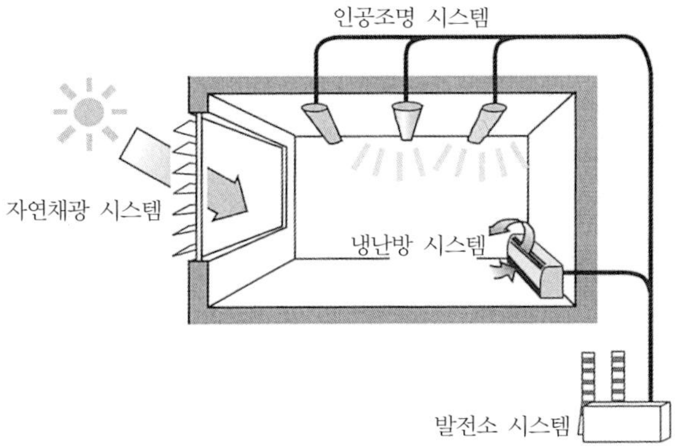

그림 7-4-1 자연채광과 전등조명 · 냉난방 시스템

이 방에서는 창에서 들어오는 주광에 맞춰 인공조명을 조광제어하고 히트펌프 에어컨을 사용해 냉난방을 한다. 인공조명과 히트펌프 에어컨에는 전력이 투입되기 때문에 그 전력을 만드는 발전소도 건축환경 시스템의 일부로 본다. 여기서는 천연가스를 사용하는 화력발전소를 예로 든다. 시스템의 경계를 통해 들어오는 것은 창면 · 외벽에 해당하는 주광(일사) 엑서지와 발전소에 투입되는 연료의 엑서지이다.

투입된 엑서지는 그림 7-4-2에 나타낸 바와 같이 확산 · 흡수 · 열전도 · 방전 등의 현상으로 소비된다. 예를 들면 직사일광이 창밖의 블라인드에 비춰 확산반사되거나 창의 유리면이나 블라인드면에 흡수되어 열로 상태변화하거나 그 열이 대류 · 방사 · 전도로 이동되기도 한다. 이러한 여러 가지 현상의 전체와 부분에 대해 엑서지 소비를 구하면 자연채광 · 인공조명 · 냉난방 시스템 전체가 어떻게 성립되는지 보다 나은 시스템을 구축하기 위해서는 어떤 것을 어떻게 개선하면 좋을지 알 수 있다.

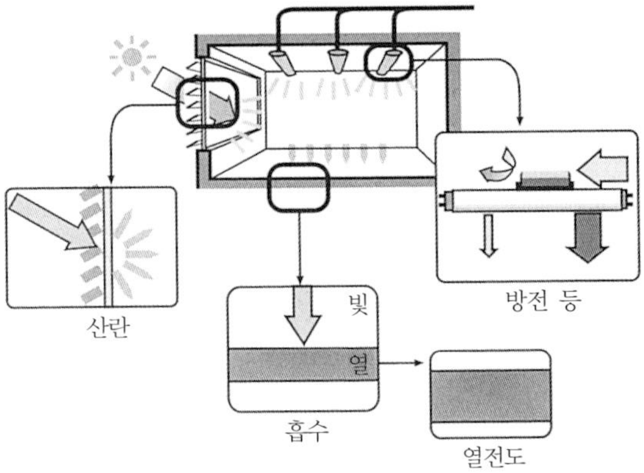

그림 7-4-2 엑서지 소비가 일어나는 부위 · 기기와 현상

그림 7-4-3은 인공조명을 점등 상태로 하는 경우(이하 상시점등)와 주광에 따라 인공조명을 조광제어하는 경우에 대해 연간 엑서지 소비를 비교한 예이다.

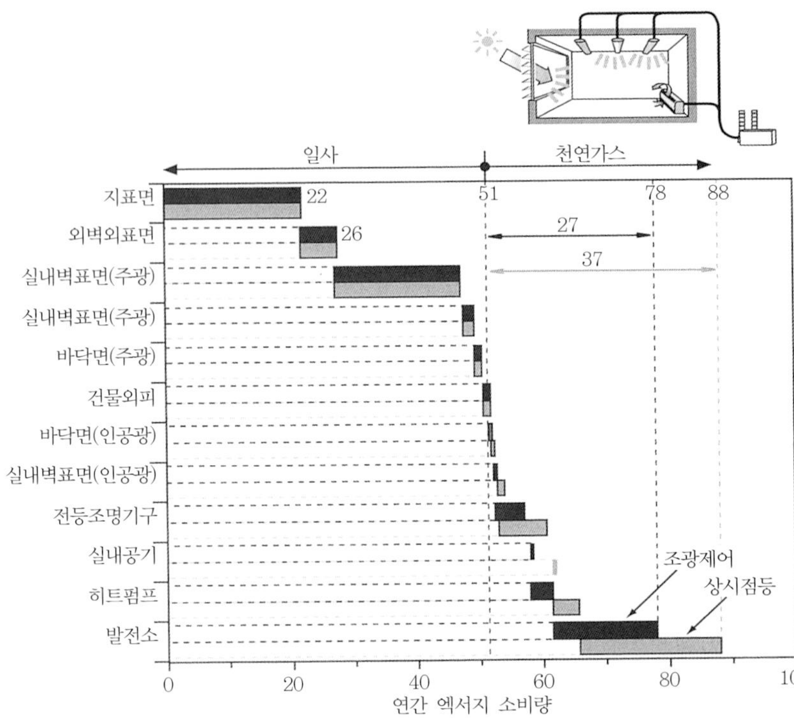

그림 7-4-3 상시점등 · 조광을 할 경우의 연간 엑서지 소비량

대상이 되는 실은 도쿄에 지어진 건물로 폭, 안길이 모두 8m, 천장높이 2.6m인 사무소 건축의 한 실내이며 남면에 폭 6m×높이 1.7m의 창이 있다. 창면은 복층유리와 실외측 블라인드로 구성되어 있다. 천장면에는 40W2등용 전등조명기구가 16대 설치되어 있다. 조광제어는 책상면 조도 500lx가 확보될 수 있도록 제어된다. 회색 부분이 상시점등이고 검은색 부분은 전등으로 조광제어를 하는 경우이다.

조광의 유무에 따라 엑서지 소비에 어떤 차이가 나타나는지 볼 수 있다. 또한 방의 치수 등은 그림 7-4-3의 설명 내용과 같다. 상시점등(회색 부분) 및 조광을 하는 경우(검은색부분) 모두 창유리 바깥쪽에 블라인드가 있다고 가정했다.

세로축의 각항은 엑서지가 소비되는 건축부위 또는 기기이다. 또한 '지표면'은 건축부위도 기기도 아니지만 외벽이나 창면에서 반사된 일사 엑서지의 경로를 보기 위해 세로축 상단에 나타냈다. '실내벽표면'과 '바닥면'은 2개씩 있는데 이는 주광과 인공광의 각각의 엑서지 소비를 따로따로 나타내기 위해서이다.

가로축은 각 부위 · 기기에서 엑서지 소비의 연적산치이며 단위는 GJ/년(기가줄/년, G는 10^9)이다. 수직으로 그려진 점선(51GJ/년)과 왼쪽 세로축 사이가 일사엑서지 소비, 점선에서 오른쪽이 천연가스 엑서지 소비이다. 천연가스 엑서지 소비는 상시점등일 경우는 37GJ/년(=88−51)이고, 조광을 할 경우는 27GJ/년(=78−51)이다.

다음은 각 부위에서의 엑서지 소비를 설명한다. 예를 들면 '창면'에서의 엑서지 소비량은 상시점등과 조광제어 모두 20GJ/년(=47−27)이다. 회색 또는 검은색 부분 왼쪽의 점선 부분은 '지표면'과 '외벽외표면'에서의 엑서지 소비를 합한 것이다.

맨 밑단에 있는 '발전소'에서의 회색 부분 오른쪽의 88GJ/년은 '지표면'에서 '발전소'까지의 시스템 전체의 엑서지 소비합계이다. 조광제어를 할 경우의 시스템 전체의 엑서지 소비량은 78GJ/년이며, 상시점등에 비해 10GJ/년으로 작다.

창유리나 차양, 실내공간의 크기 같은 건축적 조건은 동일하므로 상시점등과 조광제어의 '지표면'에서 '건축 외피'까지의 각 일사 엑서지 소비 패턴은 같다. 따라서 10GJ/년의 차이는 인공조명 조광의 결과이다.

'인공조명기구'와 '히트펌프'에 있어서 엑서지 소비량이 같다는 것을 주의하기 바란다. 상시점등일 경우에는 '인공조명기구'에서의 엑서지 소비가 '히트펌프'보다 오히려 크다. '인공조명기구'와 '히트펌프'의 엑서지 소비량 합계는 조광을 하는 경우가 상시점등보다 작다. 이것이 발전소에서의 천연가스 엑서지 소비량의 차이인 10GJ/년을 가져온다. 또한 상시점등 · 조광제어 모두 천연가스 엑서지의 약 60%가 '발전소'에서 소비되고 있다. 인공조명이나 공조기기에서의 전력 이용 배후에는 이러한 '발전소'에서의 큰 엑서지 소비를 수반한다.

다시 한 번 '지표면'에서 '창면(주광)'까지의 엑서지 소비를 설명한다. 이 범위에 표시되어 있는 엑서지 소비는 모두 일사가 어느 면에 흡수되어 빛에서 열로 상태변화를 하게 된다. 이러한 합계는 창면과 외벽면에 입사된 일사 엑서지의 합계 51GJ/년의 90% 이상을 차지한다. 나머지 10%가 자연채광을 위해 실내 벽표면과 바닥표면에서 소비된다. 창면에 입사된 일사 엑서지는 자연채광을 위해 소비되어도, 자연채광을 하지 않고 단지 소비되어 버린다 해도 그 양은 변하지 않는다. 일사는 '열'로 이용되기 전에 먼저 '빛'으로 이용되어야 한다. 자연채광이란 일사 엑서지가 모두 소비되기까지의 경로 또는 흐름을 조명이라는 목적에 맞도록 '흐름'으로 바꾸는 것이라 할 수 있다. 자연채광은 '흐름의 디자인' 중 하나인 것이다.

7-5 흐름의 디자인이란?

지구에 끊임없이 이르는 주광, 즉 일사 엑서지는 우리가 사용하던 사용하지 않던 늘 소비되고 있다. 어떤 방식으로든 실내조명의 목적에 맞게 건축적 수법으로 처리하여 인공조명 점등을 위해 소비되는 화석연료의 엑서지 낭비를 경감할 수 있다. 조명뿐만 아니라 냉방이나 난방에 대해서도 일사 엑서지를 잘 이용함으로써 지구에 원래 갖춰져 있던 에너지의 흐름과 물질의 순환에 따르는 에너지 사용법을 만들고 나아가서는 흐름과 순환을 보다 풍부하게 할 수 있다. 이를 위해서는 태양에서 나오는 에너지의 광측면뿐만 아니라 빛이 어느 면에 흡수되어 열이 되고 그 열이 높은 온도에서 낮은 온도의 열로 열화되어 결국 폐열이 된다는 일련의 흐름을 이해하는 것이 필요하다고 할 수 있다.

참고문헌 및 주석

1) 宿谷昌則編著:エクセルギーと環境の理論，北斗出版，2004

2) 電力·光および熱のそれぞれのエクセルギー(流)は，次のようにして求めた。まず，あるエネルギー流に対応するエクセルギー流は，次式のように定義される。

[エクセルギー流]=[エネルギー流]-[エントロピー流]×[環境温度]　(A1)

エントロピー流は，エネルギーや物質の拡散の程度を表す物理量で，熱エネルギーの場合は，エネルギー流[W]をその絶対温度[K]で除したもので単位は[W/K]ある。また，環境温度は一般に外気の絶対温度[K]ある。

図7-2-1に示した光のエネルギー9 Wに含まれるエクセルギーを求めてみよう。光，すなわち可視域の放射エネルギーは9 Wなので(A1)式右辺第1項は9.0 Wである。蛍光ランプから放たれる光のエネルギーに含まれるエントロピーの計算法はやや複雑なのでここでは省略するが，文献4)の方法を使って求めると0.006 W/Kで，この値が(A1)式右辺第2項に入る。外気温を15℃とするとその絶対温度は288 Kで，これが(A1)式右辺第3項に入る。以上より，

[蛍光ランプの光のエクセルギー]=9.0−0.006×288
≅7.0 W

したがって，蛍光ランプの光エネルギー9.0 Wに含まれるエクセルギーは約7.0 Wである。

電力は電磁気的に運ばれる力学的エネルギーなので含まれるエントロピーはゼロである。したがって，電力40 Wはエクセルギーそのものである。最後に，熱エネルギー31 Wに含まれるエクセルギーは，蛍光ランプの表面温度を50℃(323 K)として，光のそれと同様な手順で求めると以下のようになる。

[熱のエクセルギー]=31.0−(31.0/323)×288
≅4.0 W

3) 浅田秀男，宿谷昌則:昼光照明のエントロピー·エクセルギー解析，日本建築学会計画系論文報告集 第461号，1994年7月，pp.43-50

4) 淺田秀男，宿谷昌則:Exergy-Entropy Process of Electric Lighting System Using Fluorescent Lamps，日本建築学会計画系論文報告集 第483号，1996年5月，pp.91-100

Asada,H., Shukuya,M.:Numerical Analysis of Annual Exergy Consumption for Daylighting, Electric-lighting, and Space Heating/Cooling System, Sixth International IBPSA Conference(BS'99) Kyoto, Japan, September 1999, pp.121-127

부록

측광량과 그 단위

사람의 눈은 가시범위 전체에 균등한 감도를 가지고 있는 것이 아니라 가시범위 중앙은 감도가 높고 양끝 380nm 부근과 780nm 부근으로 갈수록 감도가 떨어진다. 예를 들면 명소시에는 그림 a-1에 나타낸 것처럼 되며 이러한 표준적인 인간의 눈의 스펙트럼 감도를 표준비시감도(표준분광시감효율이라고도 함) ($V(\lambda)$ 관수)라 한다.

광속 F Luminous flux

어떤 면에 흐르는 방사속[W]의 각각의 파장별로 그림 a-1에 나타낸 그 파장의 표준비시감도를 곱해 적분한 것이 광속 F[lm](루멘)이다.

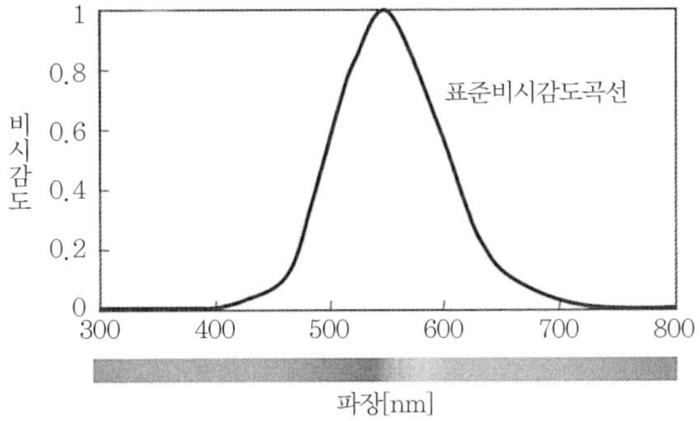

그림 a-1 사람의 표준비시감도

$$F = Km \int \Phi(\lambda) \cdot V(\lambda) d\lambda \qquad \text{(a-1)}$$

여기서, λ : 파장[nm]

F : 광속[lm]

$\Phi(\lambda)$: 분광방사속[W/nm]

$V(\lambda)$: 표준비시감도[−]

Km : 최대시감도 683[lm/W]

광속 F는 물리량인 방사속(여기서는 $\Phi(\lambda)$에 표준비시감도라는 인간의 감각으로 파악한 것으로 봐도 좋다. 빛의 측정은 단위계도 '물리량'이 아닌 인간의 감각을 바탕으로 한 '심리물리량'이다. 물리량에 비해 애매한 면도 있지만 다른 파장분포를 가진 방사속이 광속을 사용함으로써 '눈으로 느끼는 밝기'로 같은 단위로 나타낼 수 있다.

조도 E illuminance

빛을 받는 면(수조면)에 대한 입사광속의 면적밀도를 조도 E라고 한다. 광속의 단위를 [lm](루멘), 면적을 [m^2]라고 하면 단위는 [lm/m^2]가 되는데, 이를 [lx](룩스 ; lux)라 한다. 한 점에서의 조도 E는 미소면적 dS에 입사되는 광속을 dF로 하면 다음 식으로 나타내어진다(그림 a−2 참조).

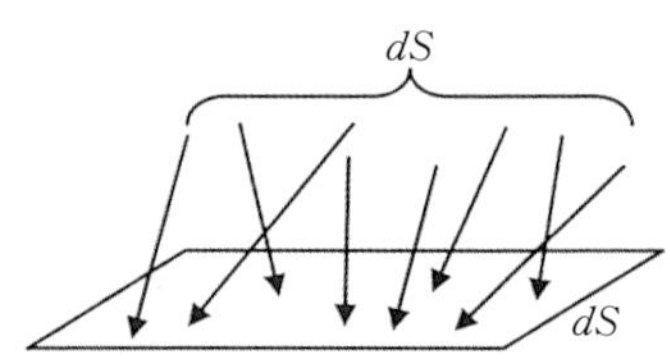

그림 a−2 조도

$$E = \frac{dF}{dS}\,[\text{lx}] \qquad \text{(a−2)}$$

조도는 건축의 광환경 계획에서 가장 일반적으로 쓰이는 지표이다.

광속발산도 M luminance exittance

광원면(1차 광원) 및 투과면 또는 반사면(2차 광원)에서 방사되는 광속 F의 면적밀도를 광속발산도 M이라 한다. 광속의 단위를 [lm], 면적을 [m^2]라 하면 단위는 조도와 마찬가지로 [lm/m^2]가 된다. 이를 [rlx](라드룩스 ; radlux)라고도 한다. 한 점에서 광속발산도 M은 미소면적 dS에서 방사되는 광속을 dF라 하면 다음 식으로 나타내어진다(그림 a−3 참조).

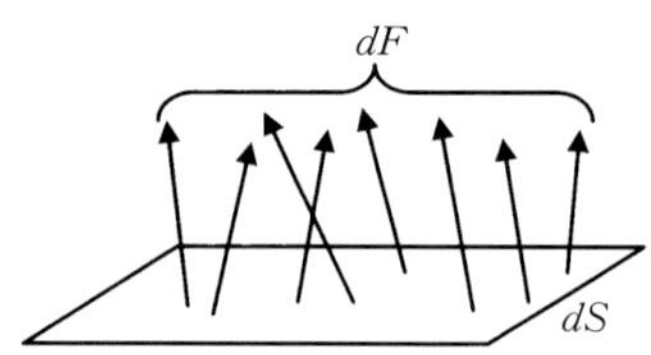

그림 a−3 광속발산도

$$M=\frac{dF}{dS}\,[\mathrm{lm/m^2}] \qquad \text{(a-3)}$$

조도 E를 받는 면의 반사율을 ρ라 하면 그 면의 광속발산도 M은 $M=\rho E$가 된다.

광도 I luminance Intensity

광원의 밝기를 나타내는 측광량의 하나이며 점광원으로 볼 수 있는 미소광원부터 어떤 방향의 단위입체각 ω 내에 방사되는 광속 F의 밀도를 광도라 한다(그림 a-4 참조). 광속의 단위를 [lm], 입체각을 [sr]이라 하면 단위는 [lm/sr]이 되는데, 이것을 [cd](칸델라 ; candela)라고 한다.

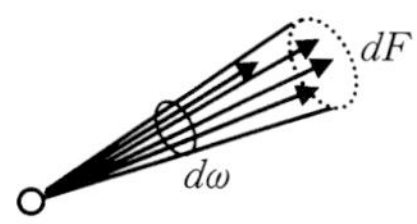

그림 a-4 광도

$$I=\frac{dF}{d\omega}\,[\mathrm{cd}] \qquad \text{(a-4)}$$

휘도 L luminance

광원면, 투과면 또는 반사면의 어떤 방향에서 봤을 때의 밝기를 나타내는 양을 휘도 L이라 한다. 바꿔 말하면 광원면을 보는 방향의 광도 I의 정사영면적밀도이다. 광도의 단위를 칸델라[cd], 면적을 [m²]라 했을 때 휘도의 단위는 [cd/m²]가 된다. 또는 니트(nit)[nt]라고도 한다. 그림 a-5에 나타낸 것처럼 광원면의 법선이 되는 각도가 θ 인 방향의 휘도 L은 다음과 같이 된다.

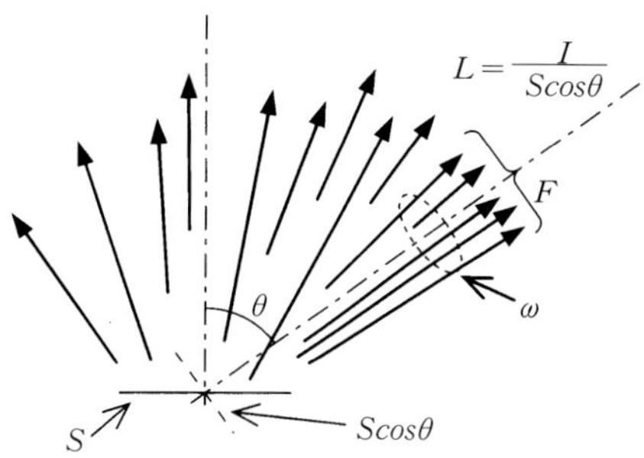

그림 a-5 휘도

$$L_{\theta}=\frac{dI_{\theta}}{dS\cos\theta}\,[\mathrm{cd/m^2}] \qquad \text{(a-5)}$$

휘도의 단위에는 [asb](아포스틸브 ; apostilb)도 있다. 1[asb]=1/π[cd/m²]의 관계가 있으며 이후에 설명할 완전확산면광원의 경우 광속발산도 M[rlx]의 값은 L[asb]와 일치한다.

측광량의 기준

측광량의 양으로서의 기본은 광속이지만 단위로는 광도가 기본으로 되어 있다. 현재 광도의 정의는 '칸델라는 주파수 540×1012Hz의 단색방사를 방출하며 일정 방향에서 그 방사강도가 1/683[W/sr]인 광원의 그 방향에서의 광도'이다.

분광분포와 색온도

빛은 전자파의 일종으로 인간의 눈이 느낄 수 있는 파장 380~780nm(나노미터=10^{-9}미터)의 방사를 빛이라 부르고 있다. 가시범위보다 파장이 짧은 쪽에 자외범위가 있고 긴 쪽에 적외범위가 있다. 사람의 눈으로는 느낄 수 없지만 이들을 포함하여 광방사로 취급하기도 한다.

380~780nm의 빛을 다시 각 파장범위로 나누면 각각 다른 색을 보인다. 일상생활중의 빛은 특정 파장범위뿐만 아니라 가시범위 전체에 분포되어 있는데, 그 분포상태에 따라 빛의 색이 결정된다. 그림 a-6은 예를 들어 남쪽 청공광(파란 빛)의 파장분포를 나타낸 것으로 그래프 상부에는 각 파장 단독의 빛의 색을 나타냈다.

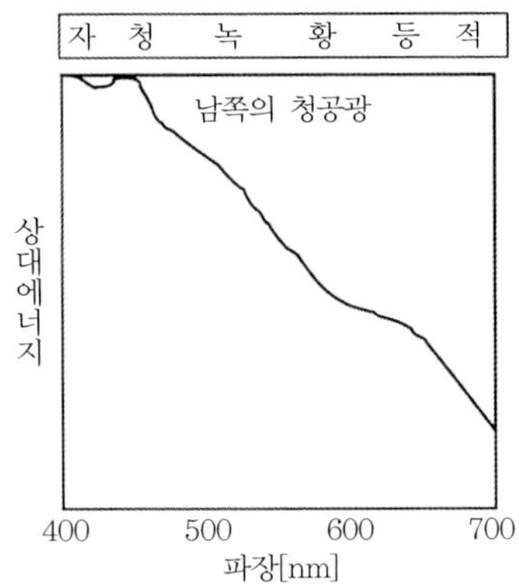

그림 a-6 청공광의 파장분포

광색을 수치로 나타내는 방법에 '색온도'가 있으며 이는 흑체를 가열 했을 때의 온도와 광색의 관계를 기준으로 하고 있다. 흑체의 분광분포는 온도에 따라 그림 a-7과 같이 변화되며 절대온도 2000K(캘빈) 정도에서는 파장이 긴 범위(붉은 빛)가 많고 온도가 높아짐에 따라 파장이 짧은 범위(파란 빛)가 증가하여 10000K에서는 푸른 백색광이 된다. 일반적으로 인공광원의 분광분포는 흑체의 분광분포와는 다르지만 근사적으로 나타낸 상대색온도로 나타낼 수 있다.

일상생활중의 빛과 색온도에 대해 그림 a-8에 나타낸다.

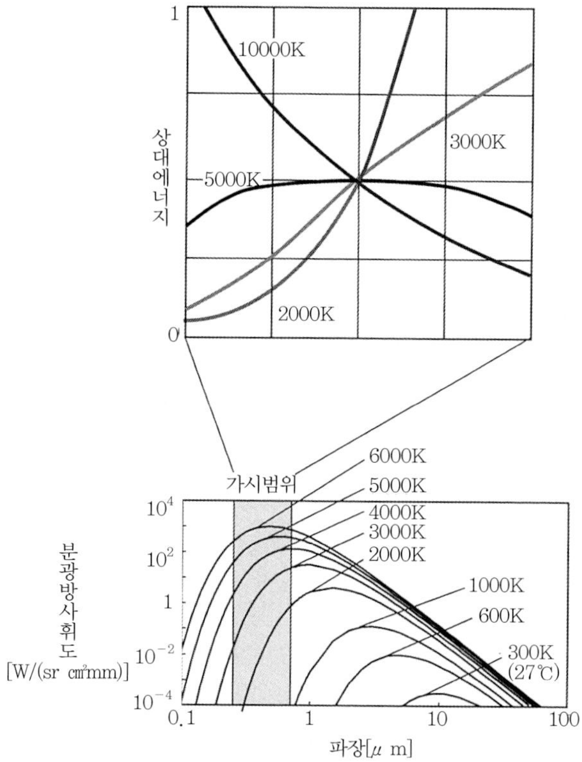

그림 a-7 흑체의 온도와 파장분포

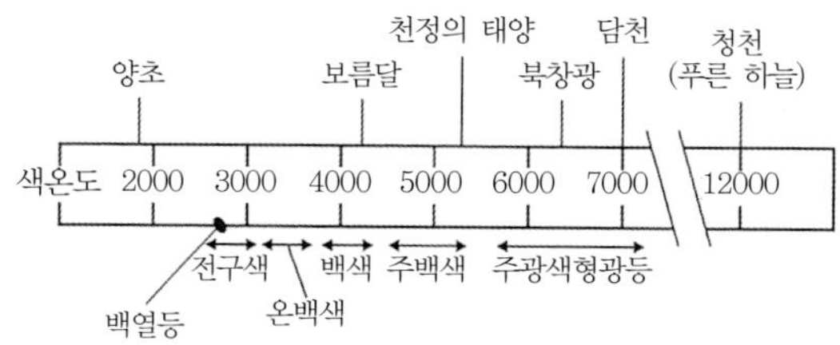

그림 a-8 가까운 빛과 색온도

입체각과 입체각투사율(형태계수), 천공률

입체각

평면각 θ [radian]는 반경 r의 원주상의 평면각으로 자른 호의 길이를 l이라 할 때

$$\theta = \frac{l}{r} \tag{a-6}$$

이 된다.

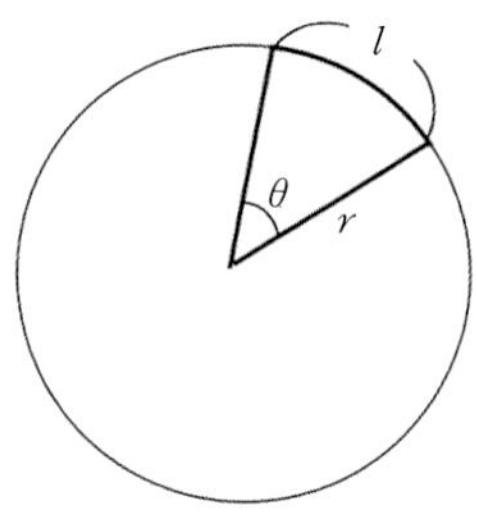

그림 a-9 평면각

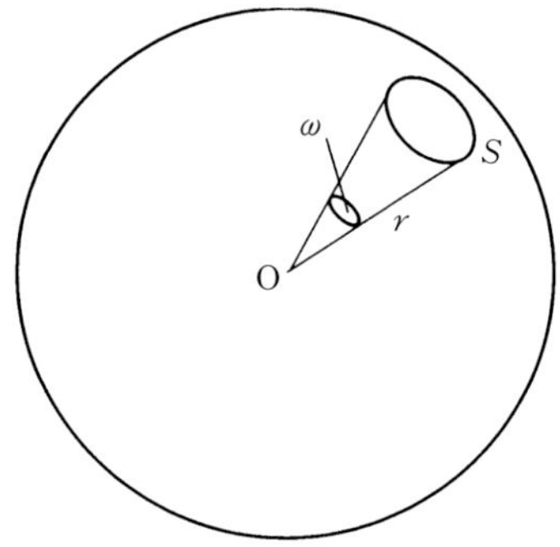

그림 a-10 입체각

마찬가지로 입체각 ω[sr](steradian)는 반경 r의 구면상의 입체각으로 자른 부분의 면적을 S라 할 때

$$\omega = \frac{S}{r^2} \tag{a-7}$$

이 된다.

그림 a-11과 같은 직사각형의 점 O에서 본 입체각 O sr은 다음과 같이 계산할 수 있다.

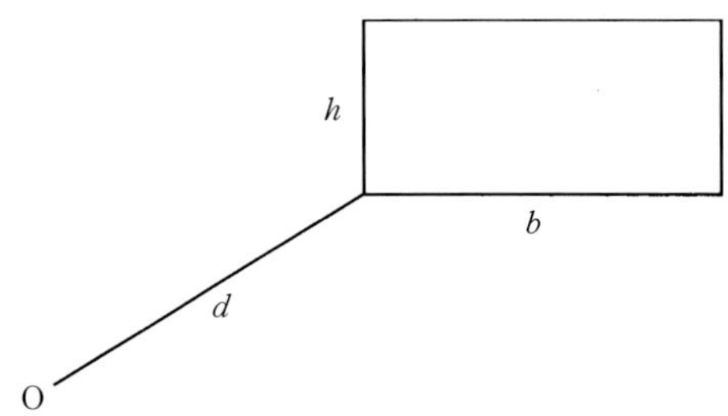

그림 a-11 직사각형의 입체각

$$H = \frac{h}{d}$$

$$B = \frac{b}{d}$$

$$\omega = \tan^{-1}\left(\frac{H \cdot B}{\sqrt{H^2 + B^2 + 1}}\right) \tag{a-8}$$

입체각투사율

면 S의 미소면 O에 대한 입체각투사율 φ 는 다음과 같이 정의된다.

$$\Phi = \frac{S1}{S_o} \tag{a-9}$$

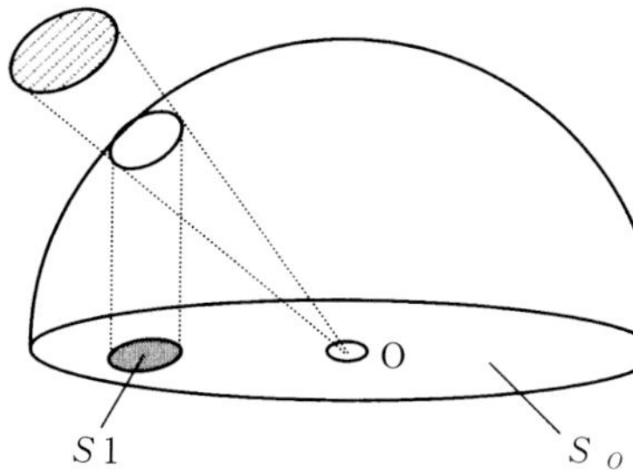

그림 a-12 입체각투사율

계산에 대해서는 제5장 참조.

천공률

천공률은 어느 수평면상의 점에서 보이는 천공의 입체각투사율이다.

정사영방식의 어안렌즈를 사용하면 화상위에 차지하는 면적의 비율에 의해 입체각투사율을 구할 수 있는데, 최근 정사영방식의 어안렌즈는 입수하기 어렵다.

디지털카메라에 어안렌즈 컨버터를 장착하여 얻은 화상으로도 천공률을 간단하게 구할 수 있다. 거의 등거리사영이 되므로 다음 식으로 1픽셀당 입체각투사율은 그 픽셀의 중심으로부터의 각거리에 의해 구할 수 있다.

$$1\text{픽셀의 입체각투사율} = \frac{\pi^2 \sin\theta \cos\theta}{4\theta \cdot P_{total}}$$

여기서, θ : 중심으로부터의 각거리[rad]

P_{total} : 시야화상의 전체 픽셀수

천공부분의 입체각투사율은 천공부분의 픽셀 각각의 입체각투사율의 총합이 된다.

또한 화상 위의 입체각도 마찬가지로

$$1\text{픽셀의 입체각} = \frac{\pi^3 \sin\theta}{4\theta \cdot P_{total}}$$

여기서, θ : 중심으로부터의 각거리[rad]

P_{total} : 시야화상의 전체 픽셀수

가 된다. 천공부분의 입체각을 천공비라고 말하기도 한다.

태양위치의 계산

태양위치는 그림 a-13에 나타낸 태양고도 h와 태양방위각 A로 나타낸다. 태양고도 h와 태양방위각 A는 다음 식으로 계산할 수 있다.

$$\sin h = \sin \Phi \sin \delta + \cos \Phi \cos \delta \cos t \quad \text{(a-10)}$$

$$\sin A = \frac{\cos \delta \sin t}{\cos h} \quad \text{(a-11)}$$

$$\cos A = \frac{\sin h \sin \Phi - \sin \delta}{\cos h \cos \Phi} \quad \text{(a-12)}$$

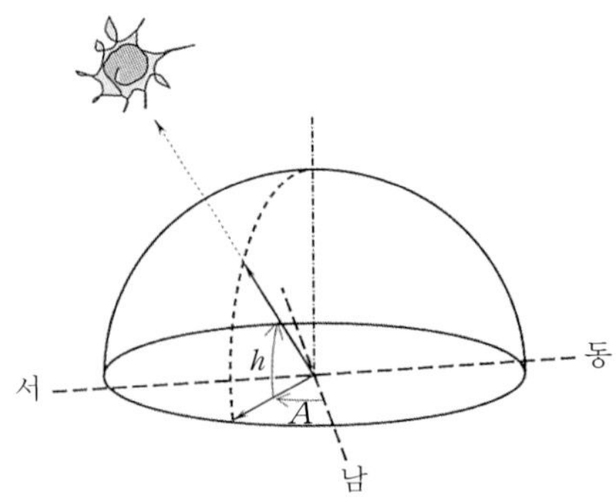

그림 a-13 태양고도와 태양방위각

여기서, ϕ : 계산대상지점의 위도

δ : 태양의 적위(일적위라고도 함, 그림 a-14)

t : 시간

여기서 태양방위각은 진남을 0° 로 하고 서쪽을 +, 동쪽을 −로 계산한다.

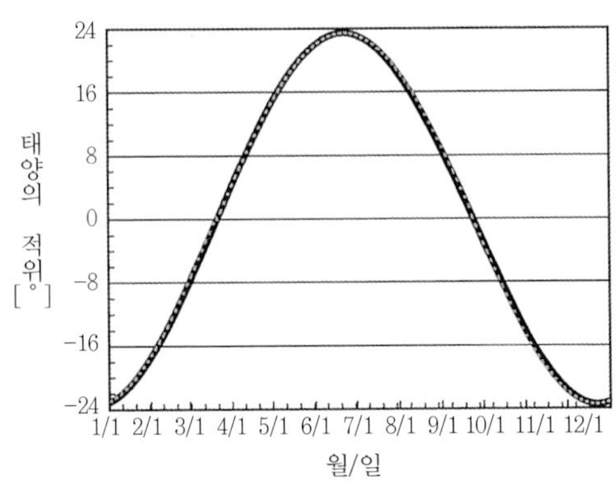

그림 a-14 태양 적위의 연간 변화

시각 t는 다음 식으로 계산한다.

$$t = 15(T_m - 12) + (L - L_0) + E_t[°] \tag{a-13}$$

여기서, T_m : 표준시[시]

L_0 : 표준시 지점의 경도[°]

L : 계산대상지점의 경도[°]

E_t : 균시차(그림 a-15)

태양의 적위와 균시차의 정확한 수치는 이과연표에 기재되어 있는데, 근사식이 이용되는 경우도 많다. 여기서는 가장 간단한 근사식을 소개한다. 간단한 근사식이기 때문에 몇 %의 오차가 있을 수 있다. 정확한 계산을 할 경우에는 이과연표를 참조하거나 보다 정확한 근사식을 이용하기를 권한다.

적위, 균시차 모두 황경(태양의 경도)을 이용한 근사식으로 나타낼 수 있다.

$$\delta = 23.44 \sin \Phi[°] \tag{a-14}$$

$$E_t = 9.9 \sin 2\Phi - 7.7 \sin(\Phi - \Phi_0)(\text{분}) \tag{a-15}$$

여기서, φ : 태양의 황경[°](그림 a-16)

Φ_0 : 근일점에서의 태양의 황경[°](약 283°)

태양의 황경은 춘분에 0° , 하지에 90° , 추분에 180° , 동지에 270° 가 된다.

1년을 365일, 근일점을 1월 4일, 춘분을 3월 21일, 추분을 9월 23일로 하면 다음 식으로 근사할 수 있다.

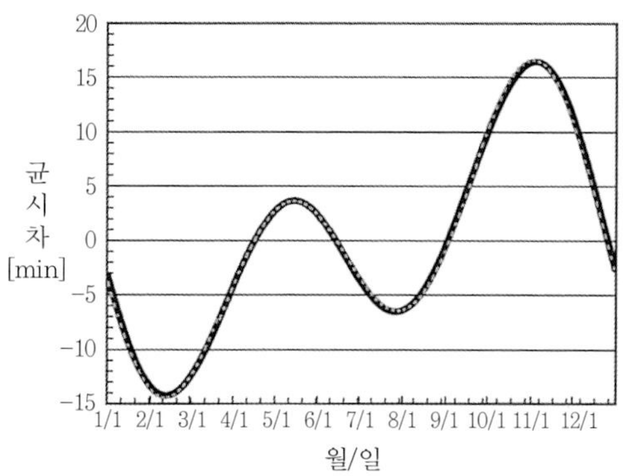

그림 a-15 균시차의 연간변화

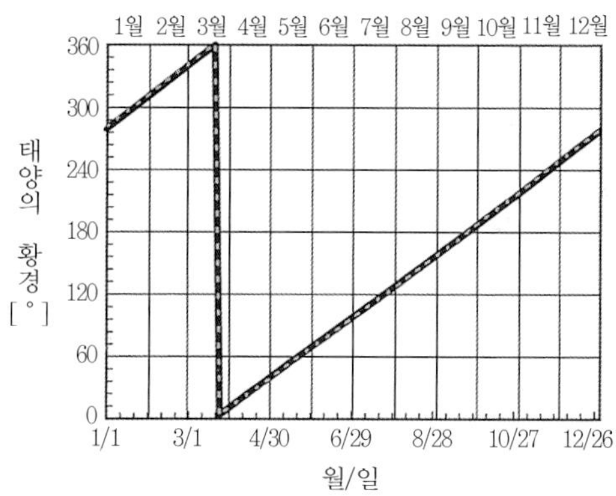

그림 a-16 황경의 연간변화

1월 1일부터 3월 20일까지($1 \leqq n \leqq 79$)

$$\Phi = 1.01(100+n)+180[°] \tag{a-16}$$

3월 21일부터 9월 22일까지($80 \leqq n \leqq 265$)

$$\Phi = 0.96(n-80)[°] \tag{a-17}$$

9월 23일부터 12월 31일까지($266 \leqq n \leqq 365$)

$$\Phi = 1.01(n-266)+180[°] \tag{a-18}$$

식 (a−14)부터 식 (a−18)을 이용해 산출한 적위, 균시차, 황경은 그림 a−14, 그림 a−15, 그림 a−16의 점선이 된다. 앞서 설명한 바와 같이 간단한 근사식이기 때문에 오차가 큰 부분도 있다. 필요한 정도에 맞춰서 계산방법을 선택하는 것이 중요하다.

천공휘도분포의 수식모델(All Sky Model−L)

5.4.6의 발광효율과 마찬가지로 청천지표 K_c, 징청지표 Cle를 이용해 천공을 분류하여 천공휘도분포를 추정하는 수식모델을 소개한다.

천공휘도분포의 절대치는 상대천공휘도분포와 천정휘도의 곱으로 나타낸다.

$$Lva(\gamma_s, \gamma, \zeta) = Lvz(\gamma_s) \cdot L(\gamma_s, \gamma, \zeta) \tag{a-19}$$

여기서, $Lva(\gamma_s, \gamma, \zeta)$: 천공휘도분포(All Sky Model−L)[cd/m²]

$Lvz(\gamma_s)$: 천정휘도[cd/m²]

$L(\gamma_s, \gamma, \zeta)$: 상대천공휘도분포[−]

γ_s : 태양고도

γ : 천공요소의 고도

ζ : 태양과 천공지표의 각거리[rad]

상대천공휘도분포는 계조지표와 산란지표의 관수로 나타내어진다.

$$L(\gamma_s, \gamma, \zeta) = \frac{\Phi(\gamma) \cdot f(\zeta)}{\Phi\left(\frac{\pi}{2}\right) \cdot f\left(\frac{\pi}{2} - \gamma_s\right)} \tag{a-20}$$

$$\Phi(\gamma) = 1 + a \cdot \exp\left(\frac{b}{\sin\gamma}\right) \tag{a-21}$$

$$f(\zeta) = 1 + c \cdot \left\{\exp(d \cdot \zeta) - \exp\left(d \cdot \frac{\pi}{2}\right)\right\} + e \cdot \cos^2\zeta \tag{a-22}$$

$$\zeta = \cos^{-1}(\sin\gamma_s \cdot \sin\gamma + \cos\gamma_s \cdot \cos\gamma \cdot \cos\ddot{y}(|\alpha_s - \alpha|) \quad \text{(a-23)}$$

$$a = \frac{4.5}{1+0.15 \cdot \exp(3.4 \cdot Si)} - 1.04 \quad \text{(a-24)}$$

$$b = \frac{-1}{1+0.17 \cdot \exp(1.3 \cdot Si)} - 0.05 \quad \text{(a-25)}$$

$$c = 1.77 \cdot (1.22 \cdot Si)^{3.56} \cdot \exp(0.2 \cdot Si) \cdot (2.1 - Si)^{0.8} \quad \text{(a-26)}$$

$$d = \frac{-3.05}{1+10.6 \cdot \exp(-3.4 \cdot Si)} \quad \text{(a-27)}$$

$$e = \frac{0.48}{1+245 \cdot \exp(-4.13 \cdot Si)} \quad \text{(a-28)}$$

여기서, $\phi(\gamma)$: 계조관수[−]

$f(\zeta)$: 산란관수[−]

γ_s : 태양고도[rad]

γ : 천공요소의 고도[rad]

ζ : 태양과 천공지표의 각거리[rad]

α_s : 태양방위각[rad]

α : 천공요소의 방위각[rad]

a, b : 계조관수의 계수

c, d, e : 산란관수의 계수

Si : 천공지표

$\exp(x) = e^x$: 네이피아수 e(≒2.7183)을 기준으로 하는 지수관수

천공지표는 청천지표와 징청지표의 관수로 나타내어진다.

$$Si = Kc + Cle^{0.5} \quad \text{(a-29)}$$

$$Kc = \frac{Eeg}{Seeg} \quad \text{(a-30)}$$

$$Cle = \frac{1 - Ce}{1 - Ces} \quad \text{(a-31)}$$

$$Seeg = 0.84 \cdot \frac{Eeo}{m} \exp(-0.0675 \cdot m) \quad \text{(a-32)}$$

$$Ce = \frac{Eed}{Eeg} \quad \text{(a-33)}$$

$$Ces = 0.01299 + 0.07698 \cdot m - 0.003857 \cdot m^2 + 0.0001054 \cdot m^3 - 0.000001031 \cdot m^4 \quad \text{(a-34)}$$

$$m = \frac{1}{\sin\gamma_s + 0.50572 \cdot (6.07995 + \gamma_s)^{1.6364}} \quad \text{(a-35}$$

여기서, K_c : 청천지표[−]

Cle : 징청지표[−]

Eeg : 전천일사량[W/m²]

$Seeg$: 기준 전천일사량[w/m²]

Ce : 클라우드 라티오[−]

Ces : 기준 클라우드 라티오[−]

Eeo : 대기외 법선직달일사량[W/m²](=1370)

m : 대기노정[−]

Eed : 천공일사량[W/m²]

γ_s : 태양고도[rad]

표 a-1 LzEd를 위한 관수 C(i, j, k) – 원서참조

천정휘도는 전천공조도를 상대천공휘도분포를 전천으로 옮겨 적분한 값으로 나누어 얻어진다.

$$Lvz(\gamma_s, Kc, Cle) = \frac{Evd}{\int_{\gamma=0}^{\pi/2}\int_{\alpha=0}^{2\pi} L(\gamma_s, \gamma, \zeta)\sin\gamma\cos\gamma d\gamma d\alpha} \quad \text{(a-36)}$$

여기서, $Lvz(\gamma_s, K_c, Cle)$: All Sky Model-L의 천정휘도[cd/m²]

Evd : 전천공조도[lx]

상대천공휘도분포의 적분계산은 복잡하기 때문에 그 역수 $LzEd$를 태양고도, 청천지표, 징청지표의 관수로 나타낸다. 또한 기상데이터를 이용하는 것을 전제로 하기 때문에 전천공조도를 천공일사량과 천공일사 발광효율의 곱으로 나타낸다.

$$Lvz(\gamma_s, K_c, Cle) = Evd \cdot LzEd = \eta_d \cdot Eed \cdot \sum_{k=0}^{4}\{A(k) \cdot Kc^k\} \quad \text{(a-37)}$$

$$A(k) = \sum_{j=0}^{6}\{B(j,k) \cdot Cle^{0.5 \cdot j}\} \quad \text{(a-38)}$$

$$B(j,k) = \sum_{i=0}^{5}\{C(i,j,k) \cdot \gamma_s^i\} \quad \text{(a-39)}$$

여기서, $LzEd$: 상대천공휘도분포의 전체 천공에 대한 적분치의 역수[−]

η_d : 천공일사의 발광효율[lm/W]

Ed : 천공일사량[W/m²]

K_c : 청천지표[−]

Cle : 징청지표[−]

γ_s : 태양고도[rad]

$C(i, j, k)$를 다음의 계수표에서 추출하여 $B(j, k)$를 산출하고, $B(j, k)$를 이용해 $A(k)$를 산출한다.

참고문헌

1) 国立天文台編:理科年表, 丸善, 2007

2) 新建築学体系8 自然環境, 彰国社, p.71, 1984

찾 아 보 기

ㅇ

ㅈ

ㅊ

집필위원

• 환경공학 본 위원회

위원장 井上 勝夫
간 사 石川 孝重
稲留 康一
久野 覚

• 기획 간행 운영위원회

주 사 加藤 信介
간 사 伊藤 一秀

• 주광조명 핸드북 간행 워킹 그룹

주 사 岩田 利枝
간 사 望月 悦子
淺田 秀男
岩井 彌
大山 能永
河野 匡志
北谷 幸恵
古賀 靖子
鈴木 広隆
登石久美子
戸倉三和子
本間 睦朗
山田 浩嗣
山﨑 恵司

• 집필진

제1장 岩田利枝, 大田光則, 河野匡志, 北谷幸恵, 関根雅文, 登石久美子, 林 徹也, 本間睦朗, 望月悦子, 山田浩嗣, 横井繁明
제2장 登石久美子, 戸倉三和子, 山﨑恵司
제3장 大山能永, 登石久美子, 平松徹也
제4장 岩田利枝, 戸倉三和子, 村上昌史, 望月悦子, 山田浩嗣
제5장 岩井 彌, 戸倉三和子
제6장 岩田利枝, 望月悦子
제7장 淺田秀男
부록 岩田利枝, 戸倉三和子

• 감 수

古賀 靖子
佐藤 仁人
平手小太郎
中村 芳樹
井上 容子
井川 憲男
原 直也
鈴木 広隆

역자소개

김 정 태

연세대학교 건축공학과를 졸업하고 같은 대학에서 공학박사를 취득하였으며, 현재 경희대학교 건축공학과 교수로 재직 중이다. 2008년 9월부터는 교육과학기술부와 한국연구재단이 선도연구센터로 지정한 "지속가능건강건축연구센터"의 센터장으로서 자연채광과 인공조명을 이용한 건강친화형 건축환경에 관한 연구를 진행 중이다. 한국생태계환경건축학회 회장(2007~2008년)을 역임하였고, "Indoor and Built Environment"(SCIE 저널)의 부편집위원장, "Building and Environment"(SCI 저널)의 편집위원으로 활동하고 있다.

김 곤

한양대학교 건축학과를 졸업하고, 연세대학교 대학원에서 공학석사를 취득하였으며, Georgia Tech에서 Engineering CAD 교육프로그램을 이수 후 Texas A&M University에서 건축학석사, 박사를 취득하였다. 현재 강원대학교 건축학부 교수로 재직 중이며 한국생태환경건축학회 논문편집위원장, 건강건축분야의 저명한 학회인 Healthy Building 2009의 International Technical Program Committee로 활동 중이며 자연채광의 친환경 건축적 디자인과 평가분야의 연구를 지속해 오고 있다.

김 원 우

2000년부터 2007년까지 일본의 큐슈대학교 대학원 공간시스템 전공에서 건축조명학 코스를 이수하였고, "주광에 의한 불쾌글레어의 평가법에 관한 연구" 라는 논문으로 공학박사학위를 받았다. 2007년부터 경희대학교 건축공학과에서 Post-Doc으로 있으면서 건축환경계획 강의와 실내에서 발생하는 불쾌글레어, 태양광채광조명시스템, 조명생리 등을 연구하고 있다.

자연채광 디자인

2009년 8월 25일 1판 1쇄 인쇄
2009년 8월 31일 1판 1쇄 발행

저 자	일본건축학회
역 자	김정태 · 김곤 · 김원우
발행인	강 해 작
발행처	기 문 당
주 소	서울시 성동구 공명길 39 (하왕십리동 966-22)
전 화	02) 2295-6171(대)~5
팩 스	02) 2296-8188
출판등록	1976. 10. 7 (1-44)
홈페이지	http : // 기문당 http : // www.kimoondang.com
ISBN	978-89-6225-175-3 93540
정 가	20,000원